高等学校计算机教育信息素养系列教材

信息技术导论

周龙福 何世彪 ◎ 主编

人民邮电出版社
北　京

图书在版编目（CIP）数据

信息技术导论 / 周龙福，何世彪主编. -- 北京：
人民邮电出版社，2022.6
高等学校计算机教育信息素养系列教材
ISBN 978-7-115-59194-4

Ⅰ．①信… Ⅱ．①周… ②何… Ⅲ．①电子计算机－
高等学校－教材 Ⅳ．①TP3

中国版本图书馆CIP数据核字(2022)第067562号

内 容 提 要

本书按照计算机学科知识体系组织编排，重点介绍目前主要的新一代信息技术。全书共 14 章，主要内容有信息与信息技术概论、电子与通信、计算机系统、计算机软件、计算机网络、云计算、物联网、大数据、人工智能、区块链技术、数字媒体与虚拟现实、量子信息技术、信息安全与职业素养、信息检索等。

本书可作为普通高等学校信息素养通识教育课教材或教学参考书，也可供信息技术爱好者参考阅读。

◆ 主　　编　周龙福　何世彪
　　责任编辑　张　斌
　　责任印制　王　郁　陈　犇
◆ 人民邮电出版社出版发行　　北京市丰台区成寿寺路 11 号
　　邮编　100164　　电子邮件　315@ptpress.com.cn
　　网址　https://www.ptpress.com.cn
　　保定市中画美凯印刷有限公司印刷
◆ 开本：787×1092　1/16
　　印张：15　　　　　　　　　　2022 年 6 月第 1 版
　　字数：365 千字　　　　　　　2024 年 7 月河北第 6 次印刷

定价：56.00 元

读者服务热线：(010)81055256　印装质量热线：(010)81055316
反盗版热线：(010)81055315
广告经营许可证：京东市监广登字 20170147 号

前　言

信息技术是指利用电子、计算机、网络等各种硬件设备及软件工具，对信息进行获取、传输、存储、加工及使用的技术。

2015 年，我国将"互联网+"纳入国家发展战略，信息技术作为其关键支撑技术得到了前所未有的迅猛发展。信息技术的应用已经广泛深入到经济发展和社会生活的各个方面，对人们的工作、生活和学习方式产生了深刻的影响。

党的二十大报告中提到，培养造就大批德才兼备的高素质人才，是国家和民族长远发展大计。功以才成，业由才广。目前，学生的信息技术思维能力、应用能力及创新能力已成为衡量高校人才培养质量的重要指标之一。良好的信息技术教育背景将直接影响学生学习、就业、创新和职业发展，进而对国家各行业的信息化、数字化、网络化和智能化水平产生长远的影响。

2018 年，重庆工程学院对信息技术所涉及的知识体系进行科学整合，开设了"信息技术导论"课程，并将其列为全校公共基础课；其目的是让学生了解信息技术的发展历史、基本原理和技术方法，以及当前主流信息技术和发展趋势，形成"信息技术+"思想，建立利用信息技术解决自然与社会各方面问题的基本思维，为后续的学科专业学习奠定良好的信息技术理论基础。本书即为"信息技术导论"课程的配套教材。

本书的主要内容包括信息与信息技术概论、电子与通信、计算机系统、计算机软件、计算机网络、云计算、物联网、大数据、人工智能、区块链技术、数字媒体与虚拟现实、量子信息技术、信息安全与职业素养、信息检索等。各部分内容以"原始创新的探寻、智慧的火花、发展的历程、关键的技术、主要的应用"为主线成章，重点介绍探索过程中的科学思想、科学范式及技术创新，可引导学生比较深入地理解信息技术在延伸人的想象力、创造力及理解力方面的作用。

本书由周龙福教授、何世彪教授担任主编，由周龙福教授校稿并定稿。本书具体编写分工如下：第 1 章由曹玉强副教授编写，第 2 章和第 12 章由何世彪教授编写，第 3 章由孙令翠高工编写，第 4 章由冷亚洪副教授编写，第 5 章由杨业令副教授编写，第 6 章由万川梅副教授编写，第 7 章由宋苗副教授编写，第 8 章由杨倩副教授编写，第 9 章由廖宁副教授编写，第 10 章由付国伟高工编写，第 11 章由石磊副教授编写，第 13 章由张杰副教授编写，第 14 章由潘晓旭副研究馆员编写。

在组织编写本书的过程中，编者得到了重庆工程学院各级领导和学校计算机专业建设指导委员会的大力支持与指导，同时参考了大量的文献，在这里向对本书提供各种支持的朋友们表示衷心的感谢！

由于编者水平有限，书中难免会有疏漏和不足，敬请读者原谅，并恳请读者将问题反馈给编者（邮箱：719701465@qq.com），以便再版时修订。

编者

2023 年 7 月

目 录

第 1 章
信息与信息技术概论

学习目标

- 理解信息、信息资源、信息科学的概念。
- 了解现代信息技术和信息产业的概念。
- 理解信息化的概念、智慧化的含义。
- 了解智慧社会的特点。
- 理解新一代信息技术的主要内容。

本章重点

- 信息、信息资源、信息科学的概念。
- 现代信息技术的主要内容。
- 信息化和智慧化的概念。
- 新一代信息技术的主要内容。

信息技术的广泛应用与普及，不仅改变了人类的生活方式和内容，而且推动了经济与社会的发展与进步。当代大学生应该了解信息技术发展的科学思想、主要内容及发展历程，拓宽专业视野，提高综合素质。

1.1　信息与信息科学

目前，信息已经成为最活跃的生产要素和战略资源之一，信息技术正深刻影响着人类的生产方式、认知方式和社会生活方式，信息技术及其应用水平已是衡量一个国家综合竞争力的重要指标。信息技术已经是一种典型的通用技术，它不再是与数、理、化、天、地、生平行的一门学科，而是与很多学科相关的横向学科。信息技术已不再是主要以研究信息获取、传输、存储、处理等为主的一门单独的学科，而更加强调与社会、健康、能源、材料等其他领域的紧密联系。

1.1.1　信息的定义与主要特征

信息是人类对自然世界中事物的变化和特征的反映，又是事物之间相互作用和联系的表征。信息一般泛指包含消息、情报、指令、数据、图像、信号等形式的新知识和新内容。

从不同的角度和不同的层次出发，人们对信息概念有许多不同的理解。信息论的创始人克劳德·埃尔伍德·香农（Claude Elwood Shannon）认为"信息是能够用来消除不确定性的东西"。控制论的创始人诺伯特·维纳（Norbert Wiener）认为"信息是我们适应外部世界、感知外部世界的过程中与外部世界进行交换的内容"。

信息有两方面的含义：在客观上，信息反映某种客观事物的现实情况；在主观上，信息是可接收的、可利用的，并能指导人们的行为。

一般而言，可以将信息定义为：信息是物质系统运动的本质特征，是物质系统运动的方式、状态及有序性的表现。其基本含义是：信息是客观存在的事实，是物质运动轨迹的真实反映。信息按产生的先后或加工深度划分，可分为一次信息、二次信息、三次信息；按表现形式划分，可分为文献型、档案型、统计型、动态型、图像型；按来源划分，可分为书本、报刊、电视、人、具体事物。一次信息是指未经加工的原始信息，可以是口头的信息、图片的信息、数字的信息，也可以是表格、清单等。二次信息是指对一次信息进行加工处理后得到的信息，这种信息已经变成规则、有序的信息，如文摘、索引、数据卡片等。经过加工后的二次信息易于存储、检索、传递和使用，有较高的使用价值。三次信息是系统地组织、压缩和分析一次信息及二次信息的结果，是通过二次信息所提供的线索对某一范围的一次信息和二次信息进行分析、综合研究、整理加工生成的信息，是人们深入研究的结晶，综述、专题报告、辞典、年鉴等都属于三次信息。

信息的特征即信息的属性与功能，主要表现在以下 10 个方面。

（1）依附性。物质是具体的、实在的资源，而信息是一种抽象的、无形的资源。信息必须依附于物质载体，而且只有具备一定能量的载体才能传递信息。信息不能脱离物质和能量而独立存在。新闻信息离开具有一定时空的事实以及语言文字、报纸版面就无法存在。

（2）再生性（扩充性）。物质和能量资源只要使用就会减少，而信息在使用中却能不断扩充、不断再生，永远不会耗尽。当今世界，一方面是"能源危机""水源危机"，而另一方面却是"信息膨胀"。

（3）可传递性。没有传递，就无所谓"信息"。信息传递的方式很多，如口头语言、肢体语言、手抄文字、印刷文字、电信号等。

（4）可存储性。信息可以存储，以备他时或他人使用。存储信息的手段多种多样，如人脑和计算机的记忆、书写、印刷、缩微、录像、拍照、录音等。

（5）可缩性。人们对大量的信息进行归纳、综合，就是信息浓缩，如总结、报告、议案、新闻报道、经验、知识等都是在收集大量信息后提炼而成的，而缩微、光盘等则是使信息浓缩存储的现代化技术。

（6）可共享性。信息不同于物质资源，它可以转让，大家都能共享。信息越具有科学性和社会规范性就越有共享性。新闻信息只有共享性强才能有普遍效果。

（7）可预测性。即通过现时信息推导未来信息形态。信息能对实际有超前反映，可反映出事物的发展趋势。这是信息对"下判断"以至"决策"的价值所在。

（8）有效性和无效性。信息满足接收者需要为有效，反之则无效；此时需要则有效，彼时不需要则无效；对此人有效，对他人可能无效。新闻信息主要以时效、新鲜、显著、接近、趣味等满足受众的普遍需要，从而获得有效性。

（9）可处理性。信息如果经过人的分析和处理，往往会产生新的信息，使信息得到增值。

（10）信息作为一种特殊的资源，具有相应的使用价值，它能够满足人们某些方面的需要。但信息的价值是相对的，它取决于接收信息者的需求及对信息的理解、认识和利用的能力。

维系人类社会存在及发展的三大要素为物质、能源、信息。信息的重要意义有以下 5 点。

（1）信息是人类认识客观世界及其发展规律的基础。

信息的基本功能主要表现为信息的认识功能。信息是客观事物及其运动状态的反映，是揭示客观事物发展规律的重要基础。客观世界里到处充满着各种形式和内容的信息，人类的认识器官对来自各种渠道的信息进行接收，并通过思维器官将已收集到的大量信息进行鉴别、筛选、归纳、提炼、存储，从而形成不同层次的感性认识和理性认识。在这一认识过程中，人类是认识论的主体，信息是认识论的客体。

（2）信息是客观世界和人类社会发展进程中不可缺少的资源要素。

物质、能源和信息是构成客观世界的三大要素。在人类社会发展的进程中，它们又是维护社会生产和经济发展的重要资源。在当今信息化社会中，与其他资源相比，信息资源具有特别重要的意义。人类对各种资源的有效获取、有效分配和有效使用，无一不是凭借对信息资源的开发利用来实现的。信息资源在推动社会发展、促进人类社会进步等方面正发挥着日益重要的作用。

（3）信息是科学技术转化为生产力的桥梁和工具。

纵观人类历史发展的过程，从初级社会到高级社会经历了数千年，而人类社会的近代文明史只发展了几百年。造成这一历史现象的根本原因在于近几百年来科学技术作为生产力发挥了关键的作用，是科学技术这一生产力要素造就了人类的近代文明。但是科学研究中的成果、技术上的创新作为推动社会前进的直接生产力是需要转化的，而转化的桥梁或工具则是人们所要把握的信息和其他一些因素。

观察现代工业文明，信息及信息技术无时无刻不在发挥着其传播知识成果、继承和发扬人类文明的桥梁和工具作用。没有观察和实验数据，没有科研报告，没有书刊资料，没有机读信息和电子信息，没有在人类历史长河中不断扩充和增值的知识与智能，就没有当今文明的社会，而这一切恰恰都来源于以某种形式流动着的信息。这些信息既是体现科学技术本身，也是传播和推广科学技术，使其转化为生产力的工具和手段。

（4）信息是管理和决策的主要参考依据。

信息是科学管理的基础。从广义上讲，任何管理系统都是信息输入、交换、输出的信息反馈系统。这是因为管理者首先要知道被管理对象的一些基本情况，在一定程度上消除对管理对象认识的不确定性后，制定出相应的对策，进而实施管理。更进一步地讲，任何组织系统要实现有效的管理，都必须及时获得足够的信息、传输足够的信息、产生足够的信息、反馈足够的信息。只有以一定的信息为基础，管理才能驱动其运行机制；只有足够的信息，才能保证管理功能的充分发挥。

（5）信息是国民经济建设和发展的保证

信息作为一种重要资源已经得到了社会的广泛认可。信息可以创造财富，通过直接或间接参与生产经营活动，为国家经济建设的各方面发挥出重要的作用。作为一种知识性产品，信息的价值是无法直接计算的，但它的经济效益却是实实在在的。适时、对路的信息可以给企业带来新产品，或者使其在贸易中处于有利地位；信息的交流可以鼓励竞争，消除垄断，使不同的企业或工程项目得到相互促进和发展；技术经济信息有利于产品的更新换代，有利于产品质量的提高，促进技术的进步和生产的发展；市场信息能提高全民经济生产的协调性等。

信息对世界各国的经济发展都产生了重大的影响。近年来，我国信息产业的发展异常迅速，信息经济产值的快速增长已很好地证明了信息在经济发展中所起的巨大作用。

1.1.2　信息资源

信息是普遍存在的，但并非所有的信息都是资源，只有满足一定条件的信息才能称为资源。信息资源是企业生产及管理过程中所涉及的一切文件、资料、图表和数据等信息的总称。它涉及企业生产和经营活动过程中所产生、获取、处理、存储、传输和使用的一切信息，贯穿于企业管理的全过程。信息、能源、材料并列为当今世界三大资源。信息资源广泛存在于经济、社会各个领域，是各种事物形态、内在规律、与其他事物联系等各种条件和关系的反映。随着社会的不断发展，信息资源对国家和民族的发展，对人们的工作、生活至关重要，成为国民经济和社会发展的重要战略资源。它的开发和利用是整个信息化体系的核心内容。

信息资源有狭义和广义之分。狭义的信息资源，指的是信息本身或信息内容，即经过加工处理，对决策有用的数据。开发利用信息资源的目的是充分发挥信息的效用，实现信息的价值。广义的信息资源，指的是信息活动中各种要素的总称。"要素"包括信息、信息技术以及相应的设备、资金和人等。

归纳起来，可以认为，信息资源由信息生产者、信息、信息技术三大要素组成。信息生产者是为了实现某种目的的劳动者，包括原始信息生产者、信息加工者或信息再生产者。信息既是信息生产的原料，也是产品。它是信息生产者的劳动成果，对社会各种活动直接产生效用，是信息资源的目标要素。信息技术是能够扩展人的信息能力的各种技术的总称，是对声音、图像、文字等数据和各种传感信号进行收集、加工、存储、传递和利用的技术。信息技术作为生产工具，对信息收集、加工、存储和传递提供支持与保障。

信息资源与自然资源、物质资源相比，具有以下几个特点。

（1）能够重复使用，其价值在使用中得到体现。

（2）信息资源利用具有很强的目标导向，不同的信息在不同的用户中体现不同的价值。

（3）具有整合性。人们对其检索和利用，不受时间、空间、语言和行业的制约。

（4）它是社会财富，任何人无权全部或永久买下信息的使用权；它是商品，可以被销售、贸易和交换。

（5）具有流动性。信息资源便于复制，通过信息网络可以快速传递。

1.1.3 信息科学

"科学"是指探知事物的本质、特征、内在规律，以及与其他事物的联系，是关于自然、社会和思维的发展与变化规律的知识体系。"技术"是指运用科学规律解决实现某一目的的手段和方法，泛指根据生产实践经验和科学原理而发展形成的各种工艺操作方法、技能和技巧。"工程"是指将科学原理应用到工农业等生产领域中而形成的各门学科的总称。

信息科学是研究信息现象及其运动规律和应用方法的科学，是以信息论、控制论、系统论为理论基础，以电子计算机等为主要工具的一门新兴学科。

信息论是研究信息的产生、获取、变换、传输、存储、处理、识别及利用的学科。信息论不仅研究信道的容量、消息的编码与调制的问题以及噪声与滤波的理论等方面的内容，而且研究语义信息、有效信息和模糊信息等方面的问题。

信息论有狭义和广义之分。狭义信息论是香农早期的研究成果，它以编码理论为中心，主要研究信息系统模型、信息的度量、信息容量、编码理论及噪声理论等内容。广义信息论主要研究以计算机处理为中心的信息处理的基本理论，包括文字处理、图像识别、学习理论及其各种应用，它是一种物质系统的特性以一定形式在另一种物质系统中的再现，包括狭义信息论的内容，但其研究范围广泛得多。它的规律也更加一般化，适用于各个领域。

信息科学的研究内容是在各个信息领域（例如自然、生物、社会等）中信息的特性和运动变化的特殊规律，以及贯穿一切领域的信息共性和共同规律。在认识的不同领域和不同层次上，它都要回答信息是什么、信息有什么基本性质、信息运动的规律是什么以及信息运动的动力学原理是什么等问题。

我国著名学者钟义信综合了各家观点，将信息科学的研究内容总结为：探讨信息的基本概念和本质；研究信息的数值度量方法；阐明信息提取、识别、变换、传递、存储、检索、处理和再生过程的一般规律；揭示利用信息来描述系统和优化系统的方法与原理；寻求通过加工信息来生成智能的机制和途径。

1.2 信息技术与信息产业

信息技术代表着当今先进生产力的发展方向，信息技术的广泛应用使信息的重要生产要素和战略资源的作用得以发挥，使人们能更高效地进行资源优化配置，从而推动传统产业不断升级，提高社会劳动生产率和社会运行效率。

1.2.1 现代信息技术

信息技术主要研究信息的产生、获取、存储、传输、处理及其应用，也就是扩展人类信息器官功能的技术。信息技术包括信息获取、传输、处理和存储技术。现代信息技术的主要特征是以数字技术为基础，以计算机为核心，采用电子技术进行信息的收集、传递、加工、存储、显示与控制，它涉及通信、计算机、互联网、微电子、遥感遥测、自动控制、机器人等诸多领域，主要包括传感技术、通信技术、计算机技术和控制技术等。

按表现形态的不同，信息技术可分为硬技术（物化技术）与软技术（非物化技术）。前者指各种信息设备及其功能，如手机、卫星、多媒体计算机等。后者指有关信息获取与处理的各种知识、方法与技能，如语言文字技术、数据统计分析技术、规划决策技术、计算机软件技术等。

按工作流程中基本环节的不同，信息技术可分为信息获取技术、信息传输技术、信息存储技术、信息加工技术及信息标准化技术。信息获取技术包括信息的搜索、感知、接收、过滤等，如显微镜、望远镜、气象卫星、温度计、钟表、网络搜索器中的技术等。信息传输技术是指跨越空间共享信息的技术，又可分为不同类型，如单工与双工通信技术，单路通信、多路通信与广播通信技术。信息存储技术是指跨越时间保存信息的技术，如印刷、照相、录音、录像、磁盘、光盘等。信息加工技术是对信息进行描述、分类、排序、转换、浓缩、扩充、创新等的技术。信息加工技术的发展已有两次突破，从人脑信息加工到使用机械设备（如算盘、标尺等）进行信息加工，再发展为使用电子计算机与网络进行信息加工。信息标准化技术是指使信息的获取、传递、存储、加工各环节有机衔接，与增强信息交换共享能力相关的技术，如信息管理标准、字符编码标准、语言文字的规范化等。

按技术的功能层次不同，可将信息技术分为基础层次的信息技术（如新材料技术、新能源技术）、支撑层次的信息技术（如机械技术、电子技术、激光技术、生物技术、空间技术等）、主体层次的信息技术（如感测技术、通信技术、计算机技术、控制技术）、应用层次的信息技术（如文化教育、商业贸易、工农业生产、社会管理中用以提高效率和效益的各种自动化、智能化、信息化应用软件与设备）。

1.2.2 信息产业

日本学者认为，信息产业是一切与各种信息的生产、采集、加工、存储、流通、传播和服务等有关的产业。美国信息产业协会认为，信息产业是指依靠新的信息技术和信息处理的创新手段，制造和提供信息产品与信息服务的生产活动组合。欧洲信息提供者协会认为，信息产业是指提供信息产品和服务的电子信息工业。我国有些学者认为，信息产业是与信息的收集、传播、处理、存储、流通、服务等相关的产业的总称。还有人认为信息产业是指从事信息技术的研究、开发与应用，信息设备与器件的制造，以及为公共社会需求提供信息服务的综合性生产活动和基础结构。具体来说，信息产业主要由信息工业（包括计算机设备制造业、通信与网络设备制造业以及其他信息设备制造业）、信息服务业和信息开发业（软件产业、数据库开发产业、电子出版业、其他信息内容业）三大产业组成，它是一个国家构筑信息基础设施并使其正常发挥效益所必需的产业。

信息产业不同于传统产业（如工业、农业和服务业），在其运行过程中，处处离不开信息的处理、传输、获取和使用。产业信息化的结果催化了信息产业的出现。信息产业与传统产业相比具有明显的特点：它是具有战略性的新兴主导产业；它是辐射面广的高渗透型产业；它是知识技术、智力密集型产业；它是高资金、高智力投入的产业；它是省资源、省能源、无公害产业；它是高效益、高产出、高增值的产业。因此，信息产业在国民经济中的地位显得愈加重要。我国把信息产业作为现代经济的主要发展方向。1998 年，信息产业部组建，主管全国电子信息产品制造业、通信业和软件业，推进国民经济和社会服务信息化。2008 年，工业和信息化部组建，信息产业部的职责整合划入工业和信息化部。工业和信息化部的主要职责为：拟订实施行业规划、产业政策和标准；监测工业行业日常运行；推动重大技术装备发展和自主创新；管理通信业；指导推进信息化建设；协调维护国家信息安全等。目前我国已发展成电子信息产业大国，电子信息产业成为我国经济中的支柱产业。云计算、大数据、物联网、移动互联网、人工智能等新一代电子信息技术不断发展，正在推动电子信息产业发生深刻的变革。

1.3　信息化与智慧化

信息化是指充分利用信息技术，开发利用信息资源，促进信息交流和知识共享，提高经济增长质量，推动经济社会发展转型的历史进程。智慧化是信息化发展的高级阶段，也是当今社会形态发展的目标。

1.3.1　信息化的概念与特征

信息化的概念起源于 20 世纪 60 年代的日本，而后被传播到西方，西方社会普遍使用"信息社会"和"信息化"的概念是 20 世纪 70 年代后期才开始的。关于信息化的表述，在我国学术界和政府内部进行过较长时间的研讨。例如，有人认为，信息化就是计算机、通信和网络技术的现代化；有人认为，信息化就是从物质生产占主导地位的社会向信息产业占主导地位社会转变的发展过程；有人认为，信息化就是从工业社会向信息社会演进的过程。1997 年召开的首届全国信息化工作会议，将信息化定义为："培育、发展以智能化工具为代表的新的生产力并使之造福于社会的历史过程。"与智能化工具相适应的生产力，称为信息化生产力。信息化是以现代通信、网络、数据库技术为基础，将所研究对象各要素汇总至数据库，供特定人群生活、工作、学习、辅助决策等和人类息息相关的各种行为相结合的一种技术。使用该技术后，可以极大地提高各种行为的效率，降低成本，为推动人类社会进步提供极大的技术支持。国家信息化就是在国家统一规划和组织下，在农业、工业、科学技术、国防及社会生活各个方面应用现代信息技术，深入开发、广泛利用信息资源，加速实现国家现代化进程。实现信息化就要构筑和完善具备开发利用信息资源、建设国家信息网络、推进信息技术应用、发展信息技术和产业、培育信息化人才、制定和完善信息化政策这 6 个要素的国家信息化体系。

信息化特性可以归纳为"四化"和"四性"。

（1）信息化的"四化"指的是智能化、电子化、全球化和非群体化。

① 智能化。知识的生产成为主要的生产形式，知识成为创造财富的主要资源。这一过程

中，知识取代资本，人力资源比货币资本更为重要。

② 电子化。电子化是指光电和网络代替工业时代的机械化生产，人类创造财富的方式不再是工厂化的机器作业，而是被人们称为"柔性生产"的生产方式。柔性生产是指主要依靠有高度柔性的、以计算机数控机床为主的制造设备来实现多品种、小批量的生产方式。

③ 全球化。信息技术正在削弱时间和距离的概念，信息技术的发展大大加速了全球化的进程。随着物联网的发展和全球通信卫星网的建立，国家概念将受到冲击，各网络之间可以不考虑地理上的联系而重新组合在一起。

④ 非群体化。在信息时代，信息和信息交换遍及各个地方，人们的活动更加个性化。除了社会之间、群体之间的信息交换，个人之间的信息交换也日益增加，以至将成为主流。经济组织形式主要不是自由市场经济，而是制度经济，跨国公司、政府和工会是"经济舞台"的共同统治者。

（2）信息化的"四性"指的是综合性、竞争性、渗透性和创新性。

① 综合性。信息化在技术层面上指的是多种技术综合的产物，它整合了半导体技术、信息传输技术、多媒体技术、数据库技术和数据压缩技术等；在更高的层次上它是指政治、经济、社会、文化等诸多领域的整合。

② 竞争性。信息化与工业化进程不同的突出特点是，信息化是通过市场和竞争推动的。政府引导、企业投资、市场竞争是信息化发展的基本路径。

③ 渗透性。信息化使社会各个领域发生全面而深刻的变革，它同时深刻影响物质文明和精神文明，已成为经济发展的主要牵引力。信息化使经济和文化的相互交流与渗透日益广泛和加强。

④ 创新性。创新是高新技术产业的"灵魂"，是企业竞争取胜的"法宝"，各企业参与竞争，在竞争中创新，在创新中取胜。

没有信息化就没有现代化。信息化为中华民族带来了千载难逢的机遇，必须敏锐抓住信息化发展的历史机遇。"十三五"时期，党中央高度重视信息化工作，推动信息化工作理论创新、实践创新、制度创新，做出了建设网络强国、数字中国、智慧社会的战略决策，强化顶层设计、统筹协调、整体推进和督促落实，推动信息化发展取得历史性成就、发生历史性变革。"十四五"时期，中华民族伟大复兴战略全局和世界百年未有之大变局形成历史交汇，我国进入新发展阶段，信息化进入加快数字化发展、建设数字中国的新阶段。

1.3.2　智慧化的概念

智慧化又叫智能化，从技术层面上讲，以群体智能、类脑智能、神经芯片和脑机接口等为代表的强人工智能，水平会远超现在的人工智能，实现推理和解决问题，这时智能系统才会表现出类似生命体的思考能力，体现出智慧化的含义。

当今，信息化发展已经历 3 个阶段，分别是数字化、网络化和智慧化，智慧化是信息化发展的最新阶段。但是目前对智慧化的概念还没有比较统一的说法。智慧化是信息新技术的集成应用，主要在于物联网技术、云计算技术、智慧终端技术、大数据技术等新技术，其中大数据技术是基石，称为"智慧之源"。现在已经进入"大数据时代"，数据中蕴藏着巨大的资源和财富。信息世界的大量数据，通过分析、整合和挖掘，可加工形成智慧化的数据产品，智慧化的数据产品通过返回到实体世界，对实体世界的发展起到优化提升的巨大作用，这就是智慧化发展的根本。智慧化发展前景十分广阔，其应用遍及经济与社会的方方面面，重点应用于三大领域，即智慧城市、智慧产业和智慧企业。

智慧化是指事物在网络、大数据、物联网和人工智能等技术支持下，具有能动地满足人各种需求的属性，具备自适应、自校正、自协调等能力。尤其是当前的大数据为人工智能发展提供了基础资源，人工智能技术的核心就在于通过计算找寻大数据中的规律，利用大数据分析出结果，对具体场景问题进行预测和判断等。随着物联网和人工智能的发展，大数据背景下的智慧化应用已涉及城市发展的多个领域，如人脸识别、车牌识别等就是现阶段十分普遍的基本智慧化应用。这些应用利用人工智能算法中的视频数据的结构化处理和要素识别，从视频数据中提取有用信息，解决了视频数据只能人工操作或事后回溯的问题。再如利用大数据智能化赋能媒体创新，对收集到的舆情线索进行分析，把目前公众对某些重大事件的反应通过人工智能的算法归纳出来，为媒体人提供更多线索，同时也提供一些分析的视角和热点，可大大提高新闻报道的及时性和深度。

在疫情防控中，城市智慧也发挥着重要作用。例如我国搭建的"新型冠状病毒传播监测"专项工作平台，利用人工智能、大数据等技术对多地疫情数据进行分析，将优化人工智能算法应用到大数据分析中，在大数据平台上综合研判分析包括航班、动车、住宿、网约车等数据，及时推送涉疫人员预警信息，帮助决策部门进行疫情态势研判、决策物资投放和采取管控手段，同时还可分析疫情传播路径，掌握散落在各地的隐性传染者，精准施策。除此之外，还以确诊、疑似人员信息为种子及样本，用机器学习与人工智能的方法进行训练，提炼出隐性接触人员的分析模型，计算出不同接触方式的风险指数，以有效做好精准防控。

大数据时代下，社会发展正在由信息化迈向智慧化，大数据智慧化也在为智慧城市的建设赋能，我们正在享受着智慧化所带来的更加主动、贴心、便利的生活体验。

1.3.3　信息社会与智慧社会发展

信息社会也称为信息化社会，是人类在工业社会之后的一个新的社会形态。目前全球信息化发展表明，当今社会正处于信息社会形态。随着信息社会的深入发展，一种更新的社会形态进入人类的发展历程，即"智慧社会"。

智慧社会这一概念的提出，体现了智能技术正成为诸多信息技术中重要性最高、渗透性最强、影响力最大的技术，其将对人类社会的生产方式、生活方式、组织方式以及思维方式产生巨大的影响。智慧社会是一种新的社会形态。目前，人类刚迈过智慧社会的门槛，对于智慧社会具有什么样的新特征还没有清楚的共识。立足当前信息化建设的实践和趋势，综合各方面意见，我们可以归纳出智慧社会的以下主要特征。

（1）技术智能化。农业社会、工业社会、信息社会和智慧社会的划分方式，本身就具有浓厚的技术色彩，因此智慧社会的特征首先表现为其是一种建立在发达的智能技术基础之上，智能技术广泛应用于社会各领域，并对社会进行重构和再造的新型社会。

（2）经济数字化。如果说工业社会是有形的物质和能源创造价值的社会，信息社会是无形的信息和知识创造价值的社会，那么智慧社会则是数字化的信息和可操控的智能创造价值的社会。

（3）主体知识化。智慧经济的发展繁荣必然对高素质社会劳动力提出巨大需求，其显著特征体现为劳动力结构发生根本变化，知识性员工将成为劳动力主体。

（4）治理智能化。智慧社会的治理模式具有如下 3 个特点：一是治理手段的智能化；二是治理方式的精细化；三是治理主体的全民化。

（5）文化多元化。智慧经济的发展，也将给社会文化带来深刻的影响，形成智慧技术与社会文化高度融合的新型文化范式——智慧文化。

我国提出建设智慧社会，是在深刻理解全球信息化发展趋势、精准把握我国信息社会建设实践基础上提出来的新概念和新论断，具有丰富和新颖的内涵，为我国信息化建设指明了新方向和确立了新目标。准确理解和把握这一新概念的内涵，是我们贯彻落实智慧社会建设战略的前提。

建设智慧社会要充分运用物联网、云计算、大数据、人工智能等新一代信息技术，以网络化、平台化、远程化等信息化方式扩大全社会基本公共服务的覆盖面和提高均等化水平，构建立体化、全方位、广覆盖的社会信息服务体系，推动经济社会高质量发展，建设美好社会。我国要从以下 7 个方面来建设智慧社会。

1．信息网络泛在化

信息网络是建设智慧社会的重要基础设施。随着"宽带中国"建设的推进，城乡一体的宽带网络将不断完善，下一代互联网和广播电视网会不断发展，信息网络加速向宽带、移动、融合方向发展，固定通信移动化和移动通信宽带化成为趋势，5G（5th Generation Mobile Networks，第五代移动通信技术）、NB-IoT（Narrowband Internet of Things，窄带物联网）等下一代网络技术不断演进，高速宽带无线通信实现全覆盖，"千兆入户，万兆入企"稳步实现，社会公共热点区域实现无线局域网全覆盖。信息网络逐步向人与物共享、无处不在的泛在网方向演进，信息网络智能化、泛在化和服务化的特征愈加明显。网络的无处不在催生了计算的无处不在、软件的无处不在、数据的无处不在、连接的无处不在，从而为建设智慧社会打下坚实基础。

2．规划管理信息化

城市信息模型和地理信息系统等技术的综合运用，让城乡规划和布局"看得见""摸得着""想得清"，从而显著提升城乡规划的信息化和科学化水平。通过发展智慧城乡公共信息平台，统筹推进城乡规划、国土利用、城乡管网、园林绿化、环境保护等城乡基础设施管理的数字化和精准化。城乡管理数字化平台通过建立城乡统一的地理空间信息平台及建（构）筑物数据库，构建综合性城乡管理数据库。城乡管理数据库与群智感知技术和手段相结合，能够有效提升城乡范围内人、地、事物、组织、事件管理的精细化水平，为发展更多服务民生的智慧应用、实现"科技让生活更美好"的目标提供支撑。

3．基础设施智能化

基础设施的智能化是智慧社会体现其"智慧"的重要基础。智慧交通能够实现交通引导、指挥控制、调度管理和应急处理的智能化，有效提升交通出行的效率和便捷程度。智慧交通的深入发展将解决交通拥堵这一"城市病"，宽带网络支持下的汽车自动驾驶、无人驾驶将逐步推广使用，汽车被纳入互联网、车联网，智能汽车将成为仅次于智能手机的第二大移动智能终端。智能电网支持分布式能源接入，居民和企业用电实现个性化的智能管理。智慧水务覆盖供水全过程，运用水务大数据能够保障供水质量，实现供排水和污水处理的智能化。智能管网能够实现城市地下空间、地下管网的信息化管理、可视化运行。未来的城市，"大量管廊地下藏，地下通道汽车穿梭忙"，不会出现过去由于滞水而出现的"到城市去看海、到街上去捉鱼"现象。智能建筑广泛普及，城市公用设施、建筑等的智能化改造全面实现，建筑数据库等信息系统和服务平台不断完善，实现建筑的设备、节能、安全等的智慧化管控。智慧物流通过建设物流信息平台和仓储式物流平台枢纽，实现港口、航运、陆运等物流信息的开放共享和社会化应用。

4．公共服务普惠化

公共服务能力和水平关乎老百姓的福祉。充分利用物联网、云计算、大数据、人工智能等新一代信息技术，建立跨部门跨地区业务协同、共建共享的公共服务信息体系，有利于创新发展教育、就业、社保、养老、医疗和文化的服务模式。在智慧社会中，智慧医院、远程医疗深入发展，电子病历和健康档案普及应用，医疗大数据不断汇聚和深度利用，优质医疗资源自由流动，预约诊疗、诊间结算大幅减少人们看病挂号、缴费的等待时间，"看病难、看病烦"问题将得到有效缓解。具有随时看护、远程关爱等功能的智慧养老信息化服务体系为"银发族"的晚年生活提供温馨保障。公共就业信息服务平台实现就业信息全国联网，就业大数据为人们找到更好、更适合自己的工作提供全方位的支撑和帮助。围绕促进教育公平、提高教育质量和满足人们终身学习需求的智慧教育、智慧学习持续发展，教育信息化基础设施不断完善，充分利用信息化手段扩大优质教育资源覆盖面，有效推进优质教育资源共享。智慧文化促进数字图书馆、数字档案馆、数字博物馆等公益设施建设，为满足人民群众日益增长的文化需求提供坚实保障。智慧旅游提供基于移动互联网的旅游服务系统和旅游管理信息平台，旅游大数据的应用为旅游服务转型升级带来新机遇。

5．社会治理精细化

在市场监管、环境监管、信用服务、应急保障、治安防控、公共安全等社会治理领域，通过新一代信息技术的应用，建立和完善相关信息服务体系，不断创新社会治理方式。构建全面设防、一体运作、精确定位、有效管控的社会治安防控体系，整合各类视频、图像信息资源，推进公共安全视频联网应用，大幅提升社会安全水平。在食品药品、消费品安全等领域，具有溯源追查、社会监督等功能的市场监管信息服务体系不断完善。征信信息系统在整合信贷、纳税、履约、参保缴费和违法违纪等信用信息记录后不断完善，为建设诚信社会提供重要保障。建立环境信息智能分析系统、预警应急系统和环境质量管理公共服务系统，构建"天地一体化"的生态环境监测体系，对重点地区、重点企业和污染源实施智能化远程监测。

6．产业发展数字化

充分利用新一代信息技术推动传统产业信息化改造，向数字化、网络化、智能化、服务化方向加速转变，提高全要素生产率，释放数字对经济发展的放大、叠加、倍增作用。智慧农业的发展将使我们能够运用信息化手段把城市物流配送体系和城市消费需求、农产品供给紧密衔接起来。智慧工业意味着工业化与信息化深度融合，工业互联网不断发展。智慧服务业的发展促进电子商务向旅游、餐饮、文化娱乐、家庭服务、养老服务、社区服务等领域进一步延伸。在智慧社会，以数据为关键要素的数字经济迅猛发展，加快推动数字产业化，不断催生新产业、新业态、新模式。

7．政府决策科学化

通过建立健全大数据辅助决策的机制，有效改变一些地方的政府在决策中存在的"差不多"现象，推动形成"用数据说话、用数据决策、用数据管理、用数据创新"的政府决策新方式。充分利用大数据平台，综合分析各种风险因素，提高政府对风险因素的感知、预测、防范能力。通过政企合作、多方参与，促进公共服务领域数据的集中和共享，政府掌握的相关数据同企业积累的相关数据进行有效对接，形成社会治理的强大合力。通过完善群众诉求表达的网络平台，政府更好掌握社情民意，更好构建阳光政府、透明政府。

1.4　新一代信息技术

社会的信息化、智慧化发展离不开新一代信息技术的支撑。新一代信息技术，不只是指信息领域的一些分支技术（如集成电路、计算机、无线通信等）的纵向升级，更主要的是指信息技术的整体平台和产业的代际变迁。近年来，以物联网、云计算、大数据、人工智能、区块链为代表的新一代信息技术产业正在酝酿着新一轮的信息技术革命。新一代信息技术产业不仅重视信息技术本身和商业模式的创新，而且强调将信息技术渗透、融合到社会和经济发展的各个行业，推动行业的技术进步和产业发展。

1.4.1　物联网

物联网（Internet of Things，IoT）是信息科技产业"第三次革命"的产物。物联网是指通过信息传感设备，按约定的协议将任何物体与网络相连接，物体通过信息传播介质进行信息交换和通信，以实现智能化识别、定位、跟踪、监管等功能。

物联网被视为互联网的应用扩展，应用创新是物联网发展的核心，以用户体验为核心的创新是物联网发展的"灵魂"。物联网通过各种信息传感设备，如传感器、射频识别（Radio Frequency Identification，RFID）技术、全球定位系统、红外感应器、激光扫描器、气体感应器等各种装置与技术，实时采集任何需要监控、连接、互动的物体或过程，采集其声、光、热、电、力学、化学、生物、位置等各种需要的信息，与互联网结合形成一个巨大网络。其目的是实现物与物、物与人、所有的物品与网络的连接，以方便识别、管理和控制。

与传统的互联网相比，物联网有其鲜明的特征。

首先，它是各种感知技术的广泛应用。物联网上部署了海量的多种类型的传感器，每个传感器都是一个信息源，不同类别的传感器所捕获的信息内容和信息格式不同。传感器获得的数据具有实时性，按一定的频率周期性地采集环境信息，不断更新数据。

其次，它是一种建立在互联网上的泛在网络。物联网技术的重要基础和核心仍旧是互联网，通过各种有线和无线网络与互联网融合，将物体的信息实时、准确地传递出去。物联网上的传感器定时采集的信息需要通过网络传输，由于其数量极其庞大，形成了海量信息，在传输过程中，为了保障数据的正确性和及时性，必须适应各种异构网络和协议。此外，物联网不仅提供传感器的连接，其本身也具有智能处理的能力，能够对物体实施智能控制。物联网将传感器和智能处理相结合，利用云计算、模式识别等各种智能技术，扩充其应用领域。从传感器获得的海量信息中分析、加工和处理出有意义的数据，以满足不同用户的不同需求，发现新的应用领域和应用模式。

从技术架构上来看，物联网可分为 3 层：感知层、网络层和应用层。感知层由各种传感器及传感器网关构成，包括二氧化碳浓度传感器、温度传感器、湿度传感器、二维码标签、RFID 标签和读写器、摄像头、卫星定位系统等感知终端。感知层的作用相当于人的眼、耳、鼻、喉和皮肤等，它是物联网识别物体、采集信息的来源，其主要功能是识别物体，采集信息。网络层由各种私有网络、互联网、有线和无线通信网、网络管理系统和云计算平台等组成，相当于人的神经中枢和大脑，负责传递和处理感知层获取的信息。应用层是物联网和用户（包括人、组织和其他系统）的接口，它与行业需求结合，实现物联网的智能应用。

物联网的行业特性主要体现在其应用领域内，目前绿色农业、工业监控、公共安全、城市管理、远程医疗、智能家居、智慧交通、无人驾驶和环境监测等各个行业均有物联网应用。物联网应用场景示例如图 1.1 所示。

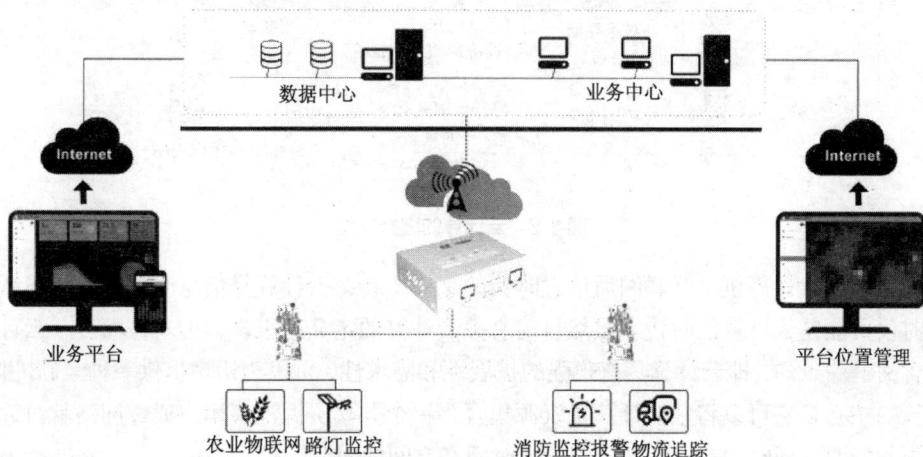

图 1.1　物联网应用场景示例

1.4.2　云计算

从狭义上讲，"云"实质上就是一个网络，是一种提供资源的网络，使用者可以随时获取"云"上的资源，按需使用，并且可以将其看作可无限扩展，只需按需付费即可。"云"就像自来水厂一样，人们可以随时用水，并且不限量，只需根据各自的用水量付费给自来水厂即可。从广义上说，云计算（Cloud Computing）是与信息技术、软件、互联网相关的一种服务，这种计算资源共享池叫作"云"，云计算把许多计算资源集合起来，通过软件实现自动化管理，只需要很少的人参与，就能让资源被快速提供。也就是说，计算能力作为一种商品，可以在互联网上流通，就像水、电、煤气一样，可以方便地取用，且价格较为低廉。

总而言之，云计算不是一种全新的网络技术，而是硬件技术和网络技术发展到一定阶段而出现的一种技术总称。通常，技术人员在绘制系统结构图时会用一朵云来表示网络，云计算的名字就是因此而来的。云计算并不是对某一项独立技术的称呼，而是对实现云计算模式所需要的所有技术的总称。云计算常用的技术包括分布式计算技术、数据中心技术、虚拟化技术、云计算平台技术、网络技术、分布式存储技术、服务器技术、Hadoop、Storm、Spark等。云计算的服务类型主要分为 3 类，即基础设施即服务（Infrastructure as a Service，IaaS）、平台即服务（Platform as a Service，PaaS）和软件即服务（Software as a Service，SaaS），如图 1.2 所示。

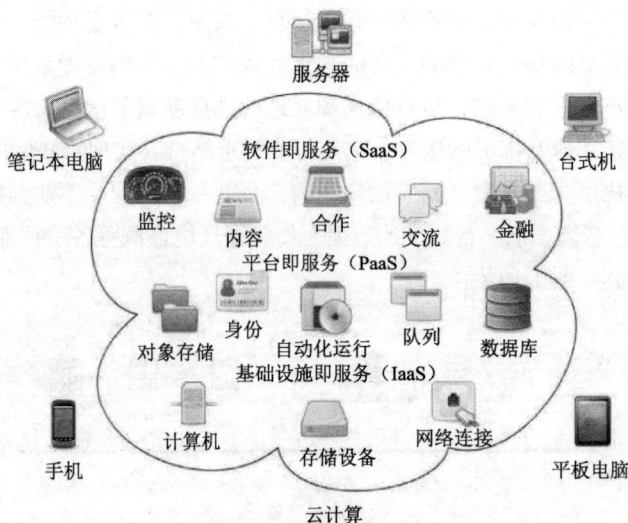

图 1.2　云计算的服务类型

云计算是继计算机、互联网后信息时代的又一革新，云计算是信息时代的一大飞跃，未来的时代可能是云计算的时代。虽然目前有关云计算的定义有很多，但总体而言，云计算的基本含义是一致的，即云计算具有很强的扩展性和需求性，可以为用户提供一种全新的体验。云计算的核心是它可以将很多计算机资源集合为一个共享资源池，用户通过网络就可以获取到无限的资源，同时，获取到的资源不受时间和空间的限制。

1.4.3　大数据

大数据（Big Data）也称为巨量资料，指的是所涉及的资料量规模巨大到无法通过目前主流软件工具，在合理时间内获取、管理、处理，并整理成为帮助人们决策的信息。大数据是一个体量特别大、数据类别特别多的数据集，且此数据集无法使用传统数据库工具对其内容进行获取、管理和处理。大数据技术的战略意义不在于掌握庞大的数据信息，而在于对这些含有意义的数据进行专业化处理。举一个简单的例子：每天乃至每年全国所有移动电话的通话记录就是常见的所谓大数据，这一庞大的数据是人力根本无法解读的。而通过运营商的服务器整合数据后进行分析，就能得到一些人们感兴趣的信息。例如：中秋节期间长途电话的比例远高于平常，除夕夜短信数量是平常一天的上万倍等，都是大数据处理技术所能带给人们对于庞大数据的独特解读。

大数据技术（例如数据挖掘）就是指从各种各样类型的数据中，快速获得有价值信息的技术。适用于大数据的技术，包括大规模并行处理数据库、数据挖掘、分布式文件系统、分布式数据库、云计算平台、互联网和可扩展的存储系统等。

随着经济社会的发展，全球市场经济的融合，大数据显得越来越重要。政府部门可以利用大数据整合行政资源，例如整合发展工信、建设、水利等各行业的项目信息，同时具备与外部资本、国家投资对接的分析功能；可以整合各地方各级的医疗、民生、教育资源，实现资源配置的科学化。企业可以通过大数据实现生产与市场的对接分析，使生产的产品更加适销对路；可以通过大数据进行宣传，既减少宣传广告的成本，又可以使宣传或广告能及时准确地到达用户。如某个用户在购物网站搜索过某种产品，购物网站通过大数据技术，在用户下次登录购物网站时给用户推荐类似的产品，既方便了用户，又推广了产品。

换言之，如果将大数据比作一种产业，那么这种产业实现盈利的关键在于提高对数据的"加工能力"，通过"加工"实现数据的"增值"。大数据与云计算的关系紧密。大数据必然无法使用单台计算机进行处理，必须采用分布式架构。它的特色在于对海量数据进行分布式数据挖掘，但它必须依托云计算的分布式处理、分布式数据库、云存储和虚拟化技术。

1.4.4　人工智能

人工智能（Artificial Intelligence，AI）作为一门新兴的交叉学科，目的在于了解人类智能的实质，并生产出一种新的能以与人类智能相似的方式做出反应的智能机器。人工智能并不是人类智能，但能像人类一样思考，也可能超过人类智能。归根结底人工智能研究的一个主要目的是使机器能够胜任一些需要人类智能才能完成的工作。人工智能也是研究如何通过计算机的软硬件来模拟人类某些智能行为的基本理论、方法和技术。经过多年的发展，人工智能已经形成了一个由基础层、技术层与应用层构成的、蓬勃发展的产业生态链，并应用于人类生产与生活的各个领域。2017 年，AlphaGo 战胜当时排名世界第一的围棋世界冠军柯洁，震惊了世界，这是人工智能发展的一个历史性的成果。现在人工智能已经大规模商业化，例如百度公司推出的无人车、特斯拉公司的无人驾驶，以及很多科技公司都开始加快人工智能的研究，这告诉我们人工智能的时代就要到来了。当今，与人工智能相关的应用如"AI+制造""AI+控制""AI+教育""AI+媒体""AI+医疗""AI+物流""AI+农业"等层出不穷。

1.4.5　区块链

区块链（Blockchain）是信息技术领域的一个术语。2008 年，中本聪第一次提出了"区块链"的概念。从科技层面来看，区块链涉及数学、密码学、互联网和计算机编程等多门学科。从本质上讲，它是一个共享数据库，存储于其中的数据或信息具有"不可伪造""全程留痕""可以追溯""公开透明""集体维护"等特征。区块链通过去中心化和去信任的方式维护一个可靠数据库的技术方案。该技术方案主要让参与系统中的任意多个节点，通过一串使用密码学方法相关联产生的数据块（Block），每个数据块中包含一定时间内的系统全部信息交流数据，并且生成数据指纹用于验证其信息的有效性和链接（Chain）下一个数据块。

通俗地说，区块链技术就是一种全民参与记账的方式。所有的系统背后都有一个数据库，也就是一个大账本，那么谁来记这个账本就变得很重要。目前是谁的系统就由谁来记账，各个银行的账本就是各个银行在记，支付宝的账本就是阿里巴巴集团在记。但在区块链系统中，每个人都可以参与记账。在一定时间段内如果有新的交易数据变化，系统中每个人都可以进行记账，系统会评判这段时间内记账最快、最好的人，将其记录的内容写到账本，并将这段时间内的账本内容发给系统内的其他人进行备份。这样系统中的每个人都有一本完整的账本。因此，这些数据就会变得非常安全。篡改者需要同时修改超过半数的系统节点数据才能真正篡改数据。这种篡改的代价极高，导致几乎不可能篡改。例如，比特币诞生以来，全球无数的攻击者尝试攻击比特币，但是至今为止没有出现过交易错误，可以认为比特币区块链被证明是一个安全、可靠的系统。

新一代信息技术中，除了上述代表性技术之外，虚拟现实（Virtual Reality，VR）、增强现实（Augmented Reality，AR）、新的移动互联网技术、量子信息技术等也在蓬勃发展，推动着社会发展进步，大家可以在后续内容中详细了解。

本章小结

　　本章主要以信息与信息技术的基本概念为引，从信息、信息技术、信息化以及新一代信息技术等方面进行介绍，帮助学生理解信息、信息资源、信息科学、信息化、智慧化、信息社会、智慧社会等基本概念及其相互关系，了解信息化发展的技术基础即现代信息技术以及新一代信息技术，为学生在后续专业课程学习中能够融合、创新、应用新一代信息技术奠定基础。

本章习题

1. 简述信息、信息资源、信息科学的概念。
2. 简述信息化与智慧化的异同。
3. 根据自己的专业方向，浅谈对相关现代信息技术的认识。
4. 根据自己的兴趣，对某新一代信息技术的应用发展进行讨论分析。

第 2 章

电子与通信

学习目标

- 了解电子技术与通信技术的发展历史。
- 理解电路、模拟电路、数字电路、集成电路、可编程逻辑器件的基本概念和主要特点。
- 了解电子技术的应用现状。
- 掌握单片机与嵌入式系统的基本组成和主要作用。
- 理解 FPGA 的设计流程、设计方法及硬件描述语言的基本特点。
- 掌握通信系统的基本组成。
- 理解移动通信、光纤通信、卫星通信、交换技术的基本原理。

本章重点

- 电路的基本功能、电路的主要定理。
- 晶体三极管的基本工作原理。
- 数字电路的基本工作原理。
- 集成电路的摩尔定律、缩放定律，以及集成电路的主要工艺。
- 通信系统的组成模型及各功能模块的作用。
- 移动通信的组成和工作原理。
- 5G 通信的关键技术。

　　电子技术是伴随着电磁现象的发现而起步的，因半导体晶体三极管的发明而广泛应用，引领了众多的高技术加速发展。100 多年来，电子技术已经渗透到各个行业、各个领域，尤其在电气电子、计算机、通信、生物、海洋、航天等领域取得了前所未有的成就。

　　现代的通信技术是电子技术发展的一个重要分支，现代通信基本是以电信号传输为主的电信，电子技术的最新发展基本上都优先应用于通信和计算机。通信技术从开始的电报、电话、电视通信，发展到多种业务综合的多媒体通信；从原来的人与人之间的通信，发展到人与机器之间、机器与机器之间的通信；从点到点的通信，发展到无处不在的网络通信、万物互联的物联网；移动通信从原来的 1G 发展到现在的 5G，6G 的相关技术也在紧锣密鼓地研发之中。电子和通信技术是高技术发展的"领头羊"，也是信息社会的重要支柱，是国家的核心战略技术领域。

2.1　电子技术发展概况

　　人们在很早以前就发现了自然界中的电和磁的现象，还利用磁特性制作了指南针，但直到 18 世纪，人们对电和磁的研究才逐步走向深入，催生了现代的电子信息技术。

　　1600 年，英国医生吉尔伯特（W. Gilbert）首次探讨了电与磁的关系，被称为"磁学之父"。

　　1746 年，美国科学家富兰克林（B. Franklin）提出了正负电荷的概念。

　　1785 年，法国科学家库仑（C. A. Coulomb）定量研究了电荷体间的相互作用关系，提出了库仑定律。

　　1820 年，丹麦科学家奥斯特（H. C. Oersted）发现了电流的磁效应，将电和磁紧密地联系在了一起。

　　1825 年，法国科学家安培（A. M. Ampere）提出了著名的安培定律，该定律成为研究电磁学的基本定律，为电动机的发明奠定了理论基础。

　　1826 年，德国科学家欧姆（G. S. Ohm）提出了著名的欧姆定律。

　　1831 年，英国科学家法拉第（M. Faraday）发现了电磁感应现象，阐明了电动机与变压器的基本原理。

　　1837 年，美国科学家莫尔斯（S. F. B. Morse）发明了第一台电报收发机。

　　1862 年，英国科学家麦克斯韦（J. C. Maxwell）提出了电与磁共同遵守的麦克斯韦方程，并预言空间一定存在电磁波。

　　1876 年，美国科学家贝尔（A. G. Bell）发明了第一台可用的电话机，开创了语音信息传递的新纪元。

　　1879 年，美国发明家爱迪生（T. A. Edison）发明了钨丝电灯。

　　1887 年，德国科学家赫兹（H. R. Hertz）经过艰苦的实验，证明麦克斯韦预言的电磁波真实存在。

　　1895 年，意大利科学家马可尼（G. Marconi）发明了无线电通信。

　　1897 年，英国科学家汤姆孙（J. Thomson）证明了电子的存在。

　　1900 年，德国物理学家普朗克（M. Planck）创立了量子理论。

　　1904 年，英国科学家弗莱明（J. A. Fleming）在爱迪生的热二极管的基础上发明了实用的真空二极管。

1907 年，美国科学家德福雷斯特（L. D. Forest）发明了真空晶体三极管，其能够对微弱的电信号进行放大。

1916 年，美国科学家爱因斯坦（A. Einstein）发表了《关于辐射的量子理论》一文，总结了量子理论的成果，论证了辐射的量子特性。

1926 年，英国科学家贝尔德（J. L. Barid）发明了电视。

1931 年，英国物理学家威尔逊（A. Wilson）发表了论文《电子半导体理论》，给出了半导体导电的原理。

1946 年，第一台通用电子计算机 ENIAC 问世。

1947 年，美国贝尔实验室的科学家布拉丁（W. Brantain）、巴丁（J. Bardeen）与肖克利（W. Shockley）发明了第一只点接触晶体三极管。

1954 年，第一台使用晶体三极管的计算机 TRADIC 在贝尔实验室研制成功。

1958 年，美国德州仪器公司生产了第一块半导体集成电路。

电子技术已广泛应用于各行各业，目前各国的技术竞争主要集中在集成电路（芯片）上。

2.2　电子技术基础

经过一个多世纪的发展，电子技术已经形成了完备的理论和知识体系，主要有电路、模拟电子技术、数字电子技术、集成电路技术。

2.2.1　电路基础

电路是组成各类电气电子设备和系统的基础。电路是指由电源和电子设备或电子元器件通过导线按照一定规则互连而成的、具有特定功能的电流通路，如图 2.1 所示。电路的分析主要依据电路模型和拓扑，运用电路定理，分析求解电路中各变量（电压、电流、功率）。

电路主要完成 3 个任务或实现 3 个功能：能量转换；信号处理；数据存储与计算。

电路的分类如下。

（1）根据工作电流或电压的不同，分为直流电路和交流电路。

（2）根据是否包含电源，分为含源电路和无源电路。

（3）根据电路功能的不同，分为用电电路和处理电路。

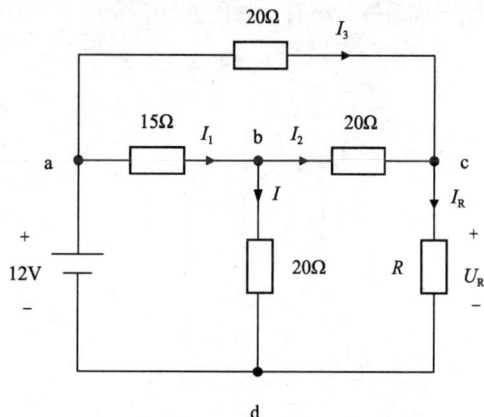

图 2.1　典型电路图

（4）根据电路中元器件的不同，分为电子管电路、晶体三极管电路、集成电路以及由基本电子元件（电阻 R、电感 L 和电容 C）为主要部件构成的 RLC 电路或含有各种元器件的混合电路等。

（5）根据电路工作（电流或电压）波长的不同，分为集中参数电路和分布参数电路。所谓集中参数电路是指由集中参数元件构成的电路。

（6）根据元件特性的不同，分为线性电路和非线性电路。

电路研究的主要是电源、电阻、电容、电感的基本特性，电路中的定律（如基尔霍夫定律等）、定理（如叠加定理、齐次定理、置换定理、戴维南定理、诺顿定理等），并运用这些定律、定理及相应的电路分析方法，分析电路中的电压、电流关系，求解电路系统的响应。

电路是电子技术应用的基础，电子器件、电子设备的设计制造都离不开电路的基本理论。

2.2.2　模拟电子技术

模拟电子技术主要是指分析基于半导体的特性，二极管、晶体三极管（简称晶体管）的工作原理，以及分析基于晶体三极管构建的各类电路（如功率放大电路、运算放大电路、反馈放大电路、信号运算电路、信号产生电路、电源稳压电路）的工作原理的技术。

1．半导体

物质按导电的性质可分为导体、绝缘体和半导体。半导体是在纯净的晶体结构（称为本征半导体，通常有硅或者锗）中掺杂一定的微量元素，形成电子或空穴，从而产生 N 型半导体、P 型半导体。在 N 型半导体中，掺杂微量五价元素（如磷、锑、砷），电子浓度远远大于空穴的浓度，主要靠电子导电。而在 P 型半导体中，掺入微量的三价元素（如硼、镓、铟）等，空穴成为多数载流子，自由电子为少数载流子，主要靠空穴导电。

2．PN 结

将 N 型半导体和 P 型半导体结合在一起，在它们的接触界面就形成了 PN 结。二极管、晶体三极管的工作特性主要建立在 PN 结的基础之上。PN 结的一个主要特性就是单向导电性。

3．晶体三极管

在半导体锗或硅的单晶上制备两个能相互影响的 PN 结，组成一个 PNP（或 NPN）结构，便形成晶体三极管，如图 2.2 所示。

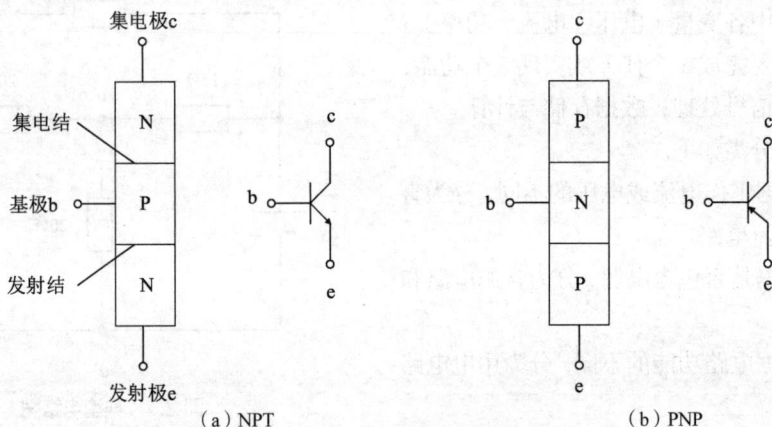

（a）NPT　　　　　　　　　　（b）PNP

图 2.2　晶体三极管的结构示意图

晶体三极管有 3 个电极，分别为基极、集电极、发射极；其有 3 个区，分别为发射区、基区、集电区。

发射区：发射区加正向电压，又因发射区杂质浓度高，所以大量自由电子因扩散运动越过发射结到达基区，形成发射极电流（I_e）。

基区：由于基区很薄，杂质浓度低，集电结又加了反向电压，因此扩散到基区的电子中只有极少部分与空穴复合，其余部分均作为基区的非平衡少子到达集电结。由于基极电源的作用，电子与空穴的复合作用将源源不断地进行，故形成基极电流（I_b）。

集电区：集电区必须加反向电压，这时集电结上外电场方向与漂移运动方向一致，加强了漂移运动，削弱了扩散运动，所以外电场不仅可使集电区的多子（电子）向集电极方向移动，而且还可以收集从基区扩散过来的电子到达集电区，形成集电极电流（I_c）。

根据电路定理和晶体三极管的特性有如下关系

$$I_e = I_b + I_c \tag{2.1}$$

$$\overline{\beta} = \frac{I_c}{I_b} \tag{2.2}$$

$$\beta = \frac{\Delta I_c}{\Delta I_b} \tag{2.3}$$

其中，$\overline{\beta}$ 为共发射极直流放大倍数，β 为共发射极交流放大倍数。一般情况下有

$$\beta \approx \overline{\beta}$$

4．场效应晶体三极管

场效应晶体三极管（Field Effect Transistor，FET）依靠一块薄层半导体受横向电场影响而改变其电阻大小（简称场效应），使其具有放大信号的功能。该薄层半导体的两端各接两个电极，分别称为源极和漏极，控制横向电场的电极称为栅极。根据栅极的结构，场效应晶体三极管主要分为：结型场效应晶体三极管（Junction FET，JFET），它用 PN 结构成栅极；金属-氧化物-半导体场效应晶体三极管（Metal-Oxide-Semiconductor FET，MOSFET），它用金属氧化物半导体构成栅极。场效应晶体三极管的制造工艺可以很方便地把很多场效应晶体三极管集成在一块硅片上，因此其在大规模集成电路中得到广泛应用。

2.2.3　数字电子技术

计算机、单片机等处理的都是二进制数字信号，模拟信号进入计算机之前需要通过模数转换，变成二进制的数字信号，才能被中央处理器处理和计算。数字电路是专用于处理数字逻辑的电路，处理的是逻辑电平"0"和"1"，可分为分立元件电路和集成电路两大类；根据逻辑功能不同，又可分为组合逻辑电路和时序逻辑电路。下面主要介绍组合逻辑电路和时序逻辑电路。

1．门电路

在介绍组合逻辑电路和时序逻辑电路之前，先来讲解数字电路中的基本单元——门电路。

输出和输入之间具有一定逻辑关系的电路称为逻辑门电路，简称门电路。常用的门电路有与门、非门、或门、与非门、或非门、与或非门、异或门等，用于进行常规的逻辑运算。

门电路通常有两种构成方式：晶体三极管-晶体三极管逻辑（Transistor-Transistor Logic，TTL）门电路和互补金属氧化物半导体（Complementary Metal-Oxide-Semiconductor，CMOS）门电路。TTL 门电路由双极型晶体三极管构成，它的特点是速度快、抗静电能力强、集成度低、功耗大，目前广泛用于中小规模的集成电路中。CMOS 门电路由场效应晶体三极管构成，它的特点是集成度高、功耗低、速度慢、抗静电能力差。CMOS 门电路在大规模集成电路和

微处理器中已占据支配地位。

2．组合逻辑电路

组合逻辑电路是指用数字逻辑电路器件所实现的逻辑表达式或真值表，其特点是电路输出与电路原来所处的状态无关。

组合逻辑电路主要有以下几种电路。

（1）编码器

用文字、符号或数码表示特定对象的过程称为编码。在数字电路中用二进制代码表示有关的信号称为二进制编码，实现编码操作的电路就是编码电路，简称为编码器。编码器有二进制编码器、二-十进制编码器、优先编码器等。

（2）译码器

编码的逆过程就是译码。译码就是把代码译为一定的输出信号，以表示它的原意。实现译码的电路就是译码器。译码器有二进制译码器、十进制译码器、集成译码器和数字译码驱动电路等。

（3）数据选择器

数据选择器又称为多路选择器，它有 n 位地址输入、2^n 位数据输入，1 位输出。每次在地址输入的控制下，从多路输入数据中选择一路输出，这类似于单刀多掷开关。常用的数据选择器有 2 选 1、4 选 1、8 选 1、16 选 1 等。

（4）数据分配器

数据分配器又称多路分配器，其功能与数据选择器相反，将一路输入数据按 n 位地址分送到 2^n 个数据输出端上。

（5）加法器

在数字系统中，算术运算都是利用加法进行的，因此加法器是数字系统中最基本的运算单元。

3．时序逻辑电路

在时序逻辑电路中，电路的输出不仅取决于当时电路的输入，还与以前电路的输入和状态有关。时序逻辑电路具有记忆功能。时序逻辑电路一般需要一个外部时钟，在时钟的驱动下改变电路的输出。

时序逻辑电路的基本单元是各类触发器，常见的时序逻辑电路有寄存器、移位寄存器、计数器、序列信号发生器等。

2.2.4　集成电路技术

集成电路（Integrated Circuit，IC）是一种微型电子器件或部件。集成电路技术采用一定的工艺，把一个电路所需的晶体三极管、电阻、电容和电感等元件及布线互连一起，制作在一小块或几小块半导体晶片或介质基片上，然后封装在一个管壳内，使其成为具有所需电路功能的微型结构。

自 1958 年第一块集成元件问世以来，集成电路已经跨越了小、中、大、超大规模等台阶，集成度平均每 2 年提高近 3 倍。集成电路技术已成为一个国家的战略技术领域。

1．分类

集成电路按其功能、结构的不同，可以分为模拟集成电路、数字集成电路和数/模混合集成电路；按其制作工艺不同可分为半导体集成电路和膜集成电路；按其集成度高低可分为小规模、中规模、大规模及超大规模等类型。

（1）小规模集成电路：集成 50 个以下元器件。

（2）中规模集成电路：集成 50~1000 个元器件。

（3）大规模集成电路：集成 1000~10000 个元器件。

（4）超大规模集成电路：集成 1 万~1000 万个元器件。

（5）甚大规模集成电路：集成 1000 万~10 亿个元器件。

（6）极大规模集成电路：集成 10 亿个元器件以上。

按其导电类型的不同可分为双极型集成电路和单极型集成电路。

按用途不同可分为电视机用集成电路、音响用集成电路、汽车用集成电路等。

2．集成电路设计方法

集成电路的设计方法从原始的手工设计，逐渐过渡到电子系统设计自动化。

手工设计：设计过程完全靠手动操作，从设计原理图，硬件电路模拟，到每个元器件单元的集成电路版图设计，布局布线直到最后得到一套集成电路掩膜版，全部由人工完成。

计算机辅助设计：利用专门的计算机辅助设计软件进行集成电路设计。目前的计算机辅助设计功能大体包括电路设计或系统设计，逻辑设计，逻辑、时序、电路模拟，版图设计，版图编辑，反向提取，规则检查等。

用计算机辅助工程的电子设计自动化（Electronic Design Automation，EDA）：计算机辅助工程配备了成套集成电路设计软件，为集成电路设计提供了完备、统一、高效的工作平台。利用 EDA 使大规模集成电路和超大规模集成电路的设计成为可能。

电子系统设计自动化：电子系统设计自动化为设计人员提供进行系统级设计与分析的手段，进而完成系统级自动化设计。利用电子系统设计自动化工具完成功能分析后，再利用行为级综合工具将其转化成综合的寄存器级寄存器传输描述的硬件描述语言（Hardware Description Language，HDL）描述，就可以由 EDA 工具实现最终芯片设计了。

3．集成电路发展中的两个定律

英特尔（Intel）公司的创始人之一戈登·摩尔（Gordon Moor）提出了著名的摩尔定律：集成电路上能被集成的晶体三极管的数目，将以每 18 个月翻一番的速度稳定增长。摩尔定律被称为电子信息产业的"第一定律"，集成电路的发展很好地遵循了这一定律。

IBM 公司的科学家登纳德（R. Dennard）提出了著名的缩放定律：如果晶体三极管的大小缩减一半，该晶体三极管的静态功耗将会降至原来的 1/4（电压和电流同时减半）。目前，芯片业的发展目标基本上是在保证功耗不变的情况下尽可能提高性能。摩尔定律和缩放定律共同引领了集成电路行业的发展。

4．集成电路工艺

晶体三极管诞生后，人们通过不断研究，推出了许多新型晶体三极管。1950 年 FET 问世，1959 年出现了 MOSFET，该类晶体三极管是集成电路中常用的晶体三极管。

CMOS 结构是 1963 年发明出来的，CMOS 技术静态电源功率密度低，工作电源功率密度高，能够形成高密度的场效应晶体三极管逻辑电路。1968 年，美国的梅德温（A. Medwin）成功开发出第一个基于 CMOS 的集成电路，后来很长一段时间，CMOS 成为集成电路的主要技术。

工艺节点到 90nm 阶段，沿用已有的材料与结构，遇到了严峻的挑战，后续的 65nm、

45nm、32nm、28nm 工艺节点要求设计必须寻找新的 CMOS 器件材料。在 45nm 工艺节点，引入了高 K（K 为介电常数）绝缘层与金属栅极两项技术，这两项技术在很小的尺寸下能够保证栅极有效地工作。

20 世纪 90 年代，芯片公司普遍认为当栅极长度缩小到 25nm 以下的时候，采用 MOSFET 将会遇到很多困难。于是，鳍式场效应晶体三极管（Fin Field-Effect Transistor，FinFET）被发明出来，使栅极长度缩小到 20nm 以下，可妥善处理控制电流，同时降低漏电和动态功率耗损。

5．光刻机

光刻机是集成电路制造设备，由紫外光源、光学镜片、对准系统等部件组装而成。在芯片加工过程中，光刻机投射光束，穿过印着图案的掩膜及光学镜片，将电路图案曝光在带有光感涂层的硅片上，通过蚀刻曝光的部分形成凹槽图案，再进行沉积、蚀刻、掺杂等工艺，形成集成电路。

光刻机是十分复杂且十分昂贵的设备。总部位于荷兰的阿斯麦尔（ASML）公司不但占据全球光刻机 80%的市场份额，而且是唯一能供应极紫外（Extreme Ultraviolet，EUV）光刻机的企业。一套 EUV 光刻机系统含 10 万多个零件、4 万多个螺栓，重量达到 180 吨。

2.2.5　单片机与嵌入式系统

单片机（Single-Chip Microcomputer）是一种集成电路芯片，是采用超大规模集成电路技术把具有数据处理能力的中央处理器（Central Processing Unit，CPU）、随机存储器（Random Access Memory，RAM）、只读存储器（Read Only Memory，ROM）、多种 I/O 接口和中断系统、定时器/计数器等硬件集成到一块硅片上构成的一个小而完善的微型计算机系统。因此，单片机只需要与适当的软件和外部设备结合，便可构成一个单片机控制系统。

嵌入式系统（Embedded System）是电子设备中常用的系统，电气电子工程师学会（Institute of Electrical and Electronics Engineers，IEEE）对嵌入式系统的定义是："用于控制、监视或者辅助操作机器和设备的装置。"国内对嵌入式系统通常进行如下定义：嵌入式系统以应用为中心，以计算机技术为基础，软件、硬件可裁剪，适用于对功能、可靠性、成本、体积、功耗有严格要求的专用计算机系统。

总之，单片机与嵌入式系统是为了实现控制功能而设计的一种微型计算机。它的应用首先是控制功能，即在于实现计算机控制。其实现手段采用嵌入方式，即嵌入对象环境中作为一个智能控制单元。由于可控对象种类繁多，因此单片机与嵌入式系统应用也非常广泛，如仪器仪表、工业测控、计算机与通信设备、家电与日常生活用品、无人机、雷达等设备中的应用。

2.2.6　现场可编程门阵列

现场可编程门阵列（Field Programmable Gate Array，FPGA）是在 PAL、GAL、CPLD 等可编程器件的基础上进一步发展的产物。它是作为专用集成电路（Application Specific Integrated Circuit，ASIC）领域中的一种半定制电路而出现的，既解决了定制电路的不足，又克服了原有可编程器件门电路数有限的缺点。

FPGA 采用逻辑单元阵列（Logic Cell Array，LCA）这样一个概念，内部包括可配置逻辑模块（Configurable Logic Block，CLB）、输入/输出模块（Input/Output Block，IOB）和内部连线（Interconnect）3 个部分。

1．FPGA 的基本特点

（1）采用 FPGA 设计 ASIC 电路，用户不需要投片生产，就能得到适合使用的芯片。

（2）FPGA 可做其他全定制或半定制 ASIC 电路的中试样片。

（3）FPGA 内部有丰富的触发器和 I/O 引脚。

（4）FPGA 是 ASIC 电路中设计周期最短、开发费用最低、风险最小的器件之一。

（5）FPGA 采用高速 CHMOS 工艺，功耗低，可以与 CMOS、TTL 电平兼容。

可以说，FPGA 芯片是小批量系统提高系统集成度、可靠性的最佳选择之一。

2．FPGA 的配置模式

FPGA 是由存放在片内 RAM 中的程序来设置其工作状态的，因此，工作时需要对片内的 RAM 进行编程。用户可以根据不同的配置模式，采用不同的编程方式。

FPGA 有多种配置模式：并行主模式为一片 FPGA 加一片 EPROM 的方式；主从模式可以支持一片 EPROM 编程多片 FPGA；串行模式可以采用串行 EPROM 编程 FPGA；外设模式可以将 FPGA 作为微处理器的外设，由微处理器对其编程。

加电时，FPGA 芯片将 EPROM 中的数据读入片内编程 RAM 中，配置完成后，FPGA 进入工作状态；掉电后，FPGA 恢复成白片，内部逻辑关系消失。当需要修改 FPGA 的功能时，只需通过下载电缆将程序下载到 EPROM 即可。这样，同一片 FPGA，不同的编程数据，可以产生不同的电路功能。因此，FPGA 的使用非常灵活。

3．FPGA 的设计流程与设计方法

基于 FPGA 的设计是指用 FPGA 器件作为载体，借助 EDA 软件工具，实现有限功能的数字系统设计，FPGA 的设计过程就是从系统功能到具体实现之间若干次变换的过程。

FPGA 的设计流程采用自顶向下的设计方法。设计人员从制定系统的规范开始，依次进行系统级设计和验证、模块级设计和验证、设计综合和验证、布局布线和时序验证，最终在载体上实现所设计的系统。

在整个设计过程中，借助 EDA 仿真工具可以及时发现每个设计环节的错误，并进行修正，最大限度地避免把错误带入后续的设计环节中。另外，设计中采用硬件描述语言作为设计输入，它可以在系统级、行为级、寄存器传输级、逻辑级和开关级等 5 个不同的抽象层次描述一个设计，设计人员可以在较高的层次——寄存器传输级描述设计，不必在门级原理图层次上描述电路。由于摆脱了门级电路实现细节的束缚，设计人员可以把精力集中于系统的设计与实现方案上，一旦方案成熟，就可以以较高层次描述的形式输入计算机，由 FPGA 设计综合工具自动完成整个设计。这种方法可大大缩短产品的研制周期，极大地提高设计的效率和产品的可靠性。

4．硬件描述语言

硬件描述语言是 FPGA 设计实现中重要的编程语言，主要用来编写设计文件，建立电子系统行为级的仿真模型。人们利用计算机的强大能力对用硬件描述语言建模的复杂数字逻辑进行仿真，然后自动综合以生成符合要求且在电路结构上可以实现的数字逻辑网表（Netlist），根据网表和某种工艺的器件自动生成具体电路，最后生成该工艺条件下这种具体电路的延时模型，仿真验证无误后，用于制造 ASIC 芯片或写入 FPGA 器件。

硬件描述语言经过几十年的发展，种类繁多。20 世纪 80 年代初，硬件描述语言已达上百种，它们对电子设计自动化起到了促进和推动作用。但是，这些语言一般面向各自的领域，并没有形成普遍认同而成为标准硬件描述语言。20 世纪 80 年代后期，硬件描述语言朝着标准化、集成化的方向发展。目前，比较有代表性的硬件描述语言有 VHDL 和 Verilog HDL。

采用硬件描述语言设计硬件电路可以增加设计的自由度和灵活度，节省人力和物力，缩短开发周期，与传统的原理图设计方法相比，硬件描述语言有如下优势。

（1）采用自顶向下的设计方法。采用硬件描述语言设计电路，从系统总体要求出发，先确定顶层模块，进行顶层模块的设计，再按照不同的功能，将顶层模块划分为若干子模块，子模块还可以被继续划分为更简单和易于实现的模块，然后进行具体设计，最后完成整个系统的设计。

（2）早期仿真。系统的总体仿真是设计的重要环节，这时设计与工艺无关。由于设计的仿真和调试是在高层次完成的，因此能够在早期发现结构设计上的错误，提高设计的成功率。

（3）降低设计难度。硬件描述语言具有多层次描述系统功能的能力，从系统的数学模型到门级电路，将高层次行为描述和低层次的寄存器传输描述以及结构化描述结合起来，使其对硬件电路的描述更加准确。利用模块化设计，可以实现资源共享，极大地减少重复劳动。上述这些特点，可大大提高设计人员的工作效率，降低硬件系统的设计难度。

（4）提高设计文件的可读性。采用传统的电路设计方法设计出的文件是几十张、几百张甚至几千张电路原理图；而采用硬件描述语言时，设计文件是采用硬件描述语言编写的程序，给阅读、归档、修改和使用带来极大的便利。

（5）大量采用 ASIC。ASIC 芯片与硬件描述语言的关系十分密切，二者相辅相成，相互促进。众多的 ASIC 生产厂商的工具软件都支持硬件描述语言。这样，设计人员在设计硬件电路时，就不会受到专用芯片的限制，而是根据硬件电路系统设计的需要来选择 ASIC 芯片，这样可以方便修改设计，增加灵活度，缩短开发周期。

2.3　通信技术的发展概况

人类进行信息传输的历史很悠久，古代的烽火狼烟、飞鸽传书就是典型例子。19 世纪中叶以后，随着电报、电话的出现及电磁波的发现，人类通信领域发生了根本性的变革，实现了利用金属导线来传递信息，甚至通过电磁波来进行无线通信。现代所说的通信，一般是指电信，即用电信号来传递信息。通信发展史上一些典型事件如下。

1837 年，美国人莫尔斯发明电报机。

1857 年，横跨大西洋海底电报电缆完成。

1876 年，贝尔发明电话。

1895 年，俄国人波波夫和意大利人马可尼同时研制成功无线电收发信机。

1920 年，超外差式收音机首次投入市场。

1926 年，英国人贝尔德成功进行了电视画面的传送，被誉为电视发明人。

1962 年，美国发射世界上第一颗有源通信卫星，开启"电视卫星传送时代"。

1969 年，美军建立阿帕网。

1983 年，美国将阿帕网分为军网和民网，渐渐成为今天的 Internet。

1993 年，美国宣布信息高速公路计划，整合计算机、电话、电视媒体。

2008 年，公众无线通信进入第三代商用系统。

2013 年，公众无线通信进入第四代商用系统。

2018 年，公众无线通信进入第五代商用系统。

2.4　通信技术基础

2.4.1　通信的基本原理

通信的根本目的是传输信息。在信息传输过程中所需的一切设备和软硬件技术组成的综合系统称为通信系统。尽管通信系统的种类繁多、形式各异，但最基本的架构就是点对点通信系统。通信原理主要研究点对点通信系统的基本理论、通信方式和通信技术。

1．通信系统的一般模型

图 2.3 所示为点对点单向通信系统的一般模型。

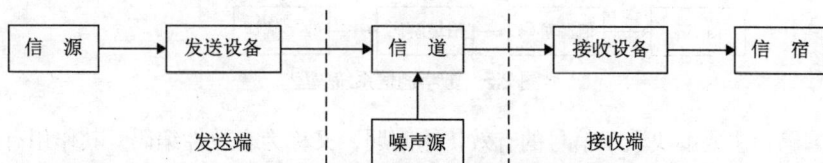

图 2.3　点对点单向通信系统的一般模型

信源：信源产生消息，把各种消息转换成原始电信号（基带信号），完成非电量到电量的转换等功能。根据消息种类的不同，信源可以分为模拟信源和数字信源。

发送设备：将信源产生的信号变换为适应信道传输的信号，并具有足够大的功率，以满足远距离传输的需要。发送设备主要包括信号的变换、放大、滤波、调制等过程。

信道：指传输信号的物理介质，可分为无线信道和有线信道。

噪声源：是将信道中的干扰和噪声以及分散在通信系统其他各处的噪声集中表示的理想模型。

接收设备：有效地接收信道中传来的信号，完成发送设备中信号变换的逆变换。通常完成对信号进行放大、整理、滤波、解调等。

信宿：信宿是信息传输的目的地，也是信息的利用设备。

2．通信系统的分类

按通信业务分类：可将通信系统分为语音通信和非语音通信。

按调制方式分类：可将通信系统分为基带传输系统和频带传输系统。

按传输信号的特征分类：可以把通信系统分为模拟通信系统和数字通信系统。

按传输信号的复用方式分类：可分为频分复用、时分复用、码分复用和波分复用等。

按传输介质分类：可以将通信系统分为有线通信系统和无线通信系统。

3．模拟通信系统

模拟通信系统指系统中传输的信号是模拟信号，其模型如图 2.4 所示。

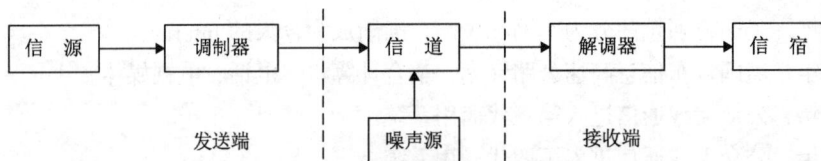

图 2.4　模拟通信系统的模型

调制器实质上是信号变换设备，完成频谱搬移。通信中常用的调制器利用信号控制高频振荡载波的某个参数，使该参数与信号的变化规律一致。解调器具有与调制器相反的功能，其作用是将承载于载波某个参数上的信号提取出来。

4．数字通信系统

数字通信系统指系统中传输的信号是数字信号，其模型如图 2.5 所示。

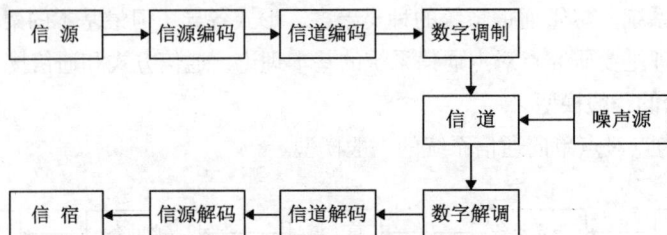

图 2.5　数字通信系统模型

信源编码：主要解决数字信号的有效传输问题，又称为有效性编码。其作用有两个：完成模拟信号到数字信号的变换、压缩信源中的冗余信息。

信道编码：主要解决数字信号传输的抗干扰问题，又称为可靠性编码。通过插入与信息码元相关联的冗余码元，在接收端发现或纠正传输过程中出现的差错。

数字调制：数字调制的任务是将数字基带信号经过调制变为适合于信道传输的频带信号（带通信号），其实质就是对数字信号进行频谱搬移。

数字解调：数字解调是数字调制的逆过程，它将频带信号还原为原始的基带信号。

信道解码：信道解码是信道编码的逆过程。

信源解码：信源解码是信源编码的逆过程。

一般的数字通信系统，还有加密和解密模块，分别位于信源编码之后以及信源解码之前。

数字通信系统由于具有体积小、抗干扰性能好、保密、易于利用计算机技术进行处理等优点，获得更加广泛的应用，现代的通信基本上都是数字通信。

2.4.2　移动通信

移动通信是指通信双方至少有一方在移动中进行信息传输和交换，包括移动体（车辆、船舶、飞机或行人）和移动体之间的通信、移动体和固定点（固定无线电台或有线电话）之间的通信。我们所使用的手机通信就属于移动通信，它是移动通信应用最为广泛的代表，也是技术发展最前沿的领域。

1．移动通信系统组成

移动通信系统一般由移动终端、基站、移动业务交换中心以及与本地电话网相连接的中继线等组成。移动业务交换中心是在大范围服务区域中协调呼叫路由的交换中心，其功能主要是处理信息的交换和对整个系统进行集中控制管理。移动通信系统的一般组成如图 2.6 所示。

移动终端是指移动通信设备，有车载式、手持式和便携式 3 种。移动终端包括控制单元、收发信机和天线。移动终端通过无线接口接入蜂窝网，也可以直接或间接地与其他终端设备连接。

基站由基站控制器和基站收发信台组成。基站控制器用来与移动业务交换中心进行通信，与移动终端在无线信道上进行数据传输。基站收发信台与移动终端之间通过空中接口完成无线传输及相关的控制功能。

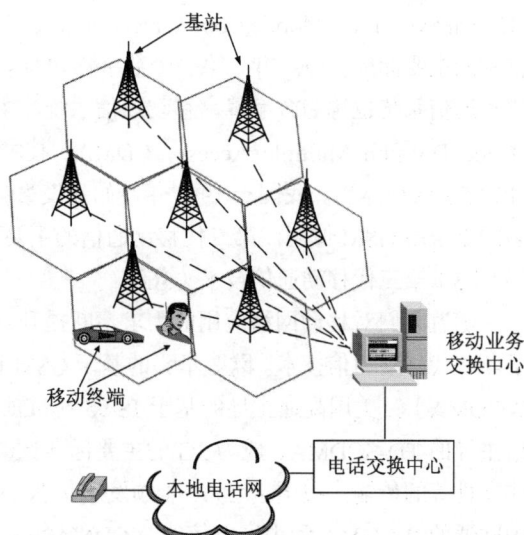

图 2.6　移动通信系统的一般组成

移动业务交换中心是所有基站、所有移动用户的交换和控制中心，还负责与本地电话网的连接、交换以及对移动终端进行计费。同时，移动业务交换中心还要具有移动性管理和无线资源管理功能，支持移动终端越区切换、移动业务交换中心控制区之间的漫游等功能。

2．移动通信的种类

目前，移动通信的种类繁多，按使用要求和工作场合不同，可以分为以下几种。

（1）按使用环境不同，可分为陆地移动通信、海上移动通信和航空移动通信。

（2）按使用对象不同，可分为公用移动通信和专用移动通信。

（3）按双工方式不同，可分为频分双工移动通信和时分双工移动通信。

（4）按传输的信号形式不同，可分为模拟移动通信和数字移动通信。

（5）按使用的多址方式不同，可分为频分多址移动通信、时分多址移动通信和码分多址移动通信等。

（6）按组网方式不同，可分为大区制移动通信和小区制移动通信。

小区制移动通信，也称蜂窝移动通信。它的特点是把整个大范围的服务区划分成许多小区，每个小区设置一个基站，负责本小区各个移动终端的联络与控制，各个基站通过移动业务交换中心相互联系，并与市话局连接。

3．移动通信技术的演进

（1）第一代移动通信技术（1G）

1978 年，高级移动电话系统（Advanced Mobile Phone System，AMPS）在美国芝加哥首次投入商用。同一时期，英国的全地址通信系统、瑞典等北欧四国开发的 NMT-450 等也投入使用，以 AMPS 和全地址通信系统为代表的蜂窝移动通信系统的普及，标志着第一代模拟移动通信的成熟。1G 主要基于蜂窝结构组网，直接使用模拟语音调制技术，只能应用于语音传输业务，业务量小、质量差、安全性差、涵盖范围小、信号不稳定。我国直到 1987 年的广东第六届全运会上，才正式启用蜂窝移动通信系统，这是我国移动通信开端的标志。

（2）第二代移动通信技术（2G）

1982 年，欧洲邮电管理委员会着手制定新一代的移动通信标准——全球移动通信系统

（Global System for Mobile Communications，GSM），这种通信标准后来成为第二代移动通信技术的主要标准。1991 年，第一个数字移动通信网络——GSM 网络在芬兰投入商用。第二代移动通信系统也称为数字蜂窝移动通信系统，主要采用的是数字的时分多址技术和码分多址（Code Division Multiple Access，CDMA）技术。全球主要有欧洲的 GSM 和美国的 CDMA（IS-95）两种体制。我国于 1995 年开始建设第二代蜂窝网，不同的公司采用不同的体制，更多的是采用 GSM 体制。第二代移动通信的主要业务是数字化的语音和低速数据业务。

（3）第三代移动通信技术（3G）

随着人们对移动网络应用的需求不断提升，移动通信业务开始从语音向数据过渡，催生了新一代移动通信技术。欧盟牵头的基于 GSM 标准演进到宽带码分多址（Wideband CDMA，WCDMA），美国高通主导的基于 IS-95 标准演进到 CDMA2000，依托中国市场，由大唐电信主导的 TD-SCDMA，成为 3G 的主要标准。3G 可以在移动的情况下实现音频、视频、多媒体文件等的传输。我国于 2009 年颁发了 3 张 3G 牌照，分别是中国移动的 TD-SCDMA、中国联通的 WCDMA 和中国电信的 WCDMA2000。TD-SCDMA 是我国自主研发的第三代移动通信标准，在电信史上具有重要的里程碑意义。

（4）第四代移动通信技术（4G）

随着智能手机的普及，视频通信、视频点播、电视直播、网络游戏等高流量的移动业务发展迅速，3G 已经不能满足要求，各通信厂商开始寻找新的技术方案。第三代合作伙伴计划（3rd Generation Partnership Project，3GPP）于 2008 年提出了长期演进技术（Long Term Evolution，LTE）作为新一代的无线通信技术，与此同时，欧盟主导的 FD-LTE 和我国主导的 TD-LTE，成为 4G 标准。4G 比原来的 3G 大大提高了传输速率、降低了传输时延，能在异构网中平滑切换。2013 年 12 月，三大运营商获颁"LTE/第四代数字蜂窝移动通信业务（TD-LTE）"经营牌照，开启我国"4G 时代"。

（5）第五代移动通信技术（5G）

随着 AR、VR、物联网等技术的诞生与普及，5G 应运而生，高速率、低时延、低功耗、高可靠是 5G 通信技术的基本特点。5G 的法定名称是"IMT-2020"，5G 不再是一个单一的无线接入技术，而是多种新型无线接入技术和现有 4G 技术的集成，其应用场景十分广泛。5G 支持海量数据传输，向实现万物互联、促进工业互联网等领域发展。

2019 年 6 月，我国正式向中国电信、中国移动、中国联通、中国广电发放 5G 商用牌照，我国正式进入"5G 商用元年"。

4．5G 移动通信技术

移动互联网与物联网的快速发展，以及市场对高品质、多样性业务的需求，推动了 5G 系统的诞生。国际电信联盟（International Telecommunication Union，ITU）将 5G 定义为三大应用场景：增强型移动宽带（enhanced Mobile Broadband，eMBB）、大规模机器类通信（massive Machine Type Communication，mMTC）和超高可靠和低时延通信（Ultra-Reliable and Low Latency Communication，URLLC）。eMBB 对应的是 3D/超高清视频等大流量移动宽带业务，mMTC 对应的是大规模物联网业务，而 URLLC 对应的是诸如无人驾驶、工业自动化等需要低时延、高可靠连接的业务。

5G 通信系统由众多的关键技术组成，其中又以如下几点更为突出。

① 全频谱接入

5G 采用低频和高频混合组网的方式，低频采用 6GHz 以下频段，用于连续广覆盖，是 5G 核心频段；高频采用 6GHz~100GHz 频谱，用于满足高速率、大容量业务需求。高频段连续大带宽满足热点区域极高的用户体验速率和系统容量需求，但其覆盖能力弱，需要以与低频段互补组网的方式来满足网络连续覆盖的需求。

② 新空口技术

为支持各种业务的应用场景，新型多载波技术受到关注。多样化的需求需要融合新型调制编码、新型多址、大规模天线和新型多载波来共同满足。新型多载波技术作为基础波形能够与这些技术很好地结合。

③ 超密集组网

超密集组网主要应用于体育馆、交通枢纽、展会、密集街区等，通过数量众多的小基站形成分布更密集的无线基础网络。超密集组网会面临干扰、站址、移动性、传输资源分配以及部署成本的挑战。如何实现干扰管理和抑制、灵活部署、易维护、传输资源有效分配、提供无缝移动性体验等，需要一系列的关键技术支撑，这些关键技术主要有集中式基带池（Central-RAN，C-RAN）、移动边缘计算（Mobile Edge Computing，MEC）、设备到设备（Device to Device，D2D）等。

④ Massive MIMO 技术

大规模多进多出（Massive Multiple-In Multiple-Out，Massive MIMO）技术，是指在基站覆盖区域内配置大规模天线阵，并集中放置，同时服务于分布在基站覆盖区内的多个用户。在同一时频资源条件下，利用基站大规模天线配置所提供的垂直维与水平维的自由度，提升多用户空分复用能力、波束形成能力以及干扰抑制能力，大幅度提高频谱资源的整体利用率。

⑤ 网络灵活切片技术

网络切片是面向租户，满足差异化服务水平协议（Service Level Agreement，SLA），可独立进行生命周期管理的虚拟化网络。5G 网络切片具备端到端网络保障 SLA、业务隔离、网络功能按需定制、自动化等典型特征。

⑥ 毫米波技术

毫米波是指频率在 30GHz~300GHz 的无线电波。毫米波用于通信时路径损耗大，移动性带来的衰减大是一种巨大的挑战，需要在硬件设备技术、天线技术、波束形成技术等方面提供有力支撑。

值得一提的是，我国从 1G 部分试点，2G 全面引进，3G 提出自己标准，4G 建设自己的标准，到 5G 领先世界，我国的技术人员和相关企业做出了巨大的努力。

2.4.3　光纤通信

光纤通信是利用光波作为载波，以光纤作为传输介质将信息从一处传至另一处的通信方式。光纤通信归属于光通信或有线通信。光纤通信的诞生与发展是电信史上的一次重要革命。

1. 光纤通信原理

光纤通信的原理是在发送端首先要把传送的信息（如话音）变成电信号，然后调制到激光器发出的激光束上，使光的强度随电信号的幅度（频率）变化而变化，并通过光纤发送出去；在接收端，检测器收到光信号后把它变换成电信号，经解调后恢复原信息。

2．光纤的结构

光纤通常由非常透明的石英玻璃拉成细丝，一般可以分为 3 个部分：折射率较高的纤芯、折射率较低的包层和外面的涂覆层，结构如图 2.7 所示。光波通过纤芯进行传导，包层较纤芯有较低的折射率。当光线从高折射率的介质射向低折射率的介质时，其折射角将大于入射角。如果入射角足够大，就会出现全反射，即光线碰到包层时就会折射回纤芯。这个过程不

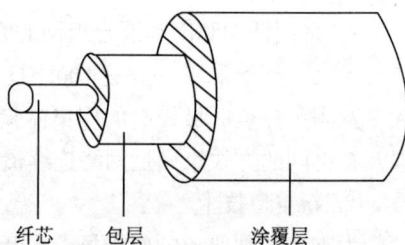

图 2.7　光纤结构

断重复，光也就沿着光纤传输下去，从而达到长距离传输的目的。光纤的导光特性就是基于光线在纤芯和包层界面上的全反射，使光线被限制在纤芯中传输。

3．光纤的分类

（1）按照纤芯和包层材料的不同，光纤可分为石英光纤和塑料光纤。

（2）按照光纤折射率分布特点的不同，光纤可分为阶跃光纤和渐变光纤。

（3）按照纤芯内光波模式的不同，光纤可分为多模光纤和单模光纤。

4．光纤通信系统的基本构成

光纤通信系统的主要组成部分包括光纤、光发送器、光接收器、光中继器和适当的接口设备等。其中，光发送器的功能是将来自用户端的电信号转化成光信号，然后光信号入射到光纤内传输。光接收器的功能是将光纤传送过来的光信号转换成电信号，然后将电信号送往用户端。光中继器用来增大光的传输距离，它将经过光纤传输后有大衰减和畸变的光信号变成没有衰减和畸变的光信号，再继续输入光纤内传输。实际中，光发送器和光接收器安放在同一机架中，合称为光纤传输终端设备，简称光端机。

5．光纤通信的优点

（1）频带极宽，通信容量大。光纤比铜线或电缆有大得多的传输带宽。单波长光纤通信系统的传输速率一般在 2.5~ 10Gbit/s。

（2）损耗低，中继距离长。目前实用石英光纤的损耗可低于 0.2dB/km，这样的传输损耗比其他传输介质的损耗都低，这意味着通过光纤通信系统可以跨越更大的无中继距离。

（3）抗电磁干扰能力强。光纤原材料是由石英制成的绝缘体材料，光波导对电磁干扰具有天然的免疫力。

（4）无串音干扰，保密性好。光波在光纤中传输，因为光信号被完善地限制在光波导结构中，没有泄漏，保密性好，即使光缆内光纤总数很多，相邻信道也不会出现串音干扰。

除以上优点，光纤还有光纤径细、质量轻、柔软、易于铺设，光纤的原材料资源丰富，成本低，温度稳定性好、寿命长等优点。

6．光纤通信新技术

对光纤通信而言，超高速度、超大容量、超长距离一直都是人们追求的目标。随着光纤通信技术的发展，出现了多种光纤通信新技术，主要包括以下几种。

（1）波分复用技术

波分复用（Wavelength Division Multiplexing，WDM）技术是将两种或多种不同波长的光载波信号（携带各种信息）在发送端经复用器汇合在一起，并耦合到光线路的同一根光纤中进行传输的技术；在接收端，经解复用器将各种波长的光载波分离，然后由光接收机进行进

一步处理以恢复原信号。WDM 技术可使光纤传输容量大幅度提高。

（2）光纤接入技术

随着技术的更新换代，光纤到户的成本大大降低。光纤到户的普遍实施，能为用户提供全光速的用户体验。

（3）全光网络

全光网络以光节点代替电节点，节点之间也是全光化，信息始终以光的形式进行传输与交换，交换机对用户信息的处理不再按比特进行，而根据其波长来决定路由。全光网络具有良好的透明性、开放性、兼容性、可靠性、可扩展性，并能提供巨大的带宽、超大容量、极高的处理速度、较低的误码率，网络结构简单，组网非常灵活，可以随时增加新节点而不必安装信号的交换设备和处理设备，是未来光通信发展的必然趋势。

2.4.4 卫星通信

卫星通信是指利用人造地球卫星作为中继站转发无线电信号，在两个或多个地面站（或终端）之间进行的通信过程或方式，卫星通信工作在微波频段。

图 2.8 所示为一种简单的卫星通信系统示意图，它是由一颗通信卫星和多个卫星地面站及各种终端组成的。卫星地面站及各种终端通过卫星接收或发送数据，实现数据的传递，同时卫星地面站接入地面网络，实现数据的转发与交换。

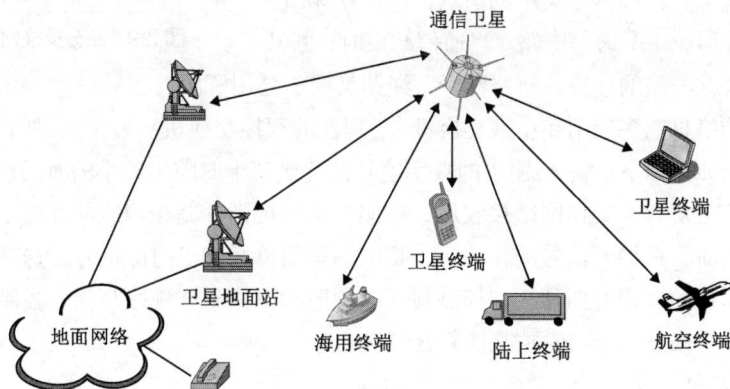

图2.8 卫星通信系统示意图

由于卫星处于外层空间即电离层之外，地面上发射的电磁波必须能穿透电离层才能到达卫星；同样，从卫星到地面上的电磁波也必须穿透电离层。而在无线电频段中只有微波频段电磁波恰好具备这一条件，因此卫星通信使用微波频段（300MHz~300GHz）。

卫星通信系统主要组成如下。

卫星地面站：用于与卫星进行数据传输，同时负责将数据接入其他网络。

通信卫星：主要用于中继、转发卫星地面站或卫星终端发来的数据。

跟踪遥测及指令系统：主要任务是对卫星上的运行数据及指标进行跟踪测量，控制其准确进入轨道，并对卫星在轨道上的位置及姿态进行监控。

监控管理系统：不直接用于通信，而是在通信业务开通前和开通后对卫星通信的性能参数进行监测和管理。

卫星通信的主要特点：通信距离远，且费用与通信距离无关；覆盖面积大，可进行多址通信；通信频带宽，传输容量大；通信质量好，通信线路稳定；通信线路灵活，机动性好。

根据轨道高度，通信卫星可分为同步轨道卫星（36000km）、高轨卫星（20000km以上）、中轨卫星（5000~20000km）、低轨卫星（5000km以内）。

2.4.5 交换技术与网络

现代通信都是以网络的形式呈现，需要保证一点到多点、多点到多点之间的通信，这就需要加入交换节点，完成不同链路之间的连接，这就是交换。

1．交换的基本概念

交换的概念最早出现在电话网中。图2.9所示为空分交换网络，输入端有 n 条线路，输出端有 m 条线路，通过交换网把输入端任一线路与输出端任一线路相接完成交换。

交换电路连接输入端的 n 条线路和输出端的 m 条线路，这些线路平时都是悬空的，电路内部有若干公用绳路，当需要将某条输入线路（例如 I_1）与输出端某条线路（例如 O_3）相连接时，在控制信号的作用下，分别将 I_1 和 O_3 都接到某一公共绳路，如图2.9中的黑点，这样 I_1 和 O_3 就连接在一起，形成一个通信链路。当通信结束时，断开这两条线路与公共绳路的连接，链路断开，绳路又变成公用资源。

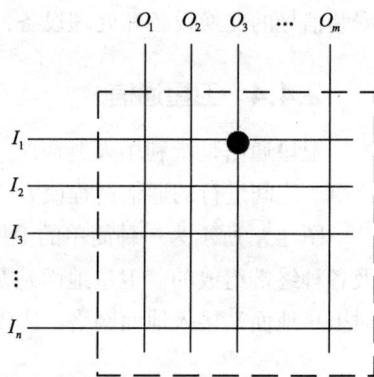

图2.9 空分交换网络示意图

空分交换网络早期多应用在小型交换机中。现在的程控交换机一般采用时隙交换的方式。

时隙交换的原理如下：输入/输出的数字信号被分成若干时隙（即小的时间段），输入线路的不同时隙信号被数字交换网络接收后，按照一定的规则存储在相应的存储单元中。根据交换控制，输出时，在控制信号的作用下，相应的存储单元读出时隙信号，送到需要的输出线路。写入与读出的方式有两种："控制写入、顺序读出"和"顺序写入、控制读出"。在大型交换机中，一般是空分与时隙交换复合使用。

2．交换的几种方式

在信息网中，交换一般可分为电路交换（Circuit Switching）、报文交换（Message Switching）和分组交换（Package Switching）3种方式。

电路交换中最典型的交换网络，是面向连接的。当主叫方与被叫方需要进行通信时，由交换网络分配一条链路，供双方使用。这条链路一旦分配给某两个用户，其他用户就不能使用；当通信结束后，断开连接，链路变成公用资源。

报文交换又称为存储转发（Store and Forward）交换，报文中除了用户要传送的信息外，还有目的地址和源地址。交换节点将接收的报文暂存起来，分析其目的地址，并选择路由，然后在系统空闲时，将存储的报文转发到下一个节点，直至交付到目的节点。

分组交换也采用存储转发的方式进行信息传输。与报文交换不同，分组交换是将要传送的信息分成若干分组，每个分组中含有一个分组头，分组头中有路由和控制信息。转发节点接收分组信息后进行存储，然后按存储转发的方式交付到下一个节点。计算机网络绝大多数采用分组交换的技术实现信息的传输和交换。

3．软交换

软交换系统吸收了互联网协议（Internet Protocol，IP）网络技术、异步传输模式和智能网技术等众家之长，形成分层、全开放的体系结构。软交换的基本含义是将呼叫控制功能从媒体网关中分离出来，通过软件实现呼叫控制功能，包括选路、管理控制、连接控制和信令互通，从而实现呼叫与承载的分离，为控制、交换和业务/应用功能建立分离的平面。

从广义上讲，软交换泛指一种体系结构，利用该体系结构，可以建立下一代网络架构，其功能可以涵盖 4 个层面：传输接入层、媒体层面、控制层面和网络服务层面。它的主体结构由软交换设备、信令网关、媒体网关、应用服务器等组成。

软交换主要提供连接控制、协议转换、选路、网关管理、呼叫控制、带宽管理、信令、安全性和呼叫详细记录的生成等功能。软交换能够集成话音、数据和视频业务，能够在不同网络之间完成不同通信协议的转换。

软交换的网络特征如下。

（1）采用开放的网络架构体系。将传统的交换机的功能模块分离为独立的网络部件，各个部件可以按相应功能划分独立发展，部件之间的协议接口基于相应的标准，部件化使原有的电信网络逐步走向开放，用户可根据业务的需要自由组合各部分的功能产品来组建网络，部件间协议接口标准化可以实现各种异构网的互通。

（2）基于业务驱动的网络。其功能特点是，业务与呼叫控制分离，呼叫与承载分离。分离的目标是使业务真正独立于网络，灵活有效地实现业务的提供。用户可以自行配置和定义自己的业务特征，不必关心承载业务的网络形式以及终端类型，这使得业务和应用的提供有较大的灵活性。

（3）基于统一协议标准和基于分组的网络。因为现有的信息网络，无论是电信网、计算机网，还是有线电视网，都不可能以其中某一网络为基础平台来建设信息基础设施，但是随着形势的发展，人们认识到，电信网、计算机网、有线电视网将最终汇集到统一的网络，实现"三网融合"。

软交换的设计目标是一个可伸缩的软件系统，它独立于特定的底层硬件和操作系统，并且能够处理各种各样的通信协议，软交换具有如下特点。

（1）它是一个网络解决方案，而不是像综合交换机那样着眼于节点的解决方案。其演进过程中需要支持的新的网络能力可以由网元实现，软交换则定义网元之间的标准接口。

（2）它是一个分布式和集中式相结合的解决方案。原则上所有功能都是在网络中分布实现，特别是网络互通功能由分布式网关完成，这些网关数量多，功能相对简单，容量各不相同，但是呼叫控制和业务控制功能可集中于少数几个软交换机完成。

（3）它是一个软件解决方案。核心在于软交换机中的控制逻辑和网元之间的接口协议，传输层功能由相应的底层网络自行解决，不在软交换的考虑范围之内。

本章小结

本章主要介绍了电子技术、通信技术的发展概况；电路、模拟电子技术、数字电子技术、集成电路、单片机及嵌入式系统、可编程逻辑阵列的基本概念、关注的重点、基本应用，以及集成电路当前的发展现状；通信的基本原理，移动通信系统、光纤通信系统、卫星通信系统的基本概念、基本组成、基本工作原理；交换的基本概念、方式，以及软交换的基本思想。

本章习题

1. 电子技术发展有哪些里程碑式的事件？
2. 什么是电路？它主要研究的是什么？
3. 电路主要完成的功能有哪些？
4. 什么是半导体？简述晶体三极管的基本结构和工作原理。
5. 场效应晶体三极管的特点是什么？
6. 数字电路有哪些？主要完成什么功能？
7. 什么是摩尔定律？什么是缩放定律？
8. 集成电路工艺发展到了什么阶段？
9. 光刻机的作用是什么？
10. 可编程逻辑阵列的特点是什么？
11. 什么是硬件描述语言？
12. 简述通信发展的标志性事件。
13. 画出点对点单向通信系统、模拟通信系统、数字通信系统的组成框图，并简述各部分的作用。
14. 什么是移动通信系统？它由哪几部分组成？
15. 5G 的应用场景有哪些？
16. 简述光纤通信的基本原理和特点。
17. 卫星通信系统由哪几部分组成？卫星通信轨道有哪些？
18. 交换的基本原理是什么？
19. 软交换的基本思想是什么？

第3章
计算机系统

学习目标

- 了解计算机的发展历程、发展趋势及其应用。
- 掌握计算机系统的概念和冯·诺依曼计算机的设计思想。
- 掌握计算机系统的硬件组成、工作原理和基本功能。
- 熟悉计算机系统的软件组成和程序设计语言的分类。
- 了解计算机的工作过程。

本章重点

- 计算机的发展历程、发展趋势、应用。
- 冯·诺依曼计算机五大硬件组成及其功能。
- 控制器的工作原理。
- 系统软件的分类。
- 程序设计语言的基本概念。

　　计算机的发明是 20 世纪人类最伟大的科学技术成就之一，也是现代科学技术发展水平的重要标志。它是人类计算技术的继承和发展，是现代人类社会生活中不可缺少的基本工具。自从世界上第一台通用电子计算机诞生以来，计算技术获得了飞速发展，目前正在酝酿新的突破。多年来，计算机在运算速度、存储容量、功能、功耗上取得了巨大的进步，而且应用领域已遍及科学研究、军事防御、自动控制、天文气象、电子商务、金融财会、交通运输、宇航通信、电子政务、教育卫生、人工智能等人类活动的几乎一切领域，对人类活动的各个方面发挥着巨大的推动作用，极大地提高了工作效率，改变了人们的生活方式。

3.1　计算机发展概况

　　电子数字计算机（Electronic Digital Computer）通常简称为计算机（Computer），是按照一系列指令来对数据进行处理的机器，是一种能够接收信息、存储信息，按照存储在其内部的程序对输入的信息进行加工、处理，得到人们所期望的结果，并把处理结果输出的、高度自动化的电子设备。

3.1.1　通用电子计算机的诞生

　　世界上第一台通用电子计算机是 1946 年在美国诞生的电子数字积分和计算机（Electronic Numerical Integrator and Computer，ENIAC），其设计师是美国宾夕法尼亚大学的约翰·莫齐利（John Mauchly）和他的学生丹尼尔·埃克特（Daniel Eckert）。莫齐利于1932 年获得美国霍普金斯大学物理学博士学位并留校任教，于 1941 年转入美国宾夕法尼亚大学。他常常为物理学研究中屡屡出现的大量枯燥、烦琐的数学计算而头痛，于是在约翰·文森特·阿塔纳索夫（John Vincent Atanasoff）教授试制电子计算机的基础上，莫齐利凭着他特有的聪明才智，加上雄厚的数学和物理基础以及电子学方面的丰富实践经验，在 1942 年写出了一份题为《高速电子管装置的使用》的报告。该报告很快引起了 23 岁的研究生埃克特的兴趣，于是，师生密切协作，开始了电子计算机的研制。当时正值第二次世界大战，军方急需一种高速电子装置来解决弹道的复杂计算问题，莫齐利与埃克特的方案在 1943 年得到了军方的支持。

　　1944 年，美国数学家约翰·冯·诺依曼（John von Neumann）博士在参加原子弹的研制工作中遇到了极为困难的计算问题，巧遇美国弹道实验室的军方负责人戈尔斯坦，他正参与ENIAC 的研制工作。因此，冯·诺依曼被戈尔斯坦介绍加入 ENIAC 研制组。在设计和研制ENIAC 过程中，研制组意识到 ENIAC 还存在很多问题，例如，没有存储器，也没有采用二进制。1945 年 3 月，在共同讨论的基础上，冯·诺依曼起草了一个全新的“存储程序通用电子计算机方案”，提出了二进制表达方式和存储程序控制的计算机构想，宣告了现代计算机结构思想的诞生。这在计算机的设计中起到了关键作用。

　　在冯·诺依曼等人的帮助下，莫齐利与埃克特经过两年多的努力，终于在 1946 年 2 月研制成功第一台通用电子计算机 ENIAC，如图 3.1 所示。

　　ENIAC 能进行每秒约 5000 次加法运算、每秒约 400 次乘法运算以及平方和立方、sin 和cos 函数数值运算。当时主要用它来进行弹道参数计算，约 60 秒射程的弹道计算时间由原来的 20 分钟一下子缩短到仅需约 30 秒。这台庞然大物耗资 40 多万美元，使用了 18000 多个电子管，占地约 170 平方米，总重量达约 30 吨，耗电约 150 千瓦。

ENIAC 诞生后，人类社会进入了"电子计算和信息化时代"。计算机硬件早期的发展受电子开关器件的影响极大，为此，传统上人们以元器件的更新作为计算机进步和划时代的主要标志。

图 3.1　ENIAC

3.1.2　计算机的发展历程

自从 ENIAC 问世以来，从使用器件的角度来说，计算机的发展大致经历了 5 代的变化，如表 3.1 所示。

表 3.1　数字计算机的发展史

发展历程	时间	使用器件	运行速度/（次/秒）	典型应用
第一代	1946—1957 年	电子管	几千至几万	数据处理机
第二代	1958—1964 年	晶体三极管	几万至几十万	工业控制机
第三代	1965—1970 年	小规模/中规模集成电路	几十万至几百万	小型计算机
第四代	1971—1985 年	大规模/超大规模集成电路	几百万至几千万	微型计算机
第五代	1986 年至今	甚大规模集成电路	几亿至上百亿	单片计算机

第一代计算机从 1946 年到 1957 年，使用电子管（Electronic Tube）作为电子器件，使用机器语言与符号语言编制程序。计算机运算速度只有每秒几千次至几万次，体积庞大，存储容量小，成本很高，可靠性较低，主要用于科学计算。在此期间，形成了计算机的基本体系结构，确定了程序设计的基本方法，"数据处理机"开始得到应用。

第二代计算机从 1958 年到 1964 年，使用晶体三极管（Transistor）作为电子器件，开始使用计算机高级语言。计算机运算速度提高到每秒几万次至几十万次，体积缩小，存储容量扩大，成本降低，可靠性提高，不仅用于科学计算，还用于数据处理和事务处理，并逐渐用于工业控制。在此期间，"工业控制机"开始得到应用。

第三代计算机从 1965 年到 1970 年，使用小规模集成电路（Small Scale Integrated Circuit，SSI）与中规模集成电路（Medium Scale Integrated Circuit，MSI）作为电子器件，而操作系统的出现使计算机的功能越来越强，应用范围越来越广。计算机运算速度进一步提高到每秒几十万次至几百万次，体积进一步减小，成本进一步下降，可靠性进一步提高，为计算机的小型化、微型化提供了良好的条件。在此期间，计算机不仅用于科学计算，还用于文字处理、企业管理和自动控制等领域，出现了管理信息系统（Management Information System，MIS），形成了机种多样化、生产系列化、使用系统化的特点，"小型计算机"开始出现。

第四代计算机从 1971 年到 1985 年，使用大规模集成电路（Large Scale Integrated Circuit，LSI）与超大规模集成电路（Very Large Scale Integrated Circuit，VLSI）作为电子器件。计算机运算速度大大提高，达到每秒几百万次至几千万次，体积大大缩小，成本大大降低，可靠性大大提高。在此期间计算机在办公自动化、数据库管理、图像识别、语音识别和专家系统等众多领域大显身手，由几片大规模集成电路组成的"微型计算机"开始出现，并进入家庭。

第五代计算机从 1986 年开始，采用甚大规模集成电路（Ultra Large Scale Integrated Circuit，ULSI）作为电子器件，运算速度高达每秒几亿次至上百亿次。由一片甚大规模集成电路实现的"单片计算机"开始出现。

总体而言，电子管计算机在整个 20 世纪 50 年代居于统治地位。20 世纪 60 年代，由于更小、更快、更便宜、能耗更低、更可靠的晶体三极管允许计算机生产以空前的商业规模进行，因此晶体三极管计算机逐渐取而代之。20 世纪 70 年代，集成电路技术的采用和其后微处理器的产生，使计算机在尺寸、速度、价格和可靠性上有了新的飞跃。到了 20 世纪 80 年代，计算机的尺寸已经变得足够小，价格便宜，能够取代家用电器中的简单机械控制装置。与此同时，计算机也被个人广泛使用，发展出了现在无处不在的个人计算机。自从 20 世纪 90 年代以来，随着 Internet 的普及与发展，个人计算机变得与电视和电话一样普及，几乎所有的现代电子设备都会包含某种形式的计算机。

3.2　计算机系统的基本组成

通常所说的计算机系统，除了包括看得见的计算机硬件之外，还包括运行在计算机硬件上的软件，即计算机系统由硬件和软件两大部分组成。计算机硬件是构成计算机系统各功能部件的集合，是具体物理装置的总称。计算机软件是指与计算机系统操作有关的各种程序以及任何与之相关的文档和数据的集合。其中，程序是指挥计算机如何操作的指令序列，数据是指令操作的对象。

没有安装任何软件的计算机通常称为"裸机"，裸机是无法工作的。计算机硬件脱离了软件，它就成为一台无用的机器。计算机软件脱离了硬件就失去了它运行的物质基础。所以说二者相互依存，缺一不可，共同构成一个完整的计算机系统。

3.2.1　计算机硬件

计算机硬件是组成计算机的所有电子器件和机电装置的总称，是构成计算机的物质基础，是计算机系统的核心。

目前大多数计算机都是根据冯·诺依曼体系结构的思想来设计的，其主要特点是使用二进制数和存储程序；其基本思想是：事先设计好用于描述计算机工作过程的程序，并将程序与数据一样采用二进制形式存储在存储器中，计算机在工作时自动、高速地从机器中按顺序逐条取出程序指令加以执行。简而言之，冯·诺依曼体系结构计算机的设计思想就是存储程序并按地址顺序执行。

把程序及其操作数据一同存储在计算机存储器里的思想，是冯·诺依曼体系结构（或称存储程序体系结构）的关键所在。在某些情况下，计算机也可以把程序存储在与其操作数据分开的存储器中，这被称为哈佛体系结构（Harvard Architecture），源自 Harvard Mark Ⅰ 计算机。现代的冯·诺依曼计算机在设计中展示出了某些哈佛体系结构的特性，如高速缓存。

冯·诺依曼体系结构的计算机具有共同的基本配置，即具有五大部件：控制器、运算器、存储器、输入设备和输出设备，这些部件用总线连接。冯·诺依曼计算机体系结构如图 3.2 所示。

其中，控制器和运算器合称为中央处理器（Central Processing Unit，CPU）。早期的 CPU 由许多分立元件组成，但是从 20 世纪 70 年代中期以来，CPU 通常被制作在单片集成电路上，称为微处理器（Microprocessor）。CPU 和存储器通常组装在一个机箱内，合称为主机。除去主机以外的硬件装置称为外围设备。

计算机系统工作时，输入设备将程序与数据存入存储器，运行时，控制器从存储器中逐条取出指令，将其解释成控制命令，去控制各部件的动作。数据在运算器中加工处理，处理后的结果通过输出设备输出，计算机五大部件协调工作示意如图 3.3 所示。

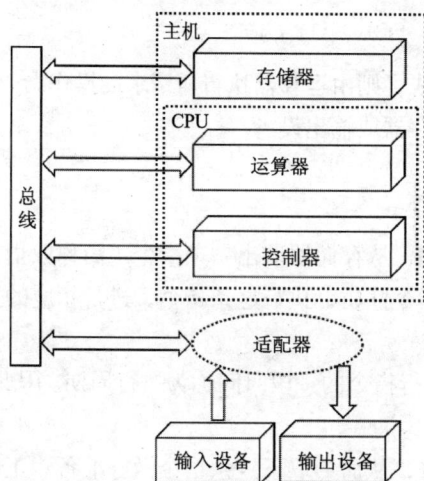

图 3.2　冯·诺依曼计算机体系结构

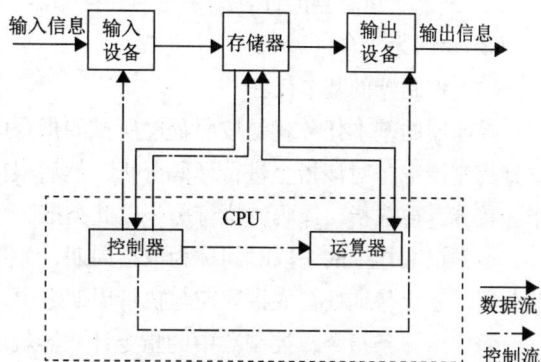

图 3.3　计算机五大部件协调工作示意

1．控制器

控制器（Control Unit，CU）是计算机系统的神经中枢和指挥中心，用于控制、指挥计算机系统的各个部分协调工作。

（1）控制器的组成

控制器主要由指令计数器、指令寄存器、指令译码器、操作控制电路和时序控制电路等组成，它们的主要功能如下。

① 指令计数器（Instruction Counter，IC）：它是一个特殊的寄存器，记录着将要读取的下一条指令在存储器中的位置。用来对程序中的指令进行计数，使控制器能够按照一定的顺序依次读取指令。

② 指令寄存器（Instruction Register，IR）：保存从内存中读取出来的指令。

③ 指令译码器（Instruction Decoder，ID）：用于识别、分析指令，确定指令的操作要求。

④ 操作控制电路：根据指令译码，产生各种控制操作命令。

⑤ 时序控制电路：生成脉冲时序信号，以协调、控制计算机各部件的工作。

控制器工作的实质就是解释程序，它每次从存储器读取一条指令，经过分析译码，产生系列操纵计算机其他部分工作的控制信号（操作命令），然后将其发向各个部件，控制各部件运作，使整个机器连续、有条不紊地运行。高级计算机中的控制器可以改变某些指令的顺序，以改善性能。

（2）控制器的基本工作流程

控制器的基本工作流程如下（注意：这是一种简化描述，根据 CPU 的类型不同，某些步骤可以并发执行或以不同的顺序执行）。

① 从指令计数器所指示的存储单元中读取下一条指令代码。

② 把指令代码译码为一系列命令或信号，发向各个不同的功能部件。

③ 递增指令计数器，以指向下一条指令。

④ 根据指令需要，从存储器（或输入设备）读取数据，所需数据的存储器位置通常保存在指令代码中。

⑤ 把读取的数据提供给运算器或寄存器。

⑥ 如果指令需要由运算器（或专门硬件）来完成，则由运算器执行所请求的操作。

⑦ 把来自运算器的计算结果写回到存储器、寄存器或输出设备。

⑧ 返回第①步。

（3）控制器的基本任务

控制器的基本任务就是按照程序所排的指令序列，从存储器取出一条指令（简称取指）放到控制器中，对该指令进行译码分析，然后根据指令性质，执行这条指令，进行相应的操作。接着，再取指、译码、执行……以此类推。

通常把取指令的一段时间称为取指周期，而把执行指令的一段时间称为执行周期。因此，控制器反复交替地处在取指周期与执行周期之中。

每取出一条指令，控制器中的指令计数器就加 1，从而为取下一条指令做好准备。正因为如此，指令在存储器中必须顺序存放。

（4）指令和数据

计算机中有两股信息在流动：一股是控制信息，即操作命令，其发源地是控制器，它分散流向各个部件；另一股是数据信息，它受控制信息的控制，从一个部件流向另一个部件，边流动边加工处理。

在读存储器时，由于冯·诺依曼计算机的指令和数据全部以二进制数形式存放在存储器中，似乎难以分清哪些是指令，哪些是数据。然而，控制器却完全可以进行区分：一般来讲，取指周期中从存储器读出的信息流是指令流，它由存储器流向控制器；而执行周期中从存储器读出的信息流是数据流，它由存储器流向运算器。显然，某些指令执行过程中需要两次访问存储器，一次是取指令，另一次是取数据。

2．运算器

运算器是对信息进行加工处理的部件，主要用于对数据进行算术运算和逻辑运算。

运算器通常由算术逻辑部件（Arithmetic and Logic Unit，ALU）和一系列寄存器组成，如图 3.4 所示。其中，ALU 是具体完成算术与逻辑运算的部件，是运算器的核心，由加法器和其他逻辑运算单元组成。寄存器用于存放参与运算的操作数。累加器是一个特殊的寄存器，除了存放操作数，还用于存放中间结果和最后结果。

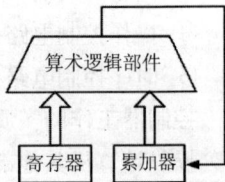

图 3.4　运算器结构示意图

特定 ALU 所支持的算术运算，可能仅局限于加法和减法，也可能包括乘法、除法，甚至三角函数和平方根。有些 ALU 只支持整数，而其他 ALU 则可以使用浮点数来表示有限精度的实数。但是，能够执行最简单运算的任何计算机，都可以通过编程把复杂的运算分解成它可以执行的简单步骤。所以，任何计算机都可以通过编程来执行任何算术运算，如果其 ALU 不能从硬件上直接支持，则该运算将用软件方式实现，但需要花费较多的时间。

逻辑运算包括与（AND）、或（OR）、异或（XOR）、非（NOT）等布尔运算，对于创建复杂的条件语句和处理布尔逻辑而言都是有用的。

超标量（Superscalar）计算机包含多个 ALU，可以同时处理多条指令。图形处理器和具有单指令流多数据流和多指令流多数据流特性的计算机，通常提供可以执行矢量和矩阵算术运算的 ALU。

运算器的功能是在控制器的控制下，对取自内存或者寄存器的二进制数据进行各种加工处理，包括加、减、乘、除等算术运算和与、或、非、比较等逻辑运算，再将运算结果暂存在寄存器或送到内存中保存。

控制器和运算器组成 CPU。

3．存储器

由于计算机只能处理由 0 和 1 两个二进制数组成的数据，因此我们使用位（bit）作为数字计算机的最小信息单位，包含 1 位二进制信息（0 或 1）。当 CPU 向存储器送入或从存储器取出信息时，不能存取单个的位，而是使用字节、字等较大的信息单位。一个字节（Byte，B）由 8 位二进制信息组成；而一个字（Word）则表示计算机一次所能处理的一组二进制数，它由一个以上的字节所组成。通常把组成一个字的二进制位数称为字长，例如微型机的字长可以少至 8 位，多至 32 位，甚至达到 64 位。

存储器（Memory）是具有记忆能力的电子装置或机电设备。使用时，可以从存储器中取出数据并且不影响原有数据，这种操作称为读出操作；也可以将数据保存到存储器中而替换原有内容，此种操作称为写入操作。两种操作都称为访问存储器。存储器的主要功能是存放程序和数据。程序是计算机操作的依据，数据是计算机操作的对象。不管是程序还是数据，在存储器中都是用二进制数的形式来表示的。

一个存储器好像一座宿舍大楼，整个大楼分成许多房间，每个房间可以安排一名住户，当要访问某位住户时，必须知道他住在几层几号，也就是他的住址，才能找到他。计算机存储器是由一系列单元组成的，每个存储单元都有一个编号，称为"地址"，每个单元可以存放一个数据字。需要向存储器中存数或者从存储器中取数时，必须给出存储单元的地址，按地址进行访问。存储器地址的位数，决定了可以访问的存储器的容量。如果地址码是 10 位二进制数，则其最小编码是 10 个"0"，最大编码是 10 个"1"，其编码的数目有 1024 个，也就是说房间编号有 1024 个，当然只能管理 1024 个房间。所以 10 位地址可以访问的存储器最大容量是 2^{10}=1024 个单元。

存储器中设有地址寄存器，用于存放要访问的存储单元地址码；还设有数据缓冲寄存器，用来存放从指定单元中读出的数据或向指定单元写入的数据。

4．输入输出设备

计算机的输入输出（I/O）设备是计算机从外部世界接收信息并反馈结果的硬件，统称为 I/O 设备或外围设备（Peripheral，简称外设）。各种人机交互操作、程序和数据的输入、计算结果或中间结果的输出、被控对象的检测和控制等，都必须通过外围设备才能实现。

在一台典型的个人计算机上，外围设备包括键盘和鼠标等输入设备，以及显示器和打印机等输出设备。

（1）输入设备

输入设备（Input Device）是向计算机中（内存）输入程序、数据等各种信息的设备。其功能是将要输入的程序和数据转换成相应的电信号，让计算机能够接收，如键盘、鼠标、扫描仪等。

理想的计算机输入设备应该是"会看"和"会听"的，即能够把人们用文字或语言所表达的问题直接送到计算机内部进行处理。目前常用的输入设备是键盘、鼠标、扫描仪等，以及用于文字识别、图像识别、语音识别的设备。

（2）输出设备

输出设备（Output Device）是将计算机的处理结果从内存中输出，并以用户能够接受的形式表示出来的设备，如显示器、打印机、绘图仪等。

理想的输出设备应该是"会写"和"会讲"的。"会写"已经做到，如目前广为使用的激光打印机、绘图仪、显示器等，这些设备不仅能输出文字信号，而且能画出图形。至于"会讲"，即输出语言的设备，目前已有初级的语音合成产品问世。

输入设备、输出设备和外存储器等统称为计算机外部设备。计算机硬件系统的结构如图 3.5 所示。

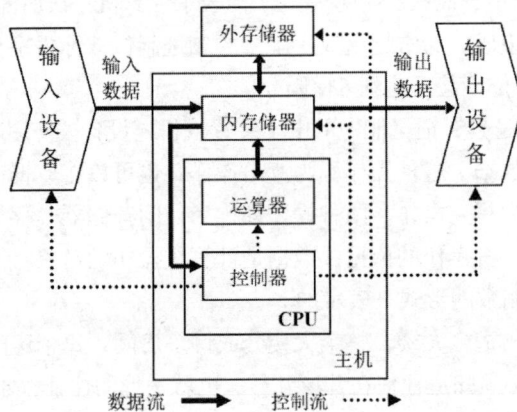

图 3.5　计算机硬件系统的结构

3.2.2　计算机软件

计算机的硬件系统（裸机）只有与软件系统密切配合，才能够正常工作和使用。计算机软件指的是操作、运行、管理、维护计算机所需的各种应用程序及其相关的数据和技术文档资料。其作用是方便用户使用计算机，充分而有效地发挥计算机的功能。软件系统的好坏会直接影响计算机的应用。

1．软件系统

事实上，利用计算机进行计算、控制或做其他工作时，需要有各种用途的程序。因此，凡是用于一台计算机的各种程序，统称为这台计算机的程序或软件系统。

计算机软件系统内容丰富，通常将软件分为两大类：系统软件和应用软件。

（1）系统软件

系统软件（System Software）指的是管理、监控、维护计算机的软、硬件资源，使计算机系统能够高效率工作的一组程序及文档资料。它由计算机软件生产厂商研制提供，主要包括操作系统、语言处理系统、数据库管理系统、服务性程序、计算机网络软件、标准库程序等。

① 操作系统

操作系统（Operating System，OS）是管理、控制计算机系统的所有软、硬件资源，提供用户与计算机交流信息的界面，方便用户操作、使用计算机系统的各种资源和功能，以最大限度地发挥计算机的作用和效能的一组庞大的管理控制程序。

实际的操作系统根据应用对象、功能的侧重面和设计思想的不同，在结构和内容上存在很大的差别。一般可分为：早期的多道批处理系统；多用户、多任务的分时系统；进行自动控制、信息处理的实时系统以及单用户操作系统、网络操作系统、分布式操作系统等。例如微型计算机上常见：磁盘操作系统（Disk Operating System，DOS）就是一种单用户、单任务操作系统；Windows XP 是一种多用户、多任务的操作系统，它可以满足不同用户的需求；Linux 是一种免费使用和自由传播的类 UNIX 操作系统，是多用户、多任务、支持多线程和多 CPU 的操作系统。常见的网络操作系统有 4 种，分别是 Windows 系列、UNIX、Linux 和 NetWare。2019 年 8 月，华为公司正式发布华为鸿蒙系统（Harmony OS），这是一款全新的面向全场景的分布式操作系统，它创造了一个超级虚拟终端互联的世界，将人、设备、场景有机地联系在一起，将消费者在全场景生活中接触的多种智能终端实现极速发现、极速连接、硬件互助、资源共享。

② 语言处理系统

要使计算机按照人（用户）的要求去工作，必须使计算机能够接受，并懂得人输送给它的各种命令和数据，而且应当能够将运算处理后的结果反馈给人。人与计算机之间的这种信息交流同样需要语言。语言处理系统（通常称为程序设计语言）就是人与计算机交流信息的语言工具，它提供了让人按自己的需要编制程序的功能。

③ 数据库管理系统

计算机在信息处理、情报检索及各种管理系统中的各类应用，要求处理大量的数据，建立和检索大量的表格。这些数据和表格可以按一定的规律组织起来，形成数据库（Database，DB），使得处理和检索数据更为方便、迅速。

数据库就是实现有组织、动态地存储大量相关数据，方便多用户访问的由计算机软、硬件资源所组成的系统。数据库和数据库管理软件一起组成了数据库管理系统（Database Management System，DBMS）。数据库管理系统有各种类型，目前许多计算机包括微型计算机，都配有数据库管理软件，如 dBase、FoxBASE、FoxPro、Access、Oracle、SQL Server、DB2 等。

④ 服务性程序

服务性程序又称为工具软件，一般包括诊断程序、调试程序等。

服务性程序是用于调试、检测、诊断、维护计算机软、硬件的程序，如连接程序 Link，编辑程序 Editor，诊断测试程序 QAPlus、PC Bench、WinBench、WinTest 等。

⑤ 计算机网络软件

计算机网络软件是为计算机网络而配置的系统软件，负责对网络资源进行组织和管理，实现相互之间的通信。

计算机网络软件包括网络操作系统和数据通信处理程序等。前者用于协调网络中各机器的操作系统，实现网络资源的管理；后者用于网络内通信，实现网络操作。

⑥ 标准库程序

标准库程序是为方便用户而预先按照标准格式编制好的一些常用程序段所组成的标准程序库。

（2）应用软件

应用软件（Application Software）是在系统软件的支持下，针对某种专门的应用目的设计编制的程序及相关文档，如各种字处理软件、电子表格软件、图像处理软件、媒体播放软件、工程设计程序、数据处理程序、自动控制程序、企业管理程序、情报检索程序、科学计算程序，以及各种会计、财务、金融、人事、档案、图书、学籍、销售等管理信息系统。

总而言之，软件系统是在硬件系统的基础上，为有效使用计算机而配置的。

2．程序设计语言

（1）机器语言

在早期的计算机中，人们直接用机器语言来编写程序。机器语言是用二进制代码"0"和"1"表示的、计算机能直接识别和执行的机器指令的集合。它是计算机的设计者通过计算机的硬件结构赋予计算机的操作功能。这种用机器语言书写的程序，计算机完全可以"识别"并执行，所以又叫作目的程序。机器语言具有灵活、可直接执行和速度快等特点。但是，用机器语言编写程序是一项非常烦琐的工作，需要耗费大量的人力和时间，而且容易出错，出错后寻找错误也相当费事，这种情况大大限制了计算机的使用。

（2）汇编语言

尽管目前仍然有可能像早期计算机那样使用机器语言来编写计算机程序，但在实际工作中，这却是极其单调乏味的，尤其对于复杂程序。

为了编写程序方便、提高机器使用效率，人们想出了一种办法，用一些约定的文字、符号和数字按规定的格式来表示各种不同的指令，每条基本指令都被指定了表示其功能又便于记忆的短的名字，称为指令助记符（如 ADD、SUB、MULT、JUMP 等），然后用这些指令助记符表示的指令来编写程序，这就是所谓的汇编语言（Assembly Language）。

把用汇编语言编写的程序转换为用机器语言表示的、计算机可以理解的目的程序，通常由被称为汇编程序（Assembler）的计算机程序来完成。

通常被归为低级编程语言的机器语言及汇编语言，对于特定类型的计算机而言是唯一的。也就是说，一台 ARM 体系结构的计算机（如 PDA）无法理解一台 x86 计算机的机器语言。

（3）算法语言

相对于用机器语言编写程序，使用汇编语言编写程序的确是前进了一步，但汇编语言仍然是一种低级语言，和数学语言的差异很大，并且仍然面向一台具体的机器。由于不同计算机的指令系统不同，因此人们使用计算机时必须先花很多时间来熟悉这台机器的指令系统，然后用其汇编语言来编写程序，因此还是很不方便，节省的人力、时间也很有限，用汇编语言编写较长的程序仍然是困难且易于出错的。

为了进一步实现程序自动化，便于程序交流，使不熟悉具体计算机的人也能很方便地使用计算机，人们又创造了各种接近于数学语言的算法语言。

所谓算法语言，是指按实际需要规定好的一套基本符号，以及由这套基本符号构成程序的规则。算法语言比较接近数学语言，它直观通用，与具体机器无关，只要稍加学习就能掌握，便于推广和使用。有影响的算法语言包括 BASIC、Fortran、C、C++、Java 等。

大多数复杂的程序采用抽象的算法语言来编写，能够更便利地表达计算机程序员的设计思想，从而帮助减少程序错误。

用算法语言编写的程序称为源程序（Source），这种源程序是不能由机器直接识别和执行的，必须给计算机配备一个既懂算法语言又懂机器语言的"翻译"，才能把源程序转换为机器语言。

通常采用下面两种方法翻译。

（1）给计算机配置一套编译程序（Compiler），把用算法语言编写的源程序翻译成目的程序，然后在运行系统中执行目的程序，得出计算结果。编译程序和运行系统合称为编译系统。由于算法语言比汇编语言更抽象，因此有可能使用不同的编译器，把相同的算法语言源程序翻译成许多不同类型计算机的机器语言目的程序。

（2）使源程序通过所谓的解释程序（Interpreter）进行解释执行，即逐个解释并立即执行源程序的语句。它不是编译出目的程序后再执行，而是逐一解释语句并立即得出计算结果。

3.2.3　软件与硬件的逻辑等价性

随着大规模集成电路技术的发展和软件硬化，计算机系统软件和硬件的界限已经变得模糊了。任何操作既可以由软件来实现，也可以由硬件来实现；任何指令的执行既可以由硬件来完成，也可以由软件来完成。因此，计算机系统的软件与硬件可以相互转化，它们之间可以互为补充。对于某一功能采用硬件方案还是软件方案实现，取决于器件的价格、速度、可靠性、存储容量、变更周期等因素。

容量大、价格低、体积小、可以改写的只读存储器为软件固化提供了良好的物质手段。现在已经可以把许多复杂的、常用的程序制作成所谓的固件（Firmware），就它的功能来说其是软件，但从形态上来说又是硬件。目前在一片硅单晶芯片上制作复杂的逻辑电路已经是实际可行的，这就为扩大指令的功能提供了物质基础，因此本来通过软件手段来实现的某种功能，现在可以通过硬件来直接解释执行。

就目前而言，一些计算机的特点是，把原来明显地在一般机器级通过编制程序实现的操作，如整数乘除法指令、浮点运算指令、处理字符串指令等，改为直接由硬件完成。进一步发展，就是设计所谓面向高级语言的计算机。这样的计算机，可以通过硬件直接解释执行高级语言的语句而不需要先经过编译程序的处理。传统的软件部分，今后完全有可能"固化"甚至"硬化"。

3.3　计算机的发展趋势及其应用

计算机拥有众多的物理形态。早期的计算机足有一间房间大小，而如今的计算机可以小到装入手表。个人计算机（Personal Computer，PC）和便携计算机已经成为信息时代的标志，它们是大多数人所认为的"计算机"。到目前为止，使用最为广泛的计算机形态是嵌入式计算机（Embedded Computer）。嵌入式计算机较为小型、简单，通常用来控制其他设备，可以出现在各种机器中，如飞机、工业机器人、数码相机、儿童玩具等。

3.3.1　数字计算机的发展趋势

随着社会需求的不断增长和微电子技术的不断进步，数字计算机仍在继续发展中，其发展呈现出以下几个趋势。

1．多处理

某些计算机可以在一个或多个CPU之间划分工作，从而创建多处理配置。传统上，这种技术只用在超级计算机、大型机和服务器这类大型、强大的计算机上。但是，随着配备多处理器（Multiprocessor）和多核（Multi-Core）处理器的PC的广泛出现，多处理技术在低端市场的应用也大为增加。

超级计算机拥有非常独特的体系结构，显著区别于基本的存储程序体系结构和通用计算机；它们经常拥有几千个CPU、定制的高速互联网络和专门的计算硬件。由于需要大规模的程序组织，以便同时使用大多数可用资源，这种设计往往仅针对某些专门的应用任务。超级计算机通常用于大规模仿真、图形绘制、密码应用以及其他难以处理的并行任务。

2．网络化

20世纪70年代，美国各研究机构的计算机工程师开始用电子通信技术把他们的计算机连接起来，这一工作得到了美国国防部高级研究计划署（Advanced Research Projects Agency，ARPA）的资助，所形成的计算机网络被称为ARPANET。此后，该网络超越了大学、军队等最初的应用范围而传播开来，最终形成了因特网（Internet）。

尤其进入20世纪90年代以来，随着Internet的飞速发展，计算机网络变得无处不在，已广泛应用于政府、学校、企业、科研、家庭等，越来越多的人接触并了解到计算机网络的概念。计算机网络将不同地理位置上具有独立功能的不同计算机通过通信设备和传输介质互连起来，在通信软件的支持下，实现网络中的计算机之间共享资源、交换信息、协同工作。计算机网络的发展水平已成为衡量国家现代化程度的重要指标，在社会经济发展中发挥着极其重要的作用。

3．智能化

计算机的智能化将进一步发展，各种知识库及人工智能技术将进一步普及，计算机将从以数值计算为主过渡到以知识推理为主，进入知识处理阶段。人们将用自然语言和机器对话。让计算机能够模拟人类的智力活动，如学习、感知、理解、判断、推理等；具备理解自然语言、声音、文字和图像的能力；具有说话的能力，使人机能够用自然语言直接对话。它可以利用已有的和不断学习到的知识进行思考、联想、推理，并得出结论，能解决复杂问题，具有汇集记忆、检索有关知识的能力。

4．微型化

计算机芯片集成度越来越高，能完成的功能越来越强，使计算机微型化的进程必然越来越快。而微型计算机将向更加微型化、网络化、高性能、多用途方向发展，各种便携机、笔记本电脑、掌上机等是计算机微型化的典型代表。

5．巨型化

超级计算机将更加巨型化，并且具有极高的运算速度、大容量的存储空间、更加强大的并行处理能力和更加完善的功能，以便更好地应用于航空航天、军事、气象、人工智能、生物工程等学科领域。

6. 多媒体

多媒体信息包括文本、图像、图形、声音、视频等信息。多媒体计算机就是利用计算机技术、通信技术和信号处理技术来综合处理多种媒体信息的计算机。多媒体计算机将真正改善人机界面，使计算机向着人类接受和处理信息的最自然的方式发展。

总之，未来的计算机将向多处理、网络化、智能化、微型化、巨型化、多媒体方向发展。

3.3.2　计算机的应用

计算机之所以得到迅速发展，其主要原因在于它的广泛应用，计算机几乎涉及人类社会的所有领域，从国民经济各部门到个人家庭生活，从军事部门到民用部门，从科学教育到文化艺术，从生产领域到消费娱乐，无一不是计算机应用的天下。而嵌入式计算机的出现更是将计算机集成到生产装备、武器系统、仪器仪表、家用电器、娱乐产品中，成为各种设备的一个组成部分，在其中起着关键作用。计算机的应用水平已经成为衡量国家综合国力的标准之一。

1. 科学计算

科学研究和工程设计计算领域，是计算机应用最早的领域，也是应用较为广泛的领域，包括火箭发射、热核试验、天气预报、桥梁设计、水力发电、人类基因密码研究、蛋白质结构计算等各个方面。在现代科学研究中，高性能计算机基础之上的数值模拟已经成为促进重大科学发现和科技发展、支撑国家实力持续提高的关键技术。采用高速度、高精度的计算机改变了科学研究的根本面貌，例如，1983 年 12 月，我国第一台每秒运算一亿次以上的"银河-Ⅰ"巨型计算机研制成功，如图 3.6 所示。它填补了国内巨型计算机的空白，这是我国自行研制的第一台每秒运算亿次以上的巨型计算机，使我国成为世界上少数几个拥有研制巨型计算机能力的国家之一，并在石油勘探、气象预报和工程物理研究领域得到广泛应用。1992 年 11 月，"银河-Ⅱ"巨型计算机研制成功，如图 3.7 所示，填补了我国面向大型科学工程计算和大规模数据处理的并行巨型计算机的空白。

图3.6　"银河-Ⅰ"巨型计算机

图3.7　"银河-Ⅱ"巨型计算机

2. 信息处理

信息处理（数据处理）是指对各种数据进行收集、存储、整理、分类、统计、加工、利用、传播等一系列活动的统称。据统计，在实际应用中，80%以上的计算机主要用于对大量数据进行加工、综合处理，如银行系统、证券业务、财会系统，以及市场预测、销售分析、情报检索、图书管理、订票系统等都属于数据处理范畴。各种管理信息系统、办公自动化都是计算机应用的重要领域，如图 3.8 所示。

图 3.8　计算机在信息处理领域的应用

3．自动控制

随着工业现代化的快速发展、生产规模的不断扩大，对于炼钢过程配料和炉温控制、化工生产过程的温度、压力原料的调节等生产过程极其复杂的控制领域，计算机都发挥着巨大的作用。采用计算机进行自动控制，不仅可以大大提高控制的自动化水平，而且可以提高控制的及时性和准确性，从而改善劳动条件，提高产品质量及合格率。目前，计算机过程控制已在机械、冶金、石油、化工、纺织、水电、航天等部门得到广泛的应用。图 3.9 所示为施工人员在用计算机监控系统对炉温进行控制。

图 3.9　计算机炉温监控系统应用

4．辅助设计

计算机辅助技术是指利用计算机帮助人们进行各种设计、处理等过程的技术，它包括计算机辅助设计（Computer Aided Design，CAD）、计算机辅助制造（Computer Aided Manufacturing，CAM）、计算机辅助教学（Computer Aided Instruction，CAI）和计算机辅助测试（Computer Aided Testing，CAT）等。

计算机辅助设计是计算机应用的重要领域。为了提高设计质量、缩短产品设计周期，以及进行各种设计方案的比较，飞机、船舶、各种建筑工程，大规模集成电路等设计制造部门广泛利用计算机进行辅助设计和辅助制造。特别是在大规模集成电路的设计和生产过程中，工作量极大，工序非常复杂，需要进行版图设计、照相制版、光刻腐蚀连接等，要求非常严格，绝不能有丝毫差错，这是人工难以完成的。此外，计算机在各种工程设计中，如土木、建筑、水利、石油、化工、铁路、矿山的设计中发挥了很好的作用，成为不可或缺的工具。图 3.10 所示为计算机利用图形设备帮助设计人员进行辅助设计工作。

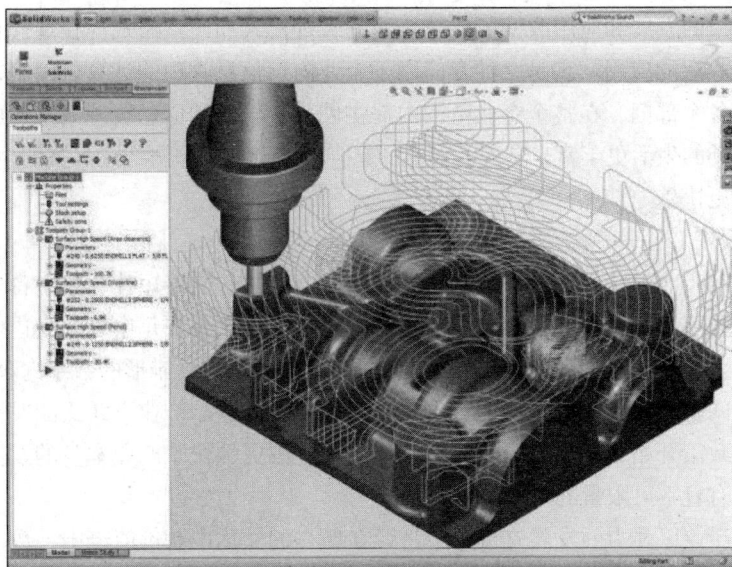

图 3.10 计算机辅助设计的应用

5．人工智能

人工智能是研究、开发用于模拟、延伸和扩展人的智能的理论、方法、技术及应用系统的一门新的技术科学。人工智能是计算机模拟人类的某些思维过程和智能活动，诸如感知、判断、思考、理解、学习、问题求解和图像识别等，主要包括计算机实现智能的原理、制造类似于人脑智能的计算机，使计算机能实现更高层次的应用，如机器视觉、指纹识别、人脸识别、视网膜识别、虹膜识别、掌纹识别、专家系统、自动规划、智能搜索、定理证明、博弈、自动程序设计、智能控制、机器人学、语言和图像理解、遗传编程等。

现在人工智能的研究已取得不少成果，涉及自然语言处理、计算机视觉、语音识别、专家系统以及交叉领域等领域。有些已开始走向实用阶段，例如，能模拟高水平医学专家进行疾病诊疗的专家系统（见图 3.11），具有一定思维能力的智能机器人等。早在 2015 年，智能物流机器人就已经在快递行业得到应用，接到订单后，它可以迅速定位出商品在仓库的分布位置，规划最优拣货路径，自动将货物送上打包台，如图 3.12 所示。

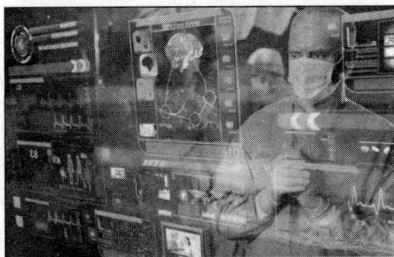

图 3.11 医学领域专家系统

图 3.12 智能物流机器人

6．网络应用

计算机技术与现代通信技术的结合构成了计算机网络。计算机网络的建立，不仅解决了一个单位、一个地区、一个国家中计算机与计算机之间的通信，各种软件、硬件资源的共享，也大大促进了国际的文字、图像、视频和声音等各类数据的传输与处理。

　　计算机网络的发展和应用改变了传统企业的管理模式和经营模式。在现代企业中企业信息网络得到了广泛的应用。它是一种专门用于企业内部信息管理的计算机网络，覆盖企业生产经营管理的各个部门，在整个企业范围内提供硬件、软件和信息资源共享。此外，网络游戏的诞生让人类的生活更丰富，丰富了人类的精神世界和物质世界，让人类的生活品质更高，让人类的生活更快乐。

7. 数字娱乐

　　随着互联网产业的蓬勃发展，以网络游戏、网络文学、数字短片、数字音乐、数字电视电影、动漫和数字出版物等为主体内容的数字娱乐，开始出现在每个人的身边。而近几年来网络技术的突飞猛进，更推动了整个产业的发展，曾经只是初具雏形的数字内容和数字娱乐，在短短十几年间就成长为一个年产值数百亿美元的庞大产业。产业飞跃式的发展让无数的人才、资本甚至政策开始关注数字娱乐，而这样的关注则更加快了产业本身的发展，良性循环让整个产业拥有着不可限量的未来。

　　数字娱乐产业以强力的发展支持新经济，在新兴的文化产业价值链中，数字娱乐产业创造性强、对高科技的依存度高、对日常生活渗透直接、对相关产业带动广、增长快、发展潜力大。

本章小结

　　本章简单介绍了计算机的发展史、发展趋势及其应用，以冯·诺依曼计算机为基础介绍了组成计算机的几大部件及其评价标准，同时介绍了计算机系统的知识。

　　本章重点介绍了存储程序原理，运算器、控制器、存储器、输入设备、输出设备五大部件的主要功能、基本组成和它们之间的相互联系。通过讲解计算机的硬件系统和软件系统，使读者初步建立计算机系统的整体概念。

本章习题

　　1. 什么是计算机系统？哪些部分属于硬件系统？哪些部分属于软件系统？应如何看待二者之间的关系？

　　2. 从传统的观点来看，基本计算机硬件系统由哪几个功能部件组成？每个部件完成的主要功能是什么？它们之间是如何连接在一起的？

　　3. 冯·诺依曼型计算机的主要设计思想是什么？为什么这样设计？

　　4. 计算机发展经历了哪几个时代？每个发展时代的计算机的主要特点表现在哪些方面？

　　5. 计算机可以应用在哪些领域？它对今天的社会发展和人们的生活方式有什么影响？

　　6. 关于本章内容，你还想要了解哪方面的知识？需要注意哪些方面的问题？

第 4 章

计算机软件

学习目标

- 掌握软件的含义及特征。
- 了解软件的分类及典型软件名称。
- 理解软件的生命周期。
- 掌握软件开发的三大阶段及主要任务。
- 掌握软件定义的概念及特点。
- 了解软件定义的应用场景及挑战。

本章重点

- 软件的特征。
- 软件开发阶段及任务。
- 软件定义的概念。
- 软件定义的特点。
- 软件定义的应用场景。

完整的计算机系统包括硬件系统和软件系统两部分，简称硬件或软件（Computer Software），硬件是组成计算机的各种物理设备的总称，软件是为某个专门的应用而编写的程序，在计算机发展的早期（20 世纪 50~60 年代），人们习惯上将软件称作程序。随着时代的发展，计算机处理的问题逐渐多样化，程序的规模也越来越大，在设计、维护、升级等方面产生了一系列新的问题，软件的概念也随之发生了改变。人们认识到，程序只是软件的一个重要组成部分，而不是软件的全部，软件的应用也随着时代的发展不断改变。

4.1　软件概述

在计算机系统发展的早期，软件规模较小，完全基于人工方式开发，从程序设计、编程到调试基本上都是由一个人完成的。当时一般认为，写出的程序只要能在计算机上得出正确的结果，程序的写法可以不受任何约束。随着计算机解决的问题逐渐变多，软件的规模逐渐增大，这种早期的软件开发方式使得高质量的软件开发变得越来越困难，任务不能按时完成，产品质量得不到保证，工作效率低下，开发经费严重超支的现象致使"软件危机"产生。人们也认识到软件的成功需要有一定的规范文档来保证软件的设计、调试及维护。20 世纪 70 年代，进一步强调了软件设计过程的文档及运行程序所需要数据的重要性。1983 年，IEEE 明确给"软件"做了定义：软件是计算机程序、方法和相关的文档，以及在计算机上运行它所必要的数据。随着数字经济的发展，"软件定义时代"的到来，2020 年软件被赋予了新的定义：软件是信息技术之魂、经济转型之擎、网络安全之盾、数字社会之基。

4.1.1　软件的含义

软件的含义可以有多种理解，概括如下。

（1）软件是指计算机系统中的程序及其文档，可以理解为：

软件=程序+数据+文档

程序是计算任务的处理对象和处理规则的描述，必须装入机器内部才能工作；数据是程序运行过程中需要的内容；文档是为了便于了解程序所需的阐明性资料，一般是给人看的，不一定装入机器。

（2）软件是用户与硬件之间的接口界面，用户主要通过软件与计算机进行交流。

（3）程序运行时，能够提供所要求功能和性能的指令或计算机程序集合，程序能够处理信息的数据结构。

（4）在软件定义时代，软件是大国博弈之焦、高质量发展的抓手。软件在赋能、赋值、赋智方面的作用日益明显。

4.1.2　软件的特征

软件是一系列按照特定顺序组织的计算机数据和指令的集合，具体有如下特征。

（1）软件是无形的，没有物理形态，只能通过运行状况来了解功能、特性和质量。

（2）软件渗透了大量的脑力劳动，人的逻辑思维、智能活动和技术水平是软件产品的关键。

（3）软件不会像硬件一样老化磨损，但存在缺陷维护和技术更新。

（4）软件的开发和运行必须依赖于特定的计算机系统环境，对硬件有依赖性。为了减少依赖，开发中提出了软件的可移植性。

（5）软件具有可复用性，软件开发出来后很容易被复制，从而形成多个副本。

4.1.3　软件与硬件的区别

硬件是软件的基础，软件是硬件功能的扩充和完善。软件与硬件的界限是浮动的，计算机系统的许多功能既可以用硬件实现，也可以用软件实现。硬件发展为软件发展提供广阔的平台，软件发展为硬件的发展提出新的要求。

软件与硬件之间也有本质上的不同特点，具体如下。

（1）表现形式不同。硬件有形、有色、有味、看得见、摸得着、闻得到。而软件无形、无色、无味、看不见、摸不着、闻不到。软件大多存在人们的脑袋里或纸面上，它的正确与否，是好是坏，直到程序在机器上运行才能知道。这就给设计、生产和管理带来许多困难。

（2）生产方式不同。软件是开发，是人的智力的高度发挥，不是传统意义上的硬件制造。尽管软件开发与硬件制造之间有许多共同点，但这两种活动是根本不同的。

（3）维护不同。硬件是要变旧、变坏的。理论上，软件是不会变旧、变坏的，但实际上，软件也会变旧、变坏。因为软件在整个生存期中，一直处于改变（维护）状态。

4.2　软件的发展历程

计算机软件技术发展很快。50 多年前，计算机只能被具有专业能力的专家使用；今天，计算机的使用非常普遍，甚至没有上学的儿童都可以灵活操作。40 多年前，文件不能方便地在两台计算机之间进行交换，甚至在同一台计算机的两个不同的应用程序之间进行交换也很困难；今天，网络在两个平台和应用程序之间提供了无损的文件传输。30 多年前，多个应用程序不能方便地共享相同的数据；今天，数据库技术使得多个用户、多个应用程序可以互相覆盖地共享数据。计算机软件作为一种新生事物，经历了一个从小到大、从简单到复杂的历程，其发展可分为以下 5 个时代。

1. 第一代软件（1946—1953 年）

早期的计算中不安装任何软件，人们把研究计算机的主要精力放在硬件性能改进和技术指标的提高上，软件处于次要地位。计算机应用主要用于求解复杂方程、大型矩阵计算等方面的科学计算，这一时代的程序用机器语言编写，机器语言是内置在计算机电路中的指令，由 0 和 1 组成。

不同的计算机使用不同的机器语言，程序员必须记住每条指令及其二进制数字组合，因此，只有少数专业人员能够为计算机编写程序，这就大大限制了计算机的推广和使用。第一代软件受计算机容量小、运行速度慢、可靠性差等因素影响，设计者需要使用一些编程技巧来提高编程效率。当时的程序设计者也往往是程序使用者，程序是专门为某个应用而编写的，功能单一，未能形成产品，且仅限在专门的计算机上运行，可移植性较差。

由于程序最终在计算机上执行时采用的都是机器语言，因此需要用一种称为汇编器的翻译程序，把用汇编语言编写的程序翻译成机器代码。编写汇编器的程序员简化了他人的程序设计，是最初的系统程序员。

2．第二代软件（1954—1964 年）

当硬件变得更强大时，需要更强大的软件工具来提高计算机的效率。汇编语言向前迈出了一大步，但程序员仍然需要记住许多汇编指令，第二代软件开始使用高级编程语言编写。高级语言的指令形式类似于自然语言和数学语言，例如计算 1+2 的高级语言是 1+2。高级语言不仅易于学习，易于编程，也提高了程序的可读性。

1954 年，IBM 开始研制高级语言。同年，第一个用于科学与工程计算的 Fortran 语言出现。1958 年，美国麻省理工学院的约翰·麦卡锡（John Macarthy）发明了第一个用于人工智能的 LISP 语言。1959 年，美国宾夕法尼亚州立大学的格蕾丝·霍珀（Grace Hopper）发明了第一个用于商业应用程序设计的 COBOL 语言。1964 年，美国达特茅斯学院的约翰·凯梅尼（John Kemeny）和托马斯·库尔茨（Thomas Kurtz）发明了 BASIC 语言。

高级语言的出现促进了在多台计算机上运行同一程序的模式。每种高级语言都有一个对应的翻译者，称为编译器，它将用高级语言编写的语句翻译成等效的机器指令。系统程序员的角色变得更加明显，那些只使用高级语言编程的人不需要知道机器语言和汇编语言，大幅度降低了应用程序程序员对硬件和机器指令的要求。因此，在这一时期，有更多的计算机应用领域的人参与编程。

由于高级语言必须转换为机器语言才能运行，因此高级语言消耗了更多的硬件和软件资源，效率也较低。但由于汇编语言和机器语言可以利用计算机的所有硬件特性直接控制硬件，因此在实时控制、实时检测等领域仍采用汇编语言和机器语言编写程序。

在第一代和第二代软件中，计算机软件实际上是小规模的程序，通常由同一个人或同一组人编写，程序体积小，易于编写，没有系统的方法来管理软件开发过程。这种个性化的软件开发环境使软件设计成为一个模糊的过程，除了程序列表之外，没有任何文档来做记录。

3．第三代软件（1965—1970 年）

在此期间，由于用集成电路取代了晶体三极管，处理器的运行速度有了很大的提高，处理器在等待运算器准备下一个作业时处于空闲状态。因此需要编写一种程序，让所有计算机中的资源都能被计算机控制，人们把这种程序称作操作系统。

计算机终端的出现为用户提供了直接访问计算机的途径，系统软件的发展使计算机的运行更加迅速。然而，从键盘输入和从屏幕输出数据的过程比执行内存中的指令要慢得多，如何利用机器越来越强大的能力和速度是面临的新问题。解决方案是分时，即许多用户同时使用各自的终端与一台计算机通信，由此诞生了负责组织和安排各个作业的分时操作系统。

1967 年，塞缪尔（Samuel）发明了第一个国际象棋程序，并开始研究人工智能。1968 年，荷兰计算机科学家迪杰斯特拉（Dijkstra）发表了一篇题为《Goto 语句的危害》的文章，指出调试和修改程序的困难与程序中包含的 Goto 语句的数量成正比。从那时起，各种结构化编程概念逐渐形成。

20 世纪 60 年代以来，计算机用于管理的数据规模越来越大，应用也越来越广泛。同时，对各种应用程序和语言共享数据集的要求也越来越高。为了满足多个用户和应用程序之间数据共享的需求，使数据服务于尽可能多的应用程序，数据库技术和统一管理数据的软件系统——数据库管理系统（DBMS）出现了。

随着计算机应用的日益普及，软件的数量迅速增加，在计算机软件的开发和维护过程中出现了一系列严重的问题。例如：程序执行中遇到的问题需要及时解决；用户有了新需求必须修改程序；当硬件或操作系统更新时，需要修改程序以适应新的环境。这些软件的维护任务都以惊人的比例消耗资源。更糟糕的是，许多程序的个性化特征使得程序员无法完成最终的维护，从而引发"软件危机"。1968 年，北大西洋公约组织（North Atlantic Treaty Organization）的计算机科学家召开了一次关于软件危机的国际会议，会上正式引入并使用了"软件工程"一词，开启了软件开发的新篇章。

4．第四代软件（1971—1989 年）

20 世纪 70 年代，出现了结构化程序设计技术。Pascal 语言和 Modula-2 语言都采用结构化编程规则。第三代的 BASIC 计算机设计语言也被升级为结构化版本，并且出现了一种灵活而强大的 C 语言。

同期，出现了更好用、更强大的操作系统。为 IBM PC 开发的 PC-DOS 和为兼容机开发的 MS-DOS 都成为微型计算机的标准操作系统。Macintosh 的操作系统引入了鼠标概念和点击式图形界面，彻底改变了人机交互方式。

20 世纪 80 年代，随着微电子技术和数字音像技术的发展，计算机应用程序中开始利用图像、声音等多媒体技术，多媒体计算机应运而生。随着多媒体技术的发展，计算机应用进入了一个新的阶段。

这一时期出现了面向没有任何计算机经验用户的多功能应用程序。典型的应用包括电子表格、文字处理和数据库管理软件。Lotus1-2-3 是第一个商用电子表格软件，WordPerfect 是第一个商用字处理软件，dBASE Ⅲ是第一个实用的数据库管理软件。

5．第五代软件（1990 年至今）

第五代软件有 3 个著名事件：主导计算机软件行业的微软公司的崛起、面向对象编程方法的出现和万维网（World Wide Web，WWW）的普及。

在此期间，微软公司的 Windows 操作系统在 PC 市场上占据主导地位。微软公司还将 Word 文字处理软件、Excel 电子表格软件、Access 数据库管理软件和其他应用程序整合到一个称为办公自动化软件的软件包中，成为多数用户选择的软件对象。

20 世纪 70 年代，SmallTalk 语言开始使用面向对象编程方法。20 世纪 90 年代，面向对象编程逐渐取代结构化编程，成为最流行的编程技术。面向对象程序设计尤其适用于规模较大、具有高度交互性、反映现实世界中动态内容的应用程序。如 C++、Java、C#等都是面向对象程序设计语言。

1990 年，英国研究员蒂姆·伯纳斯-李（Tim Berners-Lee）创建了一个全球互联网文档中心、一套技术规则和格式化文档的 HTML，以及一个允许用户访问世界各地网站信息的浏览器，但此时的浏览器还不成熟，只能显示文本。

软件体系结构已从集中式主机模式转变为分布式的客户端-服务器（Client/Server，C/S）模式或浏览器-服务器（Browser/Server，B/S）模式。专家系统和人工智能软件已经走出实验室，进入实际应用，出现了大量完善的系统软件、丰富的系统开发工具和商业化的应用程序。随着通信技术和计算机网络的飞速发展，计算机进入了一个飞速发展的阶段。

4.3　软件分类

随着软件技术的不断发展，软件的种类越来越多，从不同的角度可以有多种分类，本节按应用范围或授权类别来进行分类介绍。

4.3.1　按应用范围划分

一般来讲，软件按应用范围划分可分为系统软件、应用软件和介于这两者之间的中间件。

1．系统软件

系统软件负责管理计算机系统中各种独立的硬件，使它们能够协调工作。系统软件允许计算机用户和其他软件将计算机视为一个整体，而不考虑每个底层硬件的工作方式。

系统软件具体包括以下 4 类。

（1）各种服务性程序，如诊断程序、排错程序、练习程序等。

（2）语言程序，如汇编程序、编译程序、解释程序。

（3）操作系统。操作系统是管理计算机软硬件资源的程序，是计算机系统的核心和基石。操作系统负责管理和配置内存、确定系统资源的供需优先级、控制输入和输出设备、网络操作和文件系统管理等。操作系统还提供允许用户与系统交互的操作界面。系统软件一般包括操作系统和编译器、数据库管理、内存格式化、文件系统管理、用户认证、驱动程序管理、网络连接等一系列基本工具。常见的操作系统有 Windows 操作系统、UNIX 操作系统、Linux 操作系统、Android 操作系统、macOS 以及 Deepin、安超 OS、优麒麟、中标麒麟、威科乐恩、华为鸿蒙、统信 UOS 等国产操作系统。

（4）数据库管理系统，如 Oracle、MySQL、SQL Server 等国外数据库，以及南大通用、武汉达梦、人大金仓、神舟通用、万里开源 GreatDB、OceanBase 等国产数据库。

2．应用软件

应用软件与系统软件相对应，它是用户可以直接使用的、用各种编程语言编译的应用程序集合，分为应用程序包和用户程序。应用程序包是计算机为解决某一类问题而设计的程序集。

应用软件是为满足用户不同领域、不同问题的应用需求而提供的那部分软件。它可以拓宽计算机系统的应用领域。常用的应用软件分类如下。

（1）办公软件

办公软件主要指利用计算机进行公文处理、电子表格制作、幻灯片制作和通信使用等。Office 是目前使用最多的办公软件，该软件为大型套装软件，其中包括 Word、Excel、PowerPoint 等应用软件；WPS 是我国自主研发的产品，是我国使用较多的计算机办公软件，其功能类似 Office；QQ、微信、钉钉为国产软件，可用于通信和办公。

（2）图形、图像处理软件

图形、图像处理软件可辅助用户进行艺术创作，以及对图片进行艺术化处理等。Photoshop 是目前使用最多的图像处理软件，利用 Photoshop 可方便地进行图像处理及简单的绘画；Painter 软件提供了多种仿真画笔及各类与真实材质相近的纹理，可以惟妙惟肖地模仿自然绘画技术，使用户如同在纸上作画一般；CorelDraw 是优秀的矢量绘画软件和排版软件；

Illustrator 与 FreeHand 是优秀的矢量绘图软件。

（3）CAD 软件

CAD 软件可辅助用户进行机械、建筑、产品设计与制造。AutoCAD 是优秀的平面和三维绘图软件，用户利用该软件可方便地绘制平面和三维图形，为图形标注尺寸；3ds VIZ 通常与 AutoCAD 配合使用，主要用于制作建筑效果图；Protel 是优秀的电路图绘制软件；Pro/Engineer 是大型辅助设计与辅助制造软件，主要用于辅助机械产品设计与制造。

（4）动画制作软件

动画制作软件可辅助用户制作动画片、影视广告、电视节目片头等。3ds Max 是中型动画设计软件，具有很强的建模、材质制作、场景制作、动画制作和设计能力，主要用于动画、游戏、影视广告及建筑效果图制作；Maya 是大型动画设计软件，主要用于影视、游戏、动画制作。

（5）影视制作软件

影视制作软件主要用于辅助用户对影视节目进行后期处理，如画面特效处理、字幕叠加。Premiere 是专业视频编辑软件，可制作多种影视特效；After Effects 是可高效制作电影、视频、多媒体与动画的软件。

（6）多媒体制作软件

多媒体制作软件主要用于辅助用户制作带有声音、文字、图片、动画的媒体，且具有很强的交互特性。利用这类软件开发的产品可进行产品演示、辅助教学等。Authorware 是优秀的多媒体展示和教学课件制作软件，用户可通过流程线进行设计，非常直观、易学；Director 是优秀的多媒体制作软件，利用它可方便地合成声音、图像与动画。

（7）网页制作软件

要制作网页，通常需要两类软件：一类是网页制作和站点管理的软件，另一类是为网页制作图像与动画素材的软件。Dreamwaver、Fireworks、Flash 曾号称"网页制作三剑客"，而 HBuilder、WebStorm、Visual Studio Code 等是当前主流的网页制作软件。

（8）网络软件

网络软件主要涉及网页浏览、网络加速与下载管理。Chrome 浏览器、火狐（Firefox）浏览器等是流行的浏览器。Thunder（迅雷）、EagleGet（猎鹰）等是常用的网络下载软件，具有多道下载、多任务下载、断点续传与下载管理功能。

（9）实用工具软件

实用工具软件主要用于辅助管理和使用计算机，如磁盘分区软件、磁盘复制软件、文件压缩/解压软件、电子词典与翻译软件、反病毒软件、图像浏览软件、系统测试与系统优化软件等。PartitionMagic 是优秀的磁盘分区软件，可在不删除数据的情况下更改磁盘现有分区设置；DM 是非常好用的硬盘分区与格式化工具，可完成硬盘分区与格式化任务；Ghost 是优秀的硬盘复制软件，它可以把整个硬盘或者某些分区做映像保存，也可以将映像文件还原到硬盘上，恢复到映像前的状态；WinZip 与 WinRAR 是优秀的压缩/解压缩软件；金山词霸是优秀的电子词典软件；有道翻译官、翻译全能王是优秀的实时翻译软件；金山毒霸、360 杀毒等是优秀的防、查、杀病毒软件；ACDSee 是优秀的图像浏览软件；SnagIt 与 HyperSnap-DX 是优秀的抓屏软件，不仅可以抓取表态屏幕内容，而且可以抓取窗口、区域、按钮，以及动态视频等；HWiNFO 是优秀的计算机测试软件，短小、精悍，在不知道某些计算机部件的型号时，可利用该软件进行测试。

（10）特定用途软件

特定用途软件主要针对某些特定领域，如各类财务软件（用友、金蝶、管家婆等）、管理系统（CRM、OA 等）、教学系统（教务管理系统、学籍管理系统等）。

3. 中间件

中间件是介于应用软件和系统软件之间的一类软件，它使用系统软件所提供的基础服务（功能），连接网络上应用软件的各个部分或不同的应用，能够达到资源共享、功能共享的目的（见图 4.1）。目前，它并没有很严格的定义，但是普遍接受互联网数据中心（Internet Data Center，IDC）的定义：中间件是一种独立的系统软件服务程序，分布式应用软件借助这种软件在不同的技术之间共享资源，中间件位于客户-服务器的操作系统之上，管理计算资源和网络通信。从这个意义上可以用一个等式来表示中间件：中间件＝平台＋通

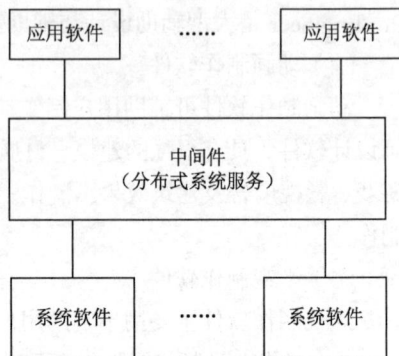

图 4.1　中间件

信，这也就限定了只有用于分布式系统中的软件才能叫中间件，同时也把它与支撑软件和实用软件区分开来。

中间件是一种独立的系统级软件，它将操作系统层与应用程序层连接起来，规范不同操作系统提供的应用程序接口，统一协议，屏蔽具体的操作细节。中间件通常提供以下功能。

（1）通信支持。中间件为其支持的应用软件提供了平台操作环境。该环境保护底层通信之间的接口差异，实现互操作性。因此，通信支持是中间件的基本功能。

（2）应用程序支持。中间件为更高层次的应用服务，并提供不同应用层服务之间的互操作机制。

（3）公用服务。公共服务是指从应用程序中提取公共函数或约束。

中间件一般分为事务中间件、过程中间件、面向消息的中间件、面向对象的中间件、Web 应用服务器中间件和其他中间件等。

① 事务中间件。事务中间件又称事务管理器，是目前应用最广泛的中间件之一。其主要功能是提供在线事务处理所需的通信、并发访问控制、事务控制、资源管理、安全管理、负载均衡、故障恢复等服务。事务中间件具有较高的可靠性和可扩展性，主要应用于电信、金融、飞机预订系统、证券等客户量大的领域。

② 过程中间件。过程中间件又称远程过程调用中间件，通常在逻辑上分为客户端和服务器两部分。过程中间件具有较好的异构支持能力，易于使用。然而，由于客户端和服务器之间的访问连接，它在易定制性和容错性方面存在一定的局限性。

③ 面向消息的中间件。消息中间件是以消息为通信媒介，利用高效可靠的消息机制，实现不同应用之间大量数据交换的中间件。消息中间件有两种通信模型：消息队列和消息传递。通过这两种模型，将不同应用程序之间的通信与网络的复杂性分开，从而消除对不同通信协议的依赖，在复杂的网络环境下，可以可靠、高效地实现安全异步通信。

④ 面向对象的中间件。面向对象的中间件又称分布式面向对象中间件，是分布式计算技术与面向对象技术结合的产物。面向对象的中间件为应用层提供了不同类型的通信服务。通

过这些服务，上层应用程序更容易处理事务处理、分布式数据访问、对象管理等。

⑤ Web 应用服务器中间件。Web 应用服务器中间件是 Web 服务器和应用服务器结合的产物。它可以提供多种通信机制、事务处理能力和应用开发管理功能。由于直接支持三层或多层应用系统的开发，Web 应用服务器中间件受到用户的欢迎，成为中间件市场竞争的热点。J2EE 体系结构是应用服务器的主要标准。

⑥ 其他中间件。新的应用需求、新的技术创新和新的应用领域推动了新中间件的出现。例如，标准航空电子体系结构研究中的通用系统管理属于典型的嵌入式航空电子系统中间件，还有云互联网技术中间件、云计算中间件、物流网络中间件等，随着应用市场的需求而出现。

4.3.2　按授权类别划分

不同的软件通常都有相应的软件许可证，软件用户在合法使用软件之前必须接受所使用软件的许可证。另外，特定软件的许可条件不得违反法律。根据许可模式的不同，软件可以分为专属软件、开源软件、共享软件和免费软件等类别。

1．专属软件

专属软件的源代码通常作为私有财产受到企业的严格保护。此类授权通常不允许用户随意复制、研究、修改或分发，违反这种授权往往要承担严重的法律责任。传统的商业软件，如 Microsoft Windows 和 Office 软件，都使用这种授权。

2．开源软件

与专属软件不同，此类授权授予用户复制、研究、修改和分发软件的权利，并向用户提供源代码供其自由使用，但有一些附加限制，代表性软件有 Linux、Firefox 和 OpenOffice 等。

3．共享软件

试用版通常是免费提供的，但功能或使用时间上会受到限制。开发人员鼓励用户付费获得功能完整的商业版本。在共享软件作者的许可下，用户可以从不同渠道免费获取或免费分发共享软件的副本，也可以自由传播它。

4．免费软件

免费软件可免费取得和转载，但并不提供源代码，也无法修改。

4.4　软件生命周期及基本任务

4.4.1　软件生命周期

软件生命周期也称为软件生存周期或系统开发生命周期。软件生命周期是指从软件产生到废弃的生命全过程，包括问题定义、可行性分析、总体描述、系统设计、编码、调试和测试、验收和运行、维护和升级到报废等阶段。这种按时间分程的思想方法是软件工程中的一种思想原则，即每一步都必须进行定义、工作、审查、形成文档，以便将来进行交流或备查，以提高软件质量。

4.4.2　软件开发阶段及任务

软件开发过程可以分为定义时期、开发时期和维护时期三大阶段，每一个阶段又可以分为若干个子阶段，如图 4.2 所示。

软件定义时期的任务是确定软件开发工程要实现的总体目标，确定工程的可行性，导出系统为实现工程目标应该采用的策略和必须完成的功能，估算完成工程所需的资源和成本，并制定工程进度计划。这一时期的工作通常被称为系统分析，是由系统分析员完成的。软件定义时期一般分为问题定义、可行性研究和需求分析 3 个阶段。

软件开发时期一般包括概要设计、详细设计、编码和测试 4 个阶段。前两个阶段又称为系统设计，后两个阶段又称为系统实现。

软件维护时期的主要任务是使软件持久地满足用户的需求。具体来说，软件在使用过程中检测到错误时需要进行修正，环境发生变化时需要对软件进行修改以适应新的环境。当用户有新需求时，应及时对软件进行改进。维护时期通常不会进一步划分阶段，但每个维护活动本质上都是一个压缩和简化的定义和开发过程。

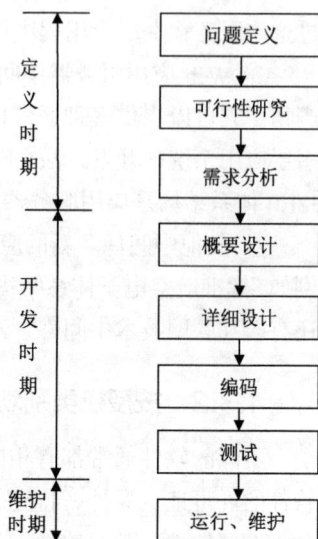

图 4.2　软件开发阶段

下面简要介绍上述各个阶段应该完成的基本任务。

1．问题定义阶段

问题定义阶段需要回答的关键问题是："要解决的问题是什么？"通过调研，系统分析员应提交一份书面报告，说明问题的性质、项目目标和项目规模，并且需要得到用户对这份报告的确认。

2．可行性研究阶段

可行性研究阶段需要回答的关键问题是："对上一阶段确定的问题，是否有有效的解决办法？"。并非所有问题都有切实可行的解决方案，事实上，许多问题不可能在预定的系统规模或时间期限之内解决。如果问题没有可行的解决办法，那么花费在这项工程上的所有时间、资源和项目支出都是无用的。可行性研究的目的不是解决问题，而是确定问题是否值得解决。为了达到这个目的，我们不能依靠主观臆测，而只能依靠客观分析。此外，系统分析员应全面了解用户需求，并在此基础上提出若干可能的系统实施方案，从技术、经济和社会（如法律）因素分析每个方案的可行性，最终确定项目可行性。

3．需求分析阶段

这个阶段的任务仍然不是具体地解决用户的问题，而是准确地回答"目标系统必须做什么"这个问题。

用户了解自己需要做什么，就要解决什么问题，但往往不能全面准确地表达自己的需求，更不知道如何使用计算机解决自己的问题；软件开发人员知道如何用软件来满足人们的需求，但对特定用户的具体需求并不完全清楚。因此，系统分析员必须在需求分析阶段与用户密切配合，并在确定软件开发可行的情况下，对软件必须实现的所有功能进行详细分析。需求分析阶段是一个非常重要的阶段，也是整个软件开发过程中不断变化和深入的阶段，能为整个软件开发项目的成功奠定良好的基础。

4．概要设计阶段

这个阶段的基本任务是：概括地回答"怎样实现目标系统？"。概要设计又称为初步设计、逻辑设计、高层设计或总体设计。

概要设计的主要任务是把需求分析得到的系统扩展用例图转化为软件结构和数据结构。软件结构设计的具体任务是：根据功能将复杂系统划分为模块，建立模块的层次结构和调用关系，确定模块与人机界面的接口。数据结构设计包括数据特征的描述、数据结构特征确定和数据库设计。这就表明概要设计建立的是目标系统的逻辑模型。

5. 详细设计阶段

概要设计阶段以比较抽象概括的方式提出了解决问题的办法。详细设计阶段的任务就是把解法具体化，也就是回答"应该怎样具体地实现这个系统"这个关键问题。

详细设计，又称模块设计、物理设计或底层设计，是软件工程中软件开发的一个步骤，是对概要设计的细化，是对每个模块实现算法的详细设计，以设计满足用户需求的软件系统产品。

6. 编码阶段

这个阶段的关键任务是写出正确的、容易理解、容易维护的程序模块。

程序员应根据目标系统的性质和实际环境，选择合适的编程语言，将详细设计的结果转换成所选的语言程序。

7. 测试阶段

这个阶段的关键任务是通过各种测试和相应的调试，使软件达到预定的要求。最基本的测试是集成测试和验收测试。所谓集成测试就是指在软件结构设计的基础上，对单元测试的模块按照选定的策略进行组装，在组装过程中对程序进行必要的测试。验收测试是指用户或在用户的积极参与下，根据规格说明书的规定对目标系统进行验收。必要时还可以通过现场测试或平行运行等方法对目标系统进行进一步测试检验。需用正式的文档资料把测试计划、详细测试方案以及实际测试结果保存下来，作为软件配置的组成部分。

8. 运行、维护阶段

运行、维护阶段的主要任务是通过所有必要的维护活动，确保系统持续满足用户需求。通常有 4 种类型的维护活动：改正性维护，即诊断和改正在使用过程中发现的软件错误；适应性维护，即修改软件以适应环境的变化；完善性维护，即根据用户要求对软件进行改进或扩充功能，使软件更完善；预防性维护，即修改软件为将来的维护活动预先做准备。

4.4.3　软件开发模型

软件开发模型（Software Development Model）是指一种结构框架，它能清晰、直观地表达软件开发全过程，明确规定了要完成的主要活动和任务，是软件项目工作的基础。软件开发模型有多种，本节主要介绍常见的 5 种。

1. 瀑布模型

瀑布模型是最早出现的软件开发模型，在软件工程中占有重要的地位，它提供了软件开发的基本框架。它将软件生命周期中的各个活动规定为依线性顺序连接的若干阶段的模型，包括项目计划、需求分析、概要设计、详细设计、编码、测试、运行和维护。它规定了由前至后、相互衔接的固定次序，如同瀑布流水逐级下落，这也是瀑布模型名称的由来。

在实际的软件项目中存在着许多不稳定因素，例如，开发中的工作疏漏或通信误解；在项目实施中途，用户可能会提出一些新的要求；开发者也可能在设计中遇到某些未曾预料的实际困难，希望在需求中有所权衡等。为了解决这些问题，考虑到许多实际项目中各阶段之间有通信的需要，使瀑布模型带有信息反馈环，能够逐级地将后续阶段的意见返回，并在问题解决之后，再逐级地将修正结果下传。瀑布模型如图 4.3 所示。

2．快速原型模型

快速原型模型是指在开发实际系统之前，为了理解和厘清问题，快速构建能够运行的软件原型，在此原型的基础上，逐步完成整个系统的开发工作。它允许在需求分析阶段对软件需求进行初步的、非完整的分析和定义，并快速设计软件系统原型，向用户展示待开发软件的全部或部分功能和性能。用户对原型进行测试和评估，并提出具体的改进建议，以丰富和完善软件的功能。开发人员修改和完善软件，直至用户满意认可，然后实施、测试和维护软件。快速原型模型如图 4.4 所示。

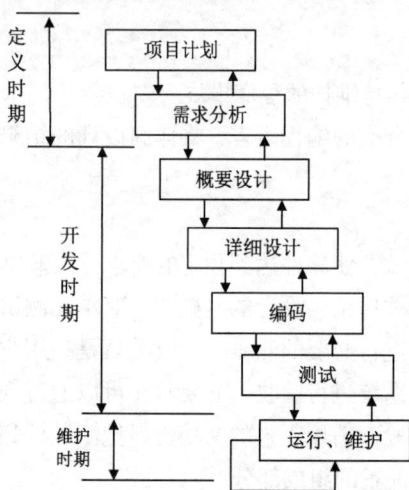

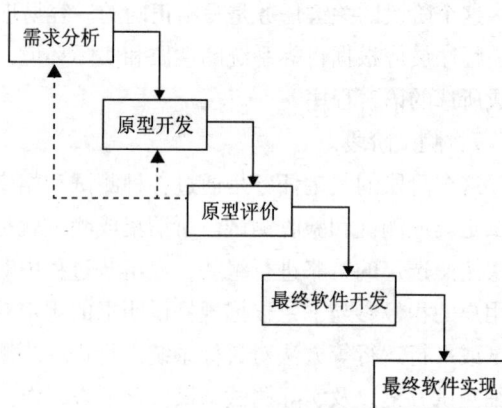

图 4.3　瀑布模型　　　　　　　　　　图 4.4　快速原型模型

快速原型模型能通过简单、快速的分析，快速实现系统原型。用户和开发人员在原型测试过程中加强沟通和反馈，反复评估和改进原型，可减少误解，弥补不足，最后提高软件质量。

3．增量模型

与建造大厦相同，软件也是一步步建造起来的。在增量模型中，软件被当作一系列的增量构件来设计、实现、集成和测试，每一个构件由多种相互作用的模块所形成的、提供特定功能的代码片段构成。增量模型在各个阶段并不交付一个可运行的完整产品，而是交付满足用户需求的业务需求子集（见图 4.5）。整个产品被分解成若干个构件，开发人员逐个构件地交付产品，这样做的好处是软件开发可以较好地适应变化，用户可以不断地看到所开发的软件，从而降低开发风险。

在使用增量模型时，第一个增量往往是实现基本需求的核心产品。核心产品交付用户使用后，经过评价形成下一个增量的开发计划，它包括对核心产品的修改和一些新功能的发布。每次增量发布后重复此过程，直到交付最终的产品。例如，使用增量模型开发学生成绩管理关系。可以考虑，第一个增量发布学生基本信息管理功能，第二个增量发布成绩录入及查询功能，第三个增量发布成绩统计分析功能，第四个增量发布优化用户体验功能，等等。

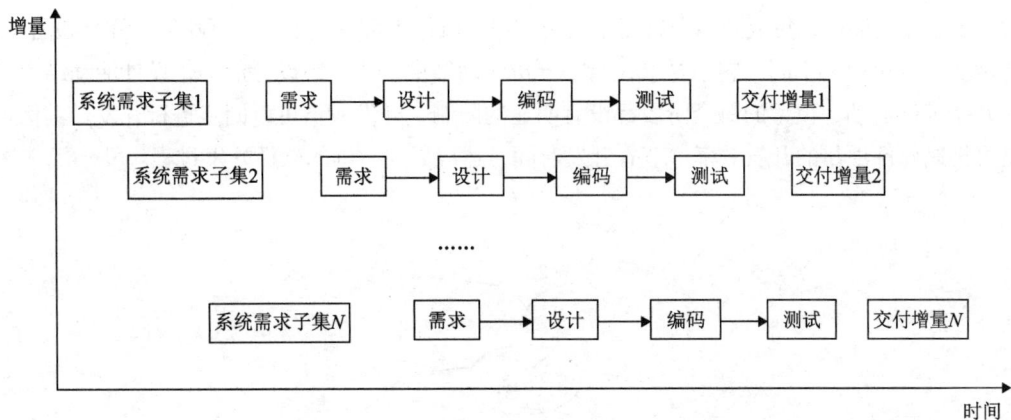

图 4.5　增量模型

4．螺旋模型

螺旋模型是一种演化软件开发过程的模型，它兼顾了快速原型模型的迭代特征以及瀑布模型的系统化与严格监控，特别适用于大型复杂的系统，优点为引入了其他模型不具备的风险分析，如图 4.6 所示。螺旋模型沿着螺线进行若干次迭代，图中的 4 个象限代表不同的活动。制订计划活动包括确定软件目标，选定实施方案，弄清项目开发的限制条件；风险分析活动包括分析评估所选方案，考虑如何识别和消除风险；实施工程活动包括实施软件开发和验证；用户评估活动包括评价开发工作，提出修正建议，制订下一步计划。

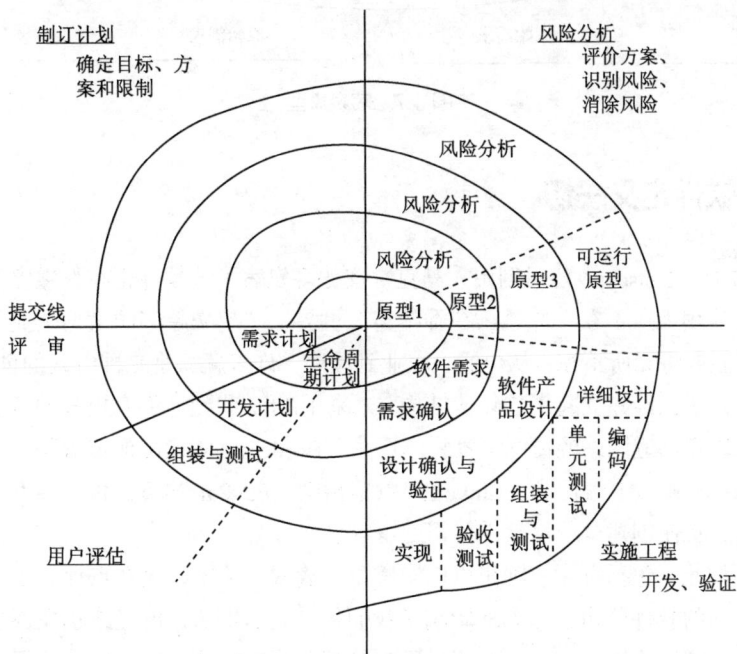

图 4.6　螺旋模型

5．喷泉模型

喷泉模型是一种面向对象的模型，主要用于描述面向对象软件的开发过程。与传统结构生命周期相比，喷泉模型具有更多的增量和迭代次数。每个生命周期阶段可以重叠和重复多次，子生命周期可以集成到整个项目生命周期中，就像水可以上下、中下喷射一样，如图 4.7 所示。与瀑布模型不同，它不要求在需求分析活动结束后才开始设计活动，设计活动结束后才开始编码活动，模型的每个阶段都没有明显的限制，开发人员可以同步进行开发。其优点是可提高软件项目的开发效率，节省开发时间，适应面向对象的软件开发过程。

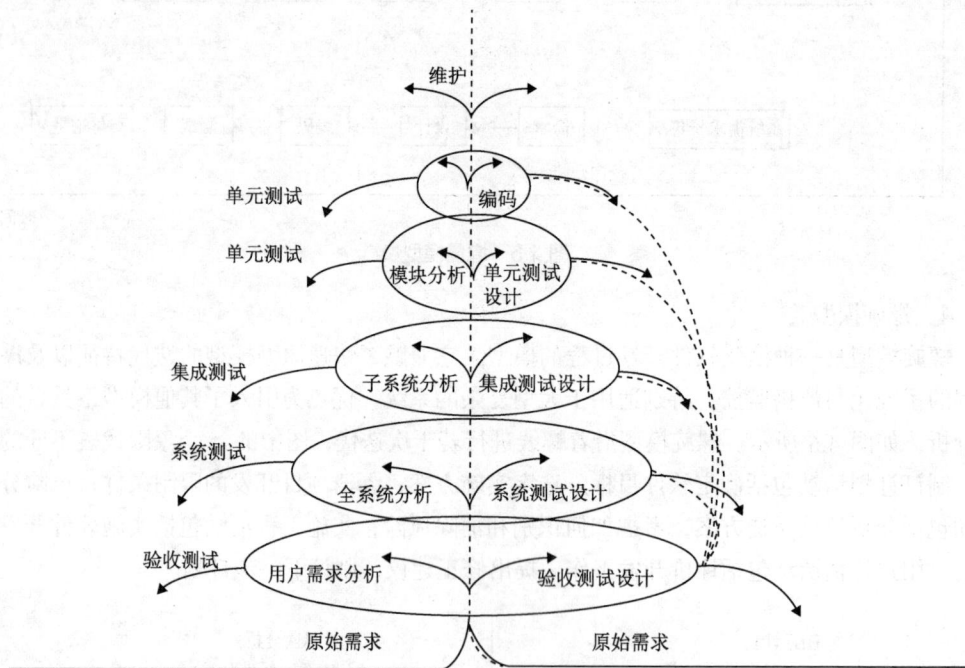

图 4.7   喷泉模型

4.5   软件定义一切

2011 年 8 月，Netscape 公司创始人马克·安德森发表了《软件正在吞噬整个世界》，认为当今的软件应用无所不在，并且正在吞噬整个世界："越来越多的大型企业及行业将离不开软件，网络服务将无所不在，从电影、农业到国防。许多赢家将是硅谷式的创新科技公司，它们侵入并推翻了已经建立起来的行业结构。未来 10 年，我预计将有更多的行业被软件所瓦解。"安德森以亚马逊网站颠覆图书零售"巨头"Borders、Netflix 颠覆视频行业、苹果颠覆音乐行业、Skype 颠覆电信行业、LinkedIn 颠覆招聘、PayPal 颠覆支付等为例，并指出基于互联网的服务，将使创建全球性软件公司变得容易。

我国也是如此，包括百度、阿里巴巴、腾讯、滴滴、美团、大众点评、小米、去哪儿等互联网公司在内的软件公司，深刻地影响了我们每个人的生活，已经或正在逐步颠覆教育、零售、金融、通信、旅游、交通、物流、医疗等行业。高德纳（Gartner）公司认为，软件定义一切不仅包括在基础设施可编程性标准提升下不断增长的市场势头，还包括由 OpenStack、OpenFlow、Open Compute Project 和 Open Rack 等实现共享共通的愿景。

我们正进入一个新时代，不同的人从不同的角度给这个时代起了不同的名字。从基础设施的角度来看，这是一个"互联网+"时代；从计算模式的角度来看，这是一个云计算时代；

从信息资源的角度来看，这是一个大数据时代；从信息应用的角度来看，这是一个智能化的时代。软件是一项重要的技术，从某种意义上说，这个时代是一个由软件定义的时代。

4.5.1　软件定义的概念

所谓软件定义，就是用软件去定义系统的功能，用软件为硬件赋能。

软件定义的核心是应用程序接口（Application Program Interface，API）。在 API 之上，一切皆可编程；API 之下，"如无必要，勿增实体"，即软件和硬件在逻辑上是等价的，以充分且必要的硬件为基础，通过软件可以实现任意丰富的功能。API 解除了软硬件之间的耦合关系，使得两者可以独立演化，有助于软件向个性化方向发展、硬件向标准化方向发展。简而言之，软件定义就是更多地由软件来驱动并控制硬件资源。

需要注意的是，软件定义其实是一个过程，不是一蹴而就的目标，它分成不同的阶段。软件定义逐渐将硬件与软件解耦，将硬件的可操控成分按需求、分阶段地通过编程接口或者以服务的方式逐步暴露给应用，分阶段地满足应用对资源的不同程度、不同广度的灵活调用。

4.5.2　软件定义的技术方向

软件定义朝着平台化和智能化两大方向发展。

平台化是指通过核心软件对硬件资源进行统一控制和分配，以及按需配置和分配。通过标准化的编程接口，释放上层应用软件和底层硬件资源之间的紧密耦合关系，使上层应用软件和底层硬件资源解耦，可以独立进化。平台化的关键在于开放系统架构、软件和硬件之间的解耦。没有开放的系统架构，就没有足够的可扩展性；没有软硬件的解耦，软件定义就不可持续发展。Linux 是"PC 时代"十分重要的平台解决方案，Android 是"后 PC 时代"非常重要的平台解决方案，除了 Linux 和 Android，还有各种各样的平台解决方案。在未来，这些基于平台的解决方案可能会融合到一个应用更强大、更广泛、更通用的统一平台中。

智能化的核心是算法。随着算法的发展，智能化程度将越来越高。软件定义将对人们的穿着、饮食、生活和行动方式产生重大影响，甚至会带来巨大的社会变革。在软件定义时代，软件生产将成为人类最基本、最重要的生产方式之一，而编程能力将成为决定国家实力的关键因素之一。

4.5.3　无处不在的软件

新技术的发展带来了物联网、大数据、云计算、区块链等诸多热门新词、概念和技术。我们可以看到，在这些新概念的背后，都有一个非常核心的关键技术，就是软件。在万物互联的时代，软件和算法成为云、网、端的核心，在数以百亿计的各种处理器上日夜运行的软件代码已经成为驱动这个世界正常运转和向前发展最为重要的力量之一，人的智力通过软件和算法快速向外延伸，极大地提高了各行各业的智能化程度和整个社会的智能化水平。软件定义势必快速向各个行业延伸，成为科技发展的重要推手，成为经济发展的主要动力。

自从"软件定义"这个概念出现以后，围绕硬件做部署，软件开始定义数据中心、定义网络、定义存储、定义计算等。

1. 软件定义数据中心

软件定义数据中心是将数据存储设备中所有元素的基础设施（CPU、网络安全、存储）

虚拟化后作为服务交付。软件定义数据中心将不再需要 IT 人员来操纵孤立的服务器、网络和存储，硬件将响应供应请求。若要配置规则，可通过 API 调用自动化和业务流程引擎，并从一个集中的环境内配置适当的资源。

软件定义数据中心包括三大核心功能，即服务器虚拟化、网络虚拟化和存储虚拟化，如图 4.8 所示。

服务器虚拟化是服务器用户和服务资源之间的一层面纱，旨在让普通用户不必去理解和管理复杂的服务器细节，同时提高资源共享和利用率。服务器虚拟化是软件定义的核心功能。

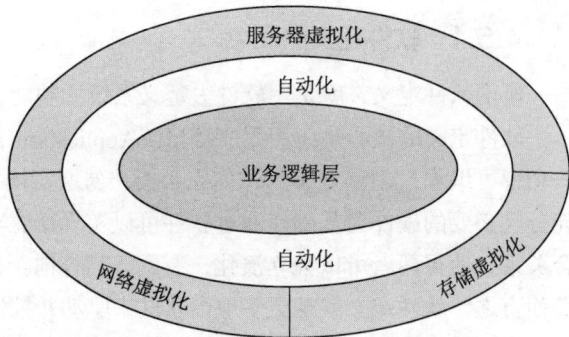

图 4.8　软件定义数据中心的核心功能

网络虚拟化是在一个网络中通过分配可用带宽来结合可用资源的方法，让每一条带宽都可以实时分配给一个特定的服务器或设备。

存储虚拟化是由多个网络存储设备的物理存储整合而形成的一种技术，它让用户感觉像是通过中控台管理单个存储设备。

2. 软件定义网络

软件定义网络（Software Defined Network，SDN）是美国斯坦福大学提出的一种网络创新体系结构，是实现网络虚拟化的一种手段。其核心技术 OpenFlow 将网络设备的控制面与数据面分离，可实现对网络流量的灵活控制，使网络作为管道更加智能化，为核心网络和应用的创新提供良好的平台。图 4.9 中，将网络虚拟化后构建 SDN 控制器，实现接口单一控制点。SDN 控制器通过向下调用接口（南向接口）来控制整个物理网络，因而可以获得全局的网络状态视图，并实现对网络的优化控制；SDN 控制器通过向上提供接口（北向接口）建立 SDN 应用层，可对网络实现集中式控制，简化了管理，减少了操作性问题，网络的可编程化程度和运行效率得到提高。

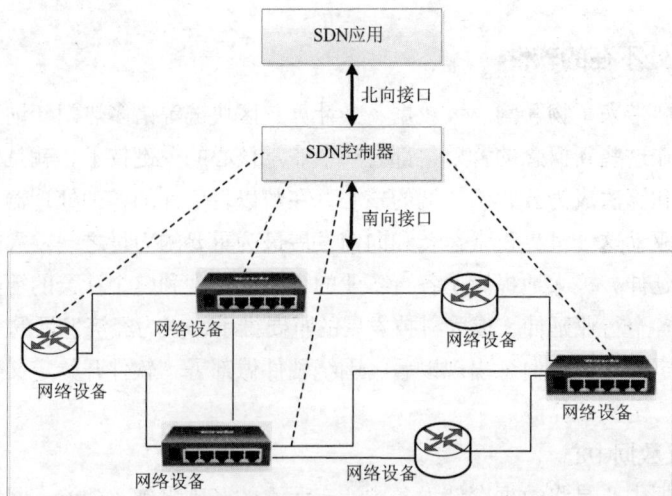

图 4.9　软件定义网络

3．软件定义存储

软件定义存储是一种能将存储软件与硬件分隔开的存储架构。不同于传统的网络附加存储或存储区域网络系统，软件定义存储一般在行业标准系统或 x86 系统上执行，从而消除了软件对专有硬件的依赖。

通过将存储软件与硬件分开，用户可以根据需要扩展存储容量，而不是仓促添加专有硬件。分离后，用户还可以根据需要升级或降级硬件。软件定义存储的优点有：自行选择运行存储服务的硬件，硬件不一定要来自同一家公司；采用横向扩展（而非纵向扩展）的分布式结构，允许对容量和性能进行单独调整，从而做到经济、高效；可以加入大量数据源（外部磁盘系统、磁盘或闪存资源、虚拟服务器以及基于云的资源），以构建自己的存储基础架构；可以基于容量需求自动进行性能调整，且无须管理员干预；不存在任何限制，传统的存储区域可无限扩展，不存在任何限制。

4．软件定义计算

软件定义计算是指服务器虚拟化。通过虚拟化，可以从底层硬件设备的硬件资源中提取抽象层，从而为系统提供不同于实际形式的资源。从本质上讲，硬件资源是有限的，服务器虚拟化打破了这些限制，将整个服务器虚拟化为一个逻辑实体，即虚拟机。虚拟化层可以在一台物理机器上运行多个操作系统。虚拟化层使操作系统独立于底层硬件，从而可以将各种基于服务器的服务整合到单个服务器上。

目前，服务器虚拟化技术相对成熟，市场上有许多商业化、开源的解决方案。现有商用产品在性能和基本功能方面的差异日益缩小，可用产品范围不断扩大，多种解决方案并存，主要区别在于虚拟化管理层的能力。后续该技术将从自动化运维、廉价易扩展的存储、灵活智能的网络托管、灵活便捷的灾难恢复等方面进行优化。

5．软件定义安全

软件定义安全是数据中心发展变化的产物，也是自适应安全体系结构的必然要求。软件定义安全可以分为 3 个层次，每个层次都拥有不同的功能。第一层能够随时随地按需提供云安全服务；第二层能够战略性地管理云安全；第三层能够实时干预安全决策，通常直到软件定义的安全性完成。

软件定义的网络安全解决方案，能以编程的方式创建软件驱动型抽象层，将网络连接和安全组件与底层物理网络基础架构完全分离，可确保硬件的独立性；可使网络连接与安全服务摆脱与硬件绑定的限制，实现无须人工干预即可添加或转移工作负载，使可扩展性和移动性得到增强。

6．软件定义工业制造

软件在工业制造中扮演着越来越重要的角色，如智能产品需要软件；产品设计中结构的创造需要软件；加工过程的控制、优化需要软件；管理调度优化需要软件；从采购到销售的整个供应链系统的优化需要软件等。软件技术是新一轮制造业革命的核心竞争力之一。智能制造业需要实现"硬件"、知识和工艺流程的软件化，进而实现软件的平台化，本质上即"软件定义"。如软件定义汽车（Software Defined Vehicle，SDV）成为重要发展趋势，软件带动汽车技术的革新，引领汽车产品差异化发展潮流，正逐渐成为汽车信息化、智能化发展的基础和核心。在"工业互联网""工业 4.0"和"制造强国战略"的发展蓝图中，软件定义将成为企业核心竞争力的战略需要。随着软件定义的泛化和扩展，人们期望软件能够为物理实体定义新的功能、性能和边界。

7．软件定义生活

当前，物联网时代的很多硬件产品都具有智能化、网络化的特点。很多产品都是智能终端，很多产品都连接到另一边的云计算中心，这些产品都出自软件定义。

在生活中，智能家居取代普通家居是不可避免的。当家里所有的房子都是智能的，整个房子就变成了智能终端，用户可以远程操控家里的智能设备，回家就可以吃热腾腾的饭菜。整个家庭的智能化是软件定义产品的结果，智能家居也源于软件定义。

在工作中，以前办公室是离线状态，现在办公室是在线状态，公司员工可以实现远程办公，各种管理流程都是通过网络、智能客服、智能人力资源、智能管理系统来实现的。软件定义的桌面生态使企业能够有序运行。

软件定义也与普通人的日常生活、工作和学习密切相关，这些都离不开软件定义的网络。用户可以不用出门，就能享受餐厅的美食，收到来自远方的快递；去超市购物只需要带一部手机扫码或通过刷脸付款，而不需要带现金；在一个智能餐厅里吃饭，滑滑手指，几分钟后就能吃到机器人炒的美味可口的饭菜；下班回家，用软件叫的车早已在楼下等候……

万物互联的生态具有在线、实时、全貌的特点，人们只要使用 PC 或手机浏览信息，就可以在互联网上留下年龄、爱好、跟踪、信用、性别等特征，成为数字透明的人。此外，数据收集方法也从征求数据提供者的意见主动收集数据转变为收集人们在不知不觉中留下的数据足迹；从单向数据采集过渡到共同创建新数据；数据后期处理成为高速同步处理。其结果是，当消费者到达某个地点时，智能手机可以实时获得附近的优惠信息，通过数据挖掘的个性化餐饮、旅游、购物等信息吸引消费者。数据采集也广泛应用于卫生、医疗、教育、保险、金融、信贷等行业，使人们的生活更加智能化。

8．软件定义世界

我们正在步入一个"万物皆可互联、一切皆可编程"的新时代，软件代码将成为一种重要的资产形式，软件编程将成为一种非常有效的生产方式。软件定义将迅速引发各个行业的变革。从软件定义无线电、软件定义雷达，到软件定义网络、软件定义存储、软件定义数据和知识中心，到软件定义汽车、软件定义卫星，再到软件定义制造、软件定义服务等，软件定义将成为科技发展的重要推手，极大地提高各行各业的智能化程度和整个社会的智能化水平。除此之外，人们甚至在探索基因可编程，将人类意识转移到人工智能上等研究，即软件定义人类。人类在生命的探索上一直没有停步，现在的各种可穿戴设备，正是人类探索延长寿命的另一种路径。或许，软件完全定义人类之时，也就是软件定义一切的终极时代。

4.5.4　软件定义的挑战

随着人、机、物的融合，软件规模庞大且持续增长，系统的复杂度越来越高，软件定义的挑战不可避免，主要体现在体系结构设计决策、系统质量、系统安全、更轻量的虚拟化、从原有系统到软件定义系统平滑过渡、高度自适应智能软件平台等几个方面。

（1）体系结构设计决策，包括如何确定受管元素的合理"粒度"和"层次"，如何界定软硬件的功能划分并组装、配置相应元素等。

（2）系统的质量，需要解决的问题有如何合理平衡管理灵活性和"虚拟化"后的性能损耗（与直接访问原系统相比），如何降低"软件实现"的复杂性和故障率，有效定位故障以保障可靠性等。

（3）系统安全，对硬件资源管理可编程带来开放性、灵活性的同时，也可能会带来更多的安全隐患。对于工业控制等安全攸关领域来说，可能会带来难以估量的损失。

（4）更轻量的虚拟化。虚拟化可实现对硬件资源的软化，是软件定义的基础技术，现有以虚拟机为单位的技术过于重载，难以满足性能和实时性要求。

（5）原有系统到软件定义系统平滑过渡。如何将原有系统平滑过渡到软件定义系统？通过对已有的资源进行大幅度的改造，我们需要安装新的硬件，需要开发新的软件管理系统，以及面临人力、时间、经济、风控等因素。这个平滑过渡也需要合理的方案，否则很难做成。

（6）高度自适应智能软件平台。从"软件人"追求的目标来看，我们想追求一种更为高度自适应的智能软件平台。现在的平台是以硬件资源为中心的，如果基础设施层发生变化，软件平台就要发生改变，改完之后，上面的应用也可能发生改变。我们追求的理想方式是，软件平台具有预测和管理未来硬件资源变化的能力。

本章小结

本章从软件的概念开始，详细讲解了软件的含义、软件的特征和发展历程，使读者建立了对软件的初步认识。通过对软件分类的介绍及典型软件举例说明，加深了读者对软件的理解。在软件的生命周期及基本任务部分，阐述了软件生命周期的概念、软件开发和软件维护三大阶段及对应的主要任务，为读者了解软件开发过程奠定了基础。本章最后从软件定义一切为核心，以典型案例为驱动，详细讲解了软件定义的概念、技术发展方向、应用场景，最后也结合软件定义的发展现状提出了软件定义面临的挑战。

本章习题

1. 什么是软件？软件有哪些特征？
2. 软件有哪些类别？举例说明。
3. 什么是软件的生命周期？
4. 软件开发分为哪几个阶段？其主要任务有哪些？
5. 什么是软件定义？
6. 软件定义主要包括哪些方面的内容？
7. 软件定义面临的挑战是什么？

第 5 章

计算机网络

学习目标

- 了解计算机网络的发展概况。
- 掌握计算机网络的概念及分类。
- 掌握常见网络传输介质与通信设备的作用。
- 熟悉互联网的常见术语。
- 熟悉移动互联网的应用。

本章重点

- 计算机网络的概念及分类。
- 常见网络传输介质与通信设备的作用。
- 互联网的专业术语。
- 移动互联网的应用。

伴随着计算机技术和网络技术的发展与普及，计算机网络在人们学习、教育、工作和生活等方面起到了不容忽视的作用，逐渐成为人们生活的必需品，人们对计算机网络的依赖与日俱增，计算机网络不可替代性和不可逆转性的需求日益明显。例如农业、工业、海上、天空、宇宙、核辐射环境等领域，随处可见计算机网络技术的应用。

5.1　计算机网络基础

网络是一个复杂的互连系统，互连的对象是物体或人。网络就在我们的身边，甚至在我们体内的神经系统和循环系统都是网络。

《美国传统词典》（*American Heritage Dictionary*）将网络定义为"交叉或互连的线路或通道的系统"。当然，我们都听说过电视网络、电话网络。按照字典的定义，我们可以把高速公路系统或在全国往来的铁路也称为网络。你还可以想到哪些其他的例子？

5.1.1　计算机网络的概念与分类

在给出计算机网络的定义之前，我们先来回顾前面提到的所谓"网络"的概念。"网络"通常是指为了达到某种目标而以某种方式联系或组合在一起的对象或物体的集合。例如日常生活中四通八达的交通系统、供水或供电系统、邮政系统等都是某种形式的网络。

1．计算机网络的概念

什么是计算机网络？这个问题多年来一直没有一个严格的定义，且随着计算机技术和通信技术的发展而具有不同的内涵。目前一些比较权威的看法是：所谓计算机网络就是通过线路互连起来的、自治的计算机集合，确切地讲，就是将分布在不同地理位置上、具有独立工作能力的计算机、终端及其附属设备用通信设备和通信线路连接起来的，并配置网络软件，以实现计算机资源共享的系统。

"地理位置不同"是指计算机网络中的计算机通常都处于不同的地理位置。这些计算机位于不同的城市、省份乃至不同的国家。事实上，在绝大部分情况下，我们不知道也不需要知道它所处的确切位置。地理位置分布性所形成的空间障碍，是以组建计算机网络的方式来实现资源共享的原始驱动因素。

在计算机网络中，能够提供信息和服务能力的计算机是网络的资源，而索取信息和请求服务的计算机则是网络的用户。随着计算机通信网络的广泛应用和网络技术的发展，计算机用户对网络提出了更高的要求，既希望共享网内的计算机系统资源，又希望调用网内的几个计算机系统共同完成某项任务，这就要求用户使用计算机网络的资源像使用自己的主机系统资源一样方便。为了实现这个目的，除了要有可靠、有效的计算机和通信系统，还要制定一套全网一致遵守的通信规则来控制、协调资源共享。

计算机网络的功能主要表现在资源共享和数据通信两个方面。

（1）资源共享：可以在全网范围内进行硬件资源、软件资源、数据、文件的共享，既节省用户的投资，又便于集中管理。

（2）数据通信：在计算机网络中为分布在各地的用户提供了强有力的通信手段。用户可以随时进行即时通信、发送电子邮件、发朋友圈或进行电子商务活动。

2．计算机网络的分类

当我们研究一些较为复杂的对象或问题时，常常会采用分门别类的方法来突出被研究对象或问题的某些特性。例如对人进行分类时，我们可以根据不同的肤色、年龄、性别等方法进行分类。同样，计算机网络也可以按照覆盖的地域范围、拓扑结构、网络协议、用途等进行分类。

（1）按照物理覆盖范围分类

这类网络分类方法包括网络分布的地理区域，简要地说，就是按网络的规模分类。使用这种方法，可以大致地将网络分为 3 种类别：局域网、城域网、广域网。这些类别在某种程度上和网络规模（即计算机和用户的数目）有关（局域网通常比城域网小，城域网又比广域网小）。它们也在某种程度上与财政资源有关（广域网在安装和维护上一般比局域网昂贵），但最重要的决定因素是网络所覆盖的地理区域。

① 局域网（Local Area Network，LAN）是最常见、应用最广的一种网络。它是在局部地域范围内的网络，所覆盖的地域范围较小，连接距离一般是几米至 10km。举例来说，LAN 可以由一个家庭或办公室，距离几米的两台 PC 组成，它也可以包括摩天大楼里若干层的成

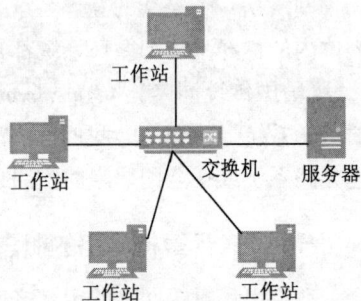

图 5.1 LAN 简单布局

百上千台计算机，在有些情况下，甚至可以是距离很近的几栋写字楼里的成百上千台计算机。图 5.1 所示为 LAN 简单布局。

② 城域网（Metropolitan Area Network，MAN）一般是指在一个城市，但不在同一地理范围内的计算机互连。这种网络的连接距离为 10~100km，MAN 与 LAN 相比扩展的距离更远，连接的计算机数量更多，在地理范围上可以说是 LAN 的延伸。在一个大型城市，一个 MAN 通常连接着多个 LAN，如连接学校的 LAN、医院的 LAN、电信的 LAN、企业的 LAN 等。由于光纤连接的引入，使 MAN 中高速的 LAN 互连成为可能。图 5.2 所示的例子为 MAN 简单布局。

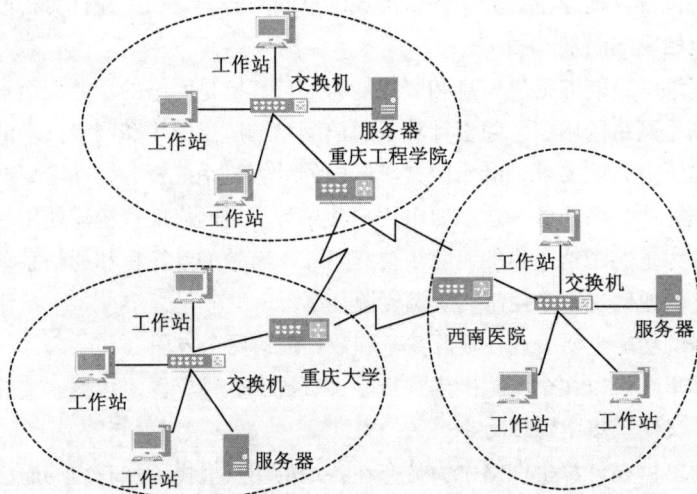

图 5.2 MAN 简单布局

③ 广域网（Wide Area Network，WAN）所覆盖的范围比城域网更广，一般是不同城市之间的 LAN 或者 MAN 互连，连接距离可从几百千米到几千千米，因而有时也称之为远程网。WAN 是因特网的核心部分，其任务是通过长距离（例如，跨越不同的国家）运送主机所发送的数据。图 5.3 所示为 WAN 简单布局。连接 WAN 各节点交换机的链路一般是高速链路，具有较大的通信容量。

（2）按照拓扑结构分类

拓扑（Topology）结构是指网络单元的地理位置和互连的逻辑布局，也就是网络上各节点的连接方式和形式。物理拓扑指的是网络的形状——电缆的布线方式，逻辑拓扑指的是信号从网络的一个点到达另一个点所采用的路径。比较常见的拓扑结构有总线型、星形和环形，在此基础上还可以连成网状型、混合型。

① 总线型：顾名思义，是按照直线布局的网络。"线"实际上并不一定是物理上的直线，电缆可以从一台计算机到另一台计算机，然后到达下一台，依此类推，如图 5.4 所示。

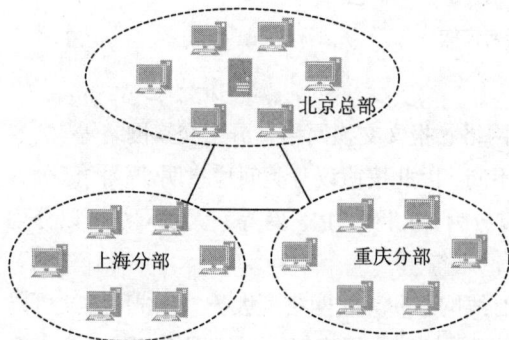

图 5.3 WAN 简单布局

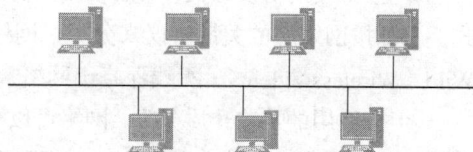

图 5.4 总线型结构

② 环形：如果将总线型上最后一台计算机与第一台计算机相连接，就形成了环形拓扑。在环形拓扑中，每台计算机都与另外两台相连，信号可以一圈圈地按照环形传播，如图 5.5 所示。因为环形没有端点，所以就不需要（或者不可能有）终结。

③ 星形：在星形拓扑结构中，网络中的各节点通过点到点的方式连接到一个中央节点（又称中央转接站，一般是交换机）上，由该中央节点向目的节点传送信息，如图 5.6 所示。中央节点执行集中式通信控制策略，因此中央节点相当复杂，负担比各节点重得多。在星形网中，任何两个节点要进行通信都必须通过中央节点控制。

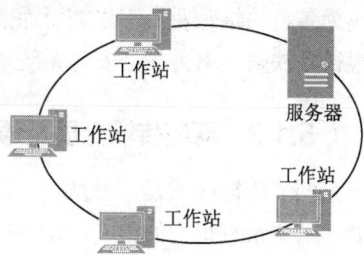

图 5.5 环形结构

④ 网状结构：网状是一种不太常见的拓扑形式，它不像前面讨论的 3 种拓扑那样常用。在网状网络中，每台计算机都与网络中其他各台计算机直接相连，如图 5.7 所示。

⑤ 混合结构：混合这个词在表示网络拓扑中有多种用法，这里指结合了两种或两种以上标准拓扑形式。举例来说，在星形布局中，可能让几台交换机与几台计算机各自相连，然后以线性总线型的形式连接交换机，如图 5.8 所示。

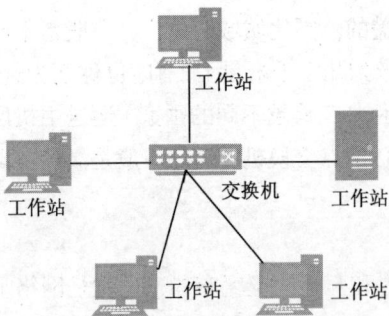

图5.6　星形结构

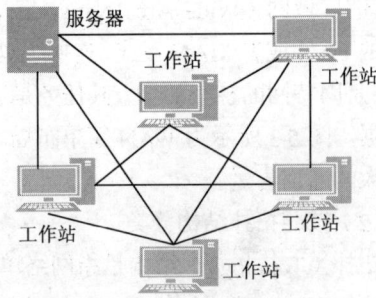

图5.7　网状结构

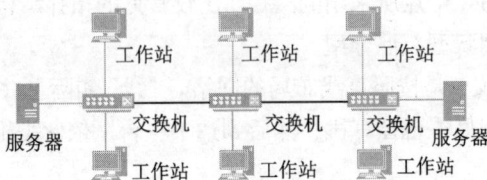

图5.8　混合结构

（3）其他分类方式

① 按交换技术分类，网络可分为电路交换网络、报文交换网络、分组交换网络等。

② 按采用的协议分类，每层使用的协议都不同，因此按协议分类时应指明协议的区分方式。例如按网络层的关键协议来分类，网络可以分为 IP 网、IPX 网等，无线网络可以分为 WiFi（Wireless Fidelity，无线保真）网络、蓝牙网络等。

③ 按使用的传输介质分类，网络可以分为有线网络和无线网络两大类。有线网络又可以分为双绞线网络、同轴电缆网络、光纤网络、光纤同轴混合网络等。无线网络又可分为无线电、微波、红外等类型。

④ 按网络的使用者进行分类，网络可以分为公用网（Public Network），这是指电信公司（国有或私有）出资建造的大型网络；专用网（Private Network），这是某个部门、某个行业为各自的特殊业务工作需要而建造的网络，这种网络不对外提供服务，例如，政府、军队、银行、铁路、电力、公安等系统均有本系统的专用网。

5.1.2　网络传输介质及通信设备

网络传输介质是信号从一个网络设备传输到另一个网络设备的物理通道。它对网络数据通信的质量有很大的影响。常用的网络传输介质有 4 种：同轴电缆、双绞线、光纤、无线传输介质。

1．同轴电缆

同轴电缆对于大部分使用过有线电视的人来说是不陌生的。它有一条被包围在绝缘层中的铜芯（可以是多股也可以是单股铜芯），信号在这条铜芯中进行传输。包围绝缘层的是一种由金属薄膜或者金属线做成的导线。在绝缘层外面的这一条导线的长度与电缆的长度相同，因而这种电缆被称为同轴电缆。图 5.9

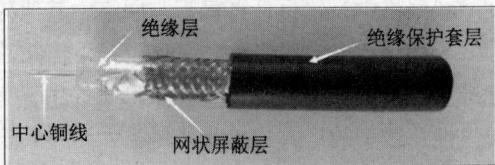

图5.9　同轴电缆

所示为同轴电缆的结构。同轴 10Base 5/2 电缆可以具有 10Mbit/s 的传输速率。10Base-5 的最大分段长度约为 500m/段，10Base-2 约为 180m/段。

同轴电缆的类型和级别比较多，其中许多类型的电缆用于特殊目的的网络，例如连接科学设备和其他专用设备。下面将要讨论的类型与在表 5.1 中所总结的类型是常用的用于个人计算机局域网的电缆类型。

表 5.1　同轴电缆的类型与特性

名称	常用名	网络使用	说明
RG-11	粗缆	10Base-5	直径为 0.5in（1in=2.54cm）的粗同轴电缆
RG-58 A/U	细缆	10Base-2	直径为 0.25in 的细同轴电缆
RG-58C/U	细缆（军用规格）	10Base-2（军用）	细同轴电缆
RG-62	ARCnet	ARCnet 网络	细同轴电缆

2．双绞线

双绞线是目前应用最普遍的传输介质。这种线缆之所以被称为双绞线，是因为在电缆的外皮中有一对对相互绝缘的铜线缠绕在一起以防止串线（即信号从一条线路"泄漏"到另一条线路中）。随着所缠绕的线的对数的增加，防止串音的能力也增强。

模拟传输和数字传输都可以使用双绞线，其通信距离一般为几千米到十几千米。距离太长时就要增加放大器，以便将衰减的信号放大到适合传输的数值（对于模拟传输），或者加上中继器以便将失真的数字信号进行整形（对于数字传输）。导线越粗，其通信距离就越远，但导线的价格也越高。在数字传输时，若传输速率为每秒几兆比特，则传输距离可达几千米。

双绞线通常有两大类，分别是非屏蔽双绞线（Unshielded Twisted Pair，UTP）和屏蔽双绞线（Shielded Twisted Pair，STP），如图 5.10 所示。现在应用比较普遍的是非屏蔽双绞线。

非屏蔽双绞电缆是在局域网中普遍使用的电缆类型，其价格相对便宜，具有柔韧性且易于使用，使用 RJ-45 型接口；它的外形和使

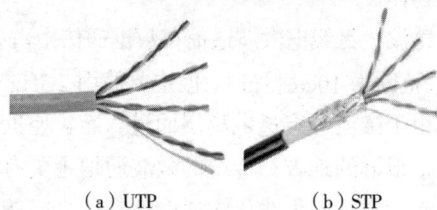

（a）UTP　　（b）STP

图 5.10　双绞线

用方法与较小的 RJ-11 型模块化电话连接器类似，使用星形拓扑。

3．光纤

光纤（又被称为光缆）是一种较新型的、数据传输速度较高的，但相对来说价格较高的传输介质，在今后相当长的时期内都将被继续使用，主要原因是这种传输介质具有很大的带宽。光纤与由电导体构成的传输介质最根本的差别是，它传输的信息是光束，而非电信号，因此，光纤传输的信号不受电磁波的干扰。

光纤通常由非常透明的石英玻璃拉成细丝，主要由纤芯和包层构成双层通信圆柱体，如图 5.11 所示。纤芯很细，其直径只有 8~100μm（1μm = 10^{-6}m）。光波正是通过纤芯进行传导的。

根据光在光纤中的传播方式，光纤可分为两种类型：单模光纤和多模光纤。

单模也被称为轴向模式，这是因为光波沿着光缆的轴线方向传输。

在多模光纤中，光波以不同的角度进入玻璃管中，并沿着非轴向传输，这意味着光波可能被玻璃管壁反射回来并继续向前传输。

图 5.11　光纤

要使用光纤传输信号，在发送端要有光源，可以采用发光二极管或半导体激光器，它们在电脉冲的作用下能产生光脉冲。在接收端用光电二极管做成光检测器，将检测到的光脉冲还原成电脉冲。

4．无线传输介质

无线网络技术逐渐发展成为一种流行的网络技术。虽然无线传输方式与电缆连接相比传输速度慢得多，但是在某些特殊的情况下无线传输有其显著的优势。无线局域网通常使用红外线或者射频信号传输信息，便携式计算机上使用的红外线装置就有这样的设备。另外，微波和卫星连接也可以无线传输数据，但是这两种方式主要应用于广域网通信或者远距离的局域网通信。

红外线：红外线（Infrared，IR）技术被许多人所熟识，通常用在遥控器中。通过使用位于红外频率波谱中的锥形或者线形光束来传输数据信号，可以将红外技术应用到无线局域网中。红外线的频率非常高，在光谱中仅次于可见光频率。但是传输距离受限制，不能通过不透明物体。

微波：无线电微波通信在数据通信中占有重要地位。微波的频率范围为 300MHz~300GHz（波长范围为 10cm~1m），但主要使用 2GHz~40GHz 的频率范围。微波在空间主要以直线传播。

由于微波可穿透电离层而进入宇宙空间，因此它不像短波那样可以经电离层反射传播到地面上很远的地方。传统的微波通信主要有两种方式：地面微波接力通信和卫星通信。

除此之外，无线传输通信还有激光、蓝牙等多种方式。

在计算机网络中，除了传输介质，还有大量的用于计算机之间、网络与网络之间的连接设备，这些设备称为通信设备，一般包括中继器、交换机、路由器、防火墙等。

1．中继器

中继器是十分简单的网络连接设备，如图 5.12 所示。在计算机网络中，信号在传输介质中传递时，传输介质的阻抗会使信号越来越弱，导致信号衰减失真，当网线的长度超过一定限度后，若想再继续传递下去，必须将信号整理放大，恢复成原来的强度和形状。

中继器

图 5.12　中继器连接网络

中继器的主要功能就是对收到的信号重新整理，使其恢复原来的波形和强度，然后继续传递下去，以实现更远距离的传输。

2．交换机

"交换机"是一个舶来词，源自英文"Switch"，我国在引入这个词时，译为"交换"。

它是一种用于电（光）信号转发的网络设备，如图 5.13 所示。如果你想使几台计算机能够相互对话交流，相互传输数据，就可以使用交换机。交换机就像我们常用的接线板，当有多个电器却只有一个电源插座时可以用接线板。将电器接到接线板上，接线板接到电源插座上。网吧、公司这些有很多计算机设备的地方，通常需要用好几台交换机互连才能组建局域网。

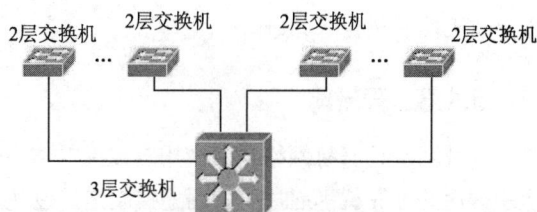

图 5.13　交换机连接

　　像其他产品一样，交换机也有很多品牌，例如华为、华三、思科、中兴、锐捷、TP-LINK、D-LINK 等。

3．路由器

　　交换机主要连接企业内部局域网，如果国与国之间、省与省之间要进行广域网的连接，那需要什么设备呢？它就是路由器（Router）。路由器是互联网络的枢纽、“交通警察”。同时，公司内部的计算机要上 Internet，也需要用到路由器作为出口，家里上网也一样。

　　路由器的主要功能是对不同网络之间的数据包进行存储、分组转发处理。简单来说，就如同快递公司发送邮件，邮件并不是瞬间到达最终目的地，而是通过不同分站的分拣，不断接近最终地址，找到收件人，从而实现邮件的投递过程。路由器好比分站，为一台计算机发起的数据找到一条送给另外一台计算机的最佳路径，如图 5.14 所示。

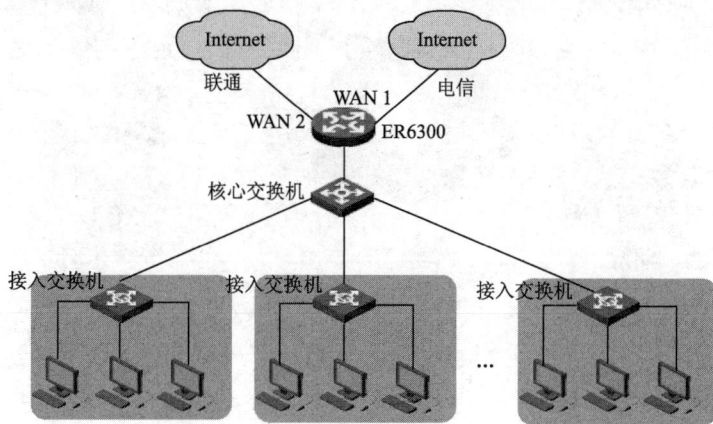

图 5.14　路由器连接网络

　　与交换机一样，路由器的品牌也很多，一般情况下，生产交换机的厂商也生产路由器。

4．防火墙

　　防火墙（Firewall）分为硬件防火墙和软件防火墙，是位于内部网和外部网之间的屏障。它在网络中实现两个最基本的功能：划分网络的边界和加固内网的安全。

　　一般情况下，防火墙从内部网访问外部网默认是允许的，但是从外部网访问内部网，默认是禁止的。这种情况就像外人到某小区或单位，从里面出来的时候一般不管，但是如果想从外面进去，那就不一定允许进入了。防火墙类似“门卫”，起到了隔绝内外的作用。

　　防火墙的分类比较广，有防病毒的，有防攻击的，有限制访问的。

常见的硬件防火墙有华为、天融信、深信服、网康等品牌，软件防火墙有 ZoneAlarm、瑞星、天网、风云等品牌。

5.1.3 局域网

局域网是计算机网络技术应用与发展非常活跃的一个方向。公司、企业、政府部门及住宅小区内的计算机都通过局域网连接起来，以达到资源共享、信息传递与数据通信的目的。

局域网是局部地区形成的一个区域网络，其特点是分布范围有限，可大可小，大到一栋建筑与相邻建筑之间的连接，小到办公室之间的连接。局域网相对其他网络传输速度更快，性能更稳定，框架简易，并且具有封闭性。

局域网根据连接方式不同可以分为有线局域网和无线局域网。

1．有线局域网

有线局域网把分布在数千米范围内的不同物理位置的计算机设备连在一起，在网络软件的支持下可以相互通信和资源共享。有线局域网大体由计算机设备、网络连接设备、网络传输介质三大部分构成。其中，计算机设备又包括服务器与工作站等；网络连接设备则包括网卡、交换机等；网络传输介质简单来说就是网线，包括同轴电缆、双绞线及光缆等。局域网结构如图 5.15 所示。

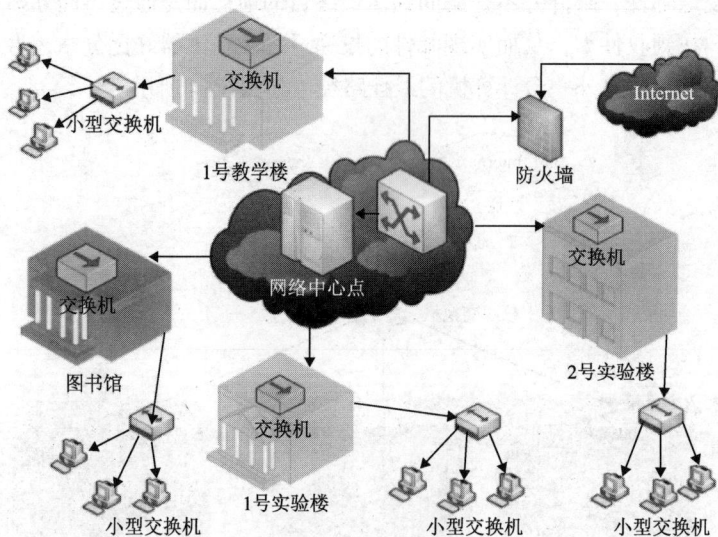

图 5.15　局域网结构

一般来说，局域网有以下特点：

（1）为一个单位所拥有，且地理范围和站点数目均有限；

（2）具有较高的通信速率，局域网的传输速率在 100Mbit/s 数量级以上，可达 1Gbit/s；

（3）具有较低的误码率，一般为 $10^{-11} \sim 10^{-8}$；

（4）各站点为平等关系而不是主从关系；

（5）能支持简单的点对点或多点通信；

（6）支持多种传输介质。

2．无线局域网

无线技术给人们带来的影响是无可争议的。借助无线局域网技术，人们可以在家庭、办公室、学校、宾馆、机场、会议中心等处轻松接入互联网，随意地发送电子邮件，获取档案及上网浏览，享受无线移动网络带来的高效与自由沟通的便利。

无线局域网（Wireless LAN，WLAN）是指去除了传统网络中的网络传输线缆，利用微波等无线技术进行信息传递的局域网。无线局域网结构如图 5.16 所示。

目前无线网络技术已相当成熟，广泛应用于各种领域。现在，高速无线网络的传输速率完全能满足一般的网络传输要求，包括传输文字、声音、图像等，甚至可以多路声音、图像并发传输。无线网络的最大传输距离可达到几十千米，甚至更远。它不受障碍物限制，速率较高，架设也很方便，组网迅速，可将局域网扩大到整个城市。

图 5.16　无线局域网结构

5.2　互联网技术

互联网技术是指在计算机技术的基础上开发建立的一种信息技术。互联网技术通过广域网使不同的设备相互连接，加快信息的传输速度，拓宽信息的获取渠道，促进各种不同的软件应用的开发，改变了人们的生活和学习方式。互联网技术的普遍应用，是进入信息社会的标志。

5.2.1　互联网概述

互联网指的是网络与网络之间所串连成的庞大网络。这些网络以一组通用的协议相连，形成逻辑上的单一巨大网络。通常 internet 指互联网，而 Internet 则指因特网，Internet 是当今规模最大的互联网，下面主要以 Internet 为例介绍互联网。

Internet 始于 1969 年的美国，是美军在 ARPANET（阿帕网）的基础上，先用于军事连接，后将美国 4 台主要的计算机连接起来。

另一个推动 Internet 发展的广域网是 NSF 网，它最初是由美国国家科学基金会资助建设的，目的是连接全美的 5 个超级计算机中心，供美国 100 多所大学共享它们的资源。NSF 网采用 TCP（Transmission Control Protocol，传输控制协议）/IP，且与 Internet 相连。

ARPANET 和 NSF 网最初是为军事和科研服务的，其主要目的是为用户提供共享大型主机的宝贵资源。随着接入主机数量的增加，越来越多的人把 Internet 作为通信和交流的工具。一些公司还陆续在 Internet 上开展了商业活动。随着 Internet 的商业化，其在通信、信息检索、客户服务等方面的巨大潜力被挖掘出来，Internet 有了质的飞跃，并最终走向全球。

Internet 并不等同万维网，万维网只是基于超文本相互链接而成的全球性系统，是 Internet 所能提供的服务之一。

5.2.2　常见术语

对于现代用户来说，Internet 看起来非常简单。只需连接运营商网络，输入账户名和密码，就可以上网了。多数人不喜欢或不理解技术的复杂性，这些技术可以做的事比他们在打开电视、调到喜欢的节目时所理解的"实际"发生的事要多得多。

下面介绍一些 Internet 中的常见术语。

1．专业术语

（1）ISP

因特网服务提供方（Internet Service Provider，ISP）即向广大用户综合提供 Internet 接入业务、信息业务和增值业务的电信运营商。ISP 是经国家主管部门批准的正式运营企业，享受国家法律保护。国内三大 ISP 是中国电信、中国移动、中国联通。

（2）Web 服务器

Web 服务器也称为 WWW 服务器，其主要功能是提供网上信息浏览服务。WWW 是 Internet 的多媒体信息查询工具，也是 Internet 上发展最快和目前应用最广泛的服务。Web 服务器必须拥有与 Internet 的连接和公共 IP 地址（通过它来标识）。正是因为有了 WWW 工具，才使得近年来 Internet 迅速发展，且用户数量飞速增长。

（3）域名

域名（Domain Name）又称网域，是由一串用点分隔的名字组成的、Internet 上某一台计算机或计算机组的名称（如 baidu.com），用于在数据传输时对计算机的定位标识（有时也指地理位置）。

由于 IP 地址具有不方便记忆并且不能显示地址组织的名称和性质等缺点，人们设计出了域名，并通过域名系统将域名和 IP 地址相互映射，使用户可更方便地访问 Internet，而不用去记住能够被机器直接读取的 IP 地址数串。

（4）域名系统

域名系统（Domain Name System，DNS）是 Internet 的一项服务。它作为将域名和 IP 地址相互映射的分布式数据库，能够使用户更方便地访问 Internet。把 "www.baidu.com"输入 Web 浏览器，请求到达 DNS 服务器，服务器将名称转换成 IP 地址。浏览器使用 IP 地址为 Internet 上的 Web 服务器定位，随后发送一个请求页面的消息。Web 服务器返回组成请求页面的文件，页面在用户的浏览器中显示。

（5）HTTP

超文本传送协议（HyperText Transfer Protocol，HTTP）是用于从 WWW 服务器传输超文本到本地浏览器的传送协议。它可以使浏览器更加高效，使网络传输减少。它不仅能保证计算机正确快速地传输超文本文档，还能确定传输文档中的哪一部分，以及哪部分内容首先显示（如文本先于图形）等。这就是用户在浏览器中看到的网页地址都是以"http://"开头的原因。

（6）URL

统一资源定位系统（Uniform Resource Locator，URL）是 Internet 的万维网服务程序上用于指定信息位置的表示方法。URL 由 3 部分组成：资源类型、存放资源的主机域名、资源文件名。例如 http://www.ptpress.com.cn。

（7）HTML

超文本标记语言（HyperText Markup Language，HTML）是一种标记语言，它包括一系列标签。通过这些标签，可以将网络上的文档格式统一，使分散的 Internet 资源连接为一个逻辑整体。HTML 文本是由 HTML 命令组成的描述性文本，HTML 命令可以描述文字、图形、动画、声音、表格、链接等。

超文本是一种组织信息的方式，它通过超级链接方法将文本中的文字、图表与其他信息媒体相关联。这些相互关联的信息媒体可能在同一文本中，也可能是其他文件，或是地理位置相距遥远的某台计算机上的文件。这种组织信息方式将分布在不同位置的信息资源随机连接，为人们查找、检索信息提供方便。

（8）搜索引擎

搜索引擎是指根据一定的策略、运用特定的计算机程序从 Internet 上搜集信息，在对信息进行组织和处理后，为用户提供检索服务，将用户检索相关的信息展示给用户的系统。搜索引擎包括全文索引、目录索引、元搜索引擎、垂直搜索引擎、集合式搜索引擎、门户搜索引擎与免费链接列表等。百度和谷歌等是搜索引擎的代表。

2．通用术语

（1）"互联网+"

"互联网+"是互联网思维的进一步实践成果，其可推动经济形态不断地发生演变，从而增强社会经济实体的生命力，为改革、创新、发展提供广阔的网络平台。通俗地说，"互联网+"就是"互联网+各个传统行业"，但这并不是简单的将两者相加，而是利用信息通信技术及互联网平台，让互联网与传统行业进行深度融合，创造新的发展生态。它代表一种新的社会形态，即充分发挥互联网在社会资源配置中的优化和集成作用，将互联网的创新成果深度融合于经济、社会各领域之中，提升全社会的创新力和生产力，形成更广泛的以互联网为基础设施和实现工具的经济发展新形态。

（2）人工智能

人工智能是研究、开发用于模拟、延伸和扩展人的智能的理论、方法、技术及应用系统的一门新的技术科学。

人工智能是计算机科学的一个分支，它企图了解智能的实质，并生产出一种新的能以人类智能相似的方式做出反应的智能机器，该领域的研究包括机器人、语言识别、图像识别、自然语言处理和专家系统等。人工智能从诞生以来，理论和技术日益成熟，应用领域也不断扩大，可以设想，未来人工智能带来的科技产品将会是人类智慧的"容器"。人工智能可以对人的意识、思维的信息过程进行模拟。人工智能不是人的智能，但能像人那样思考，也可能超过人的智能。

（3）VR 和 AR

虚拟现实（VR）囊括计算机、电子信息、仿真技术，其基本实现方式是计算机模拟虚拟环境从而给人以环境沉浸感。就是借助硬件设备（例如戴上一个头盔），让人看见相应的场景，有种身临其境的感觉，但是这种场景与真实的环境没有任何关系。

增强现实（AR）是一种将虚拟信息与真实世界巧妙融合的技术，广泛运用了多媒体、三维建模、实时跟踪及注册、智能交互、传感等多种技术手段，将计算机生成的文字、图像、三维模型、音乐、视频等虚拟信息模拟仿真后，应用到真实世界中，两种信息互为补充，从而实现对真实世界的"增强"。AR 与 VR 的区别就是，AR 是虚拟和现实的结合。

（4）生态系统

传统的生态系统是在自然界一定的空间内，生物与环境构成的统一整体。例如：热带雨林、大草原、湿地。除了阳光的输入，内部生态相互制约、相互调节，自成一体。

互联网生态系统是以互联网技术为核心，以用户价值为导向，通过跨界纵向产业链整合、横向用户关系圈扩展，打破工业化时代下产业边界和颠覆传统商业生态模式，实现"链圈"式价值重构的生态体系。

（5）新媒体、自媒体

新媒体是利用数字技术，通过计算机网络、无线通信网、卫星通信系统等渠道，以及计算机、手机、数字电视机等终端，向用户提供信息和服务的传播形态。从空间上来看，新媒体特指当下与传统媒体相对应的，以数字压缩和网络技术为支撑，利用其大容量、实时性和交互性，可以跨越地理界线最终得以实现全球化的媒体。

狭义自媒体是指以单个的个体作为新闻制造主体而进行内容创造的，拥有独立用户的媒体。

广义自媒体是指从自媒体的定义出发，它区别于传统媒体主要体现在信息传播渠道、受众、反馈渠道等方面。这样自媒体的"自"就不再是狭隘的了，它是区别于第三方的自己。传统媒体是把自己作为观察者和传播者，而自媒体可以理解为"自我言说"者。因此，在宽泛的语义环境中，自媒体不单单是指个人创作，群体创作、企业微博（微信等）都可以算是自媒体。

（6）B2B、B2C、C2C、O2O

在一般简称中，2是英文"to"的意思（可简单理解为"到"或者"连接"的意思）。这里的 B 是商家的意思，C 是个人。B2B 是商家卖东西给商家，一般的网上批发商城都是这种模式。B2C 就是商家卖东西给个人，京东和天猫采用的就是这种模式。当然还有 C2C，就是个人卖东西给个人，淘宝采用的就是这种模式。

O2O 中的两个"O"不是一个意思，分别指 Online（线上）和 Offline（线下）。O2O 典型的场景是：线上买团购券、电影票，然后线下去消费。现在的团购、外卖都是这种模式。

5.2.3　互联网的应用

中国互联网络信息中心发布的第 48 次《中国互联网络发展状况统计报告》显示，截至2021 年 6 月，我国网民规模达 10.11 亿，较 2020 年 12 月增长 2175 万，互联网普及率达 71.6%。宽带用户已经接近上网用户总数的一半。宽带的不断普及也催生了一系列新的互联网应用，使得互联网和普通百姓的距离越来越近，关系越来越紧密。

1．网络新媒体

Internet 作为一种新兴的传播媒体，由于互动性良好、表现形式多种多样、感染力突出，成为继报纸、广播、电视后的"第四媒体"，各大新闻网站、门户网站、企事业单位都相继开通了这一宣传通道。目前主要的网络媒体如图 5.17 所示。

人民网 | 新华网 | 中国网 | 中国日报网 | 国际在线 | 中国青年网 |
中国经济网 | 中国西藏网 | 中国台湾网 | 央广网 | 光明网 |
中国新闻网 | 中青在线 | 求是网 | 光明日报 | 解放军报 |
科技日报 | 中国军网 | 中国青年报 | 中国妇女报 | 农民日报 |
法制日报 | 中国法院网 | 环球网 | 中国警察网 | 海外网 | 人民论坛网

图 5.17　主要网络媒体

2．信息检索

在浩瀚如大海的网络中，如何找到自己所需要的信息？网络搜索技术帮助我们收集着各种各样的信息。我们只需要输入关键词，就可以通过它查询到所需要的相关信息。典型的信息检索工具如百度，如图 5.18 所示。

图 5.18　百度搜索

3．网络通信

网络通信分为电子邮件和即时通信两大类，如图 5.19 所示。很多网民都在使用网上免费的电子邮件与其他人交流。即时通信也在飞速发展，如 QQ、微信。网络通信的功能也在日益丰富，一方面正在成为社会化网络的连接点，另一方面也逐渐成为电子邮件、博客、网络游戏和搜索等多种网络应用的重要接口。

图 5.19　网络通信工具

4．电子商务

电子商务是与网民生活密切相关的重要网络应用，通过网络支付、在线交易，卖家可以用很低的成本把商品卖到全世界，买家则可以用很低的价格买到自己心仪的商品。典型的有京东、淘宝等，如图 5.20 所示。

5．网上教育

围绕教学活动开设的网络学校、远程教育、考试辅导等各类网络教育正渗透到传统的教学活动中。通过支付就可以获得登录账号和密码，然后就可以随时登录网站学习，或参加考试辅导，如图 5.21 所示。

图 5.20　电子商务网

图 5.21　网上考试

6．网络娱乐

以 Internet 为依托，可以单人或多人同时参与娱乐项目，如网络游戏、看电影、听音乐等娱乐休闲活动。与传统娱乐相比，网络娱乐不再需要特定的工具（例如，在网上看电视不再需要电视机，打牌不再需要扑克），网络娱乐只有一种道具，那便是计算机。

5.3 移动互联网技术

移动互联网是移动通信技术和互联网融合的产物，继承了移动随时、随地、随身和互联网开放、分享、互动的优势，是一个以宽带 IP 为技术核心的，可同时提供语音、传真、文本、图像、多媒体等高品质电信服务的新一代开放的电信基础网络，由运营商提供无线接入，互联网企业提供各种成熟的应用。

5.3.1 移动互联网的定义及特点

移动互联网是指移动通信终端与互联网结合成为一体，用户使用手机、平板电脑或其他无线终端设备，通过速率较高的移动通信网络，在移动状态下（如在地铁、公交车等）随时、随地访问 Internet 以获取信息，使用商务、娱乐等各种网络服务。

通过移动互联网，人们可以使用手机、平板电脑等移动终端设备浏览新闻，还可以使用各种移动互联网应用，例如在线搜索、在线聊天、移动网游、手机电视、在线阅读、网络社区、收听及下载音乐等。其中移动环境下的网页浏览、文件下载、位置服务、在线游戏、视频浏览和下载等是其主流应用。同时，绝大多数的市场咨询机构和专家都认为，移动互联网是未来 10 年内最有创新活力和最具市场潜力的新领域，这一产业已获得全球资金包括各类天使投资的强烈关注。

"小巧轻便"及"通信便捷"两个特点，决定了移动互联网与 PC 互联网的根本不同之处、发展趋势及相关联之处。可以"随时、随地、随心"地享受互联网业务带来的便捷，还表现在更丰富的业务种类、个性化的服务和更高服务质量的保证，当然，移动互联网在网络和终端方面也受到一定的限制。与传统的 PC 互联网相比，移动互联网具有几个鲜明的特性。

1．便捷性和便携性

移动互联网的基础网络是一个立体的网络，4G、5G 和 WLAN 或 WiFi 无缝覆盖，使得移动智能终端具有通过上述任何形式方便连通网络的特性。移动互联网的基本载体是移动终端，顾名思义，这些移动终端不仅仅包括智能手机、平板电脑，还有可能包括智能眼镜、手表、服装、饰品等各类随身物品。它们属于人体穿戴的一部分，随时随地都可使用。

2．即时性和精确性

由于有了上述便捷性和便携性，人们可以充分利用生活中、工作中的碎片化时间，接收和处理互联网的各类信息，不再担心有任何重要信息、时效信息被错过了。无论是什么样的移动智能终端，其个性化程度都相当高。尤其是智能手机，每一个电话号码都精确地指向了一个明确的个体。移动互联网能够针对不同的个体提供更为精准的个性化服务。

3．感触性和定向性

这一点不仅体现在移动终端屏幕的感触层面，还体现在照相、摄像、二维码扫描，以及重力感应、磁场感应、移动感应、温度感应、湿度感应等无所不及的感触功能方面。而基于位置的服务（Location Based Service，LBS）不仅能够定位移动终端所在的位置，甚至可以根据移动终端的趋向性，确定下一个可能前往的位置，使得相关服务具有可靠的定位性和定向性。

4．业务与终端、网络的强关联性和业务使用的私密性

由于移动互联网业务受到网络及终端能力的限制，因此，其业务内容和形式也需要适合

特定的网络技术规格和终端类型。在使用移动互联网业务时，所使用的内容和服务更私密，如手机支付业务等。

5．网络的局限性

移动互联网业务在便携的同时，也受到来自网络能力和终端能力的限制：在网络能力方面，受到无线网络传输环境、技术能力等因素限制；在终端能力方面，受到终端大小、处理能力、电池容量等的限制。

5.3.2　移动互联网的发展

被誉为 20 世纪最伟大发明之一的互联网与先进的移动通信技术"激情碰撞"，一个创新无限、活力无限的移动互联网新世界就此诞生。

移动互联网第一次把互联网放到人们的手中，实现 24 小时随身在线的生活。信息社会随时随地随身查找信息、处理工作、保持沟通、进行娱乐，从梦想变成活生生的现实。正如一句广告语所说的那样——"移动改变生活"，移动互联网给人们的生活方式带来翻天覆地的变化。越来越多的人在购物、用餐、出行、工作时都习惯性地掏出手机，查看信息、查找位置、分享感受、协同工作……数以亿计的用户登录移动互联网，在上面停留数分钟乃至十多个小时，他们在上面生活、工作、交易……这些崭新的人类行为，如同魔术师的手杖，变幻出数不清的商业机会，使得移动互联网成为当前推动产业乃至经济社会发展最强有力的技术之一。

移动互联网的浪潮正在席卷社会的方方面面，新闻阅读、视频节目、电商购物、公交出行等热门应用都出现在移动终端上，在苹果和安卓商店的下载已达到数百亿次，而移动用户规模更是超过了 PC 用户。这让企业级用户意识到移动应用的必要性，纷纷开始规划和摸索进入移动互联网，客观上加快了企业级移动应用市场的发展。

移动互联网的发展趋势如下。

1．移动互联网超越 PC 互联网，引领发展新潮流

PC 互联网是互联网的早期形态，移动互联网（无线互联网）是互联网的未来。PC 只是互联网的终端之一，智能手机、平板电脑、电子阅读器（电纸书）已经成为重要终端，电视机、车载设备正在成为终端，冰箱、微波炉、抽油烟机、照相机，甚至眼镜、手表等可穿戴之物，都可能成为泛终端。

2．移动互联网和传统行业融合，催生新的应用模式

在移动互联网、云计算、物联网等新技术的推动下，传统行业与互联网的融合正在呈现出新的特点，平台和模式都发生了改变。一方面这可以作为业务推广的一种手段，如食品、餐饮、娱乐、航空、汽车、金融、家电等传统行业的 App 和企业推广平台，另一方面也重构了移动端的业务模式，如医疗、教育、旅游、交通、传媒等领域的业务改造。

3．不同终端的用户体验更受重视

终端的支持是业务推广的生命线，随着移动互联网业务升温，移动终端解决方案也不断增多。不同大小屏幕的移动终端，其用户体验是不一样的，适应小屏幕的智能手机的网页应该轻便、轻质化，它承载的广告也必须适应这一要求。而目前，大量互联网业务迁移到手机上，为适应平板电脑、智能手机及不同的操作系统，开发了不同的 App，HTML5 的自适应较好地解决了阅读体验问题，但是还远未实现轻便、轻质、人性化，缺乏良好的用户体验。

4．移动互联网商业模式多样化

成功的业务，需要成功的商业模式来支持。移动互联网业务的新特点为商业模式创新提供了空间。随着移动互联网发展进入快车道，网络、终端、用户等方面已经打好了坚实的基础，不盈利的情况已开始改变，移动互联网已融入主流生活与商业社会，货币化浪潮即将到来。移动游戏、移动广告、移动电子商务、移动视频等业务模式流量变现能力快速提升。

5．用户期盼跨平台互通互连

目前的 iOS、Android 系统各自独立，相对封闭、割裂，应用服务开发者需要进行多个平台的适配开发，这种隔绝有违互联网互通互连之精神。不同品牌的智能手机，甚至不同品牌、类型的移动终端都能互连互通，是用户的期待，也是发展趋势。移动互联网时代是融合的时代，是设备与服务融合的时代，是产业间互相进入的时代。在这个时代，移动互联网业务参与主体的多样性是一个显著特征。技术的发展降低了产业间及产业链各个环节之间的技术和资金门槛，推动了传统电信业向电信、互联网、媒体、娱乐等产业融合的大 ICT 产业演进，原有的产业运作模式和竞争结构在新的形势下已经显得不合时宜。在产业融合和演进的过程中，不同产业原有的运作机制和资源配置方式都在改变，产生了更多新的市场空间和发展机遇。

6．大数据挖掘成蓝海，精准营销潜力凸显

随着移动宽带技术的迅速提升，更多的传感设备、移动终端可随时随地地接入网络，加之云计算、物联网等技术的带动，我国移动互联网也逐渐步入"大数据时代"。目前的移动互联网领域仍然以位置的精准营销为主，但未来随着大数据相关技术的发展，人们对数据挖掘的不断深入，针对用户个性化定制的应用服务和营销方式将成为发展趋势，它将是移动互联网的另一片"蓝海"。

5.3.3　移动互联网的应用

当我们随时随地接入移动网络时，运用最多的就是移动互联网应用。大量新奇的应用，逐渐渗透到人们生活、工作的各个领域，进一步推动着移动互联网的蓬勃发展。移动音乐、手机游戏、视频应用、手机支付、位置服务等丰富多彩的移动互联网应用发展迅猛，正在深刻改变信息时代的社会生活，移动互联网正在迎来新的发展浪潮。以下是几种主要的移动互联网应用。

1．电子阅读

电子阅读是指利用移动智能终端阅读小说、电子书、报纸、期刊等的应用。电子阅读区别于传统的纸质阅读，可真正实现无纸化浏览。特别是热门的电子报纸、电子期刊、电子图书等功能如今已深入现实生活中，同过去相比，阅读方式有了显著不同。由于电子阅读无纸化，可以方便用户随时随地浏览，电子阅读已成为继移动音乐之后最具潜力的增值业务。

2．手机游戏

手机游戏可分为在线移动游戏和非网络在线移动游戏，是目前移动互联网最热门的应用之一。随着人们对移动互联网接受程度的提高，手机游戏是一个朝阳产业。网络游戏曾经创造了互联网的神话，也吸引了一大批年轻的用户。随着移动终端性能的改善，更多的游戏形式将被支持，客户体验也会越来越好。

3．移动视听

移动视听是指利用移动终端在线观看视频、收听音乐及广播等影音应用。

4．移动搜索

移动搜索是指以移动设备为终端，对传统互联网进行的搜索，从而实现高速、准确地获取信息资源。移动搜索是移动互联网未来的发展趋势。随着移动互联网内容的充实，人们查找信息的难度会不断加大，内容搜索需求也会随之增加。相比传统互联网的搜索，移动搜索对技术的要求更高。移动搜索引擎需要整合现有的搜索理念实现多样化的搜索服务。智能搜索、语义关联、语音识别等多种技术都要融合到移动搜索技术中。

5．移动社区

移动社区是指以移动终端为载体的社交网络服务，也就是终端、网络加社交的意思。

6．移动商务

移动商务是指通过移动通信网络进行数据传输，并且利用移动信息终端参与各种商业经营活动的一种新型电子商务模式，它是新技术条件与新市场环境下的电子商务形态，也是电子商务的一条分支。移动商务是移动互联网的转折点，因为它突破了仅仅用于娱乐的限制，开始向企业用户渗透。随着移动互联网的发展成熟，企业用户也会越来越多地利用移动互联网开展商务活动。

7．移动支付

移动支付也称手机支付，是指允许用户使用其移动终端（通常是手机）对所消费的商品或服务进行账务支付的一种服务方式。移动支付主要分为近场支付和远程支付两种。整个移动支付价值链包括移动运营商、支付服务商（例如银行、银联等）、应用提供商（公交、校园、公共事业等）、设备提供商（终端厂商、卡供应商、芯片提供商等）、系统集成商、商家和终端用户。

本章小结

本章主要介绍了计算机网络的概念与分类、传输介质与网络设备、局域网以及互联网技术和移动互联网相关内容，让读者对神秘的网络世界有一个初步的认识，为后续学习更深层次的网络技术开启大门。

本章习题

1．计算机网络的概念是什么？
2．计算机网络都有哪些类别？各种类别的网络都有哪些特点？
3．常用的传输介质有哪几种？各有何特点？
4．什么叫移动互联网？
5．你能说出哪些移动互联网的应用呢？
6．在互联网时代的今天，你对学习、生活有什么感悟？

第6章

云计算

学习目标

- 理解云计算的概念。
- 了解云计算的分类与特征。
- 了解虚拟化技术。
- 了解分布式存储技术。
- 熟悉云计算的应用。

本章重点

- 云计算的定义。
- 云计算的分类。
- 云服务器的服务模式。
- 虚拟化技术。
- 云计算应用。

计算机发展从主机时代、PC 时代进入云计算时代。我国云计算的发展是从 2009 年开始的，江苏建立了首个"电子商务云计算中心"，云计算正式走上了我国的历史舞台。

6.1 云计算概述

6.1.1 云计算的定义

云计算是一种资源的服务模式，是一种新兴的 IT 服务模式，能通过互联网将资源（网络、存储、计算资源、服务器、应用等）按需提供给用户，用户可以像水电一样按需购买，可提升用户体验，降低成本。

美国国家标准与技术研究院（National Institute of Standards and Technology，NIST）对云计算的定义：云计算是一种无处不在、便捷且按需对共享的可配置计算资源（包括网络、服务器、存储、应用和服务）进行网络访问的模式，它能够通过最少量的管理以及与服务提供商的互动实现计算资源的迅速供给和释放。

维基百科对云计算的定义：云计算是一种基于互联网的计算，在其中共享的资源、软件和信息以一种按需的方式提供给计算机和设备。

2012 年，我国将云计算作为国家战略性新兴产业并给出了定义：云计算是基于互联网的相关服务的增加、使用和交付模式，通常涉及通过互联网来提供动态、易扩展且经常是虚拟化的资源。云计算是传统计算机和网络技术发展融合的产物，它意味着计算能力也可作为一种商品通过互联网进行流通。

6.1.2 云计算的分类与特征

云计算的分类主要是基于云服务类型进行的，云服务是基于计算模式对用户提供的服务。云服务的目的在于提供丰富的个性化产品，满足市场对不同用户的个性化需求，这些用户主要包括政府用户、企业用户、普通用户等。云服务模式主要有 3 种，分别为基础设施即服务（IaaS）、平台即服务（PaaS）、软件即服务（SaaS），如图 6.1 所示。

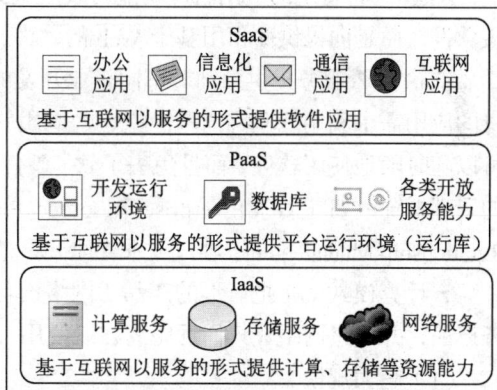

图 6.1 3 种交付模式所提供的服务

1. IaaS

IaaS 为用户提供 IT 基础设施服务，以及计算、存储和网络等服务。IaaS 将 IT 基础设施以服务的形式提供给用户，用户根据需求支付具体费用，云服务提供商将多种硬件资源（内存、设备、存储和计算能力等）整合起来，形成一个虚拟的资源池为用户提供基础存储运算等服务。用户可以支付较低的费用，获取所需的服务，以减少许多硬件开销，例如购买云服务器、云存储设备等。

IT 基础设施主要包括硬件环境（如网络、服务器、存储系统等）、基础软件（如操作系统、数据库、中间件等）和由 IT 系统的硬件环境和基础软件共同构成的基本平台。通常云服务提供商以产品形式提供 IaaS，如腾讯云提供的 CVM（Cloud Virtual Machine，云服务器）、亚马逊云的 EC2（Elastic Compute Cloud，弹性计算云）和阿里云的 ECS（Elastic Compute Service，弹性计算服务）等。

2．PaaS

PaaS 提供应用程序的运行环境，它一般指的是中间件平台，对应用平台（如 J2EE、BPM、ESB、Portal Server 等）进行抽象、虚拟化，把应用平台作为一个资源池进行管理分配，形成共享平台或是应用平台资源池。PaaS 实际上是指将软件研发的平台作为一种服务，以 SaaS 的模式提供给用户，因此，PaaS 也是 SaaS 模式的一种应用。

PaaS 将开发的环境作为一种服务提供给个人或者企业。云服务提供商将开发环境、服务器平台等提供给用户，个人或企业利用这一有效的平台定制、开发适合自己的应用程序进行使用或者传送给其他用户。如百度应用引擎是国内商业运营时间最久的 PaaS 平台，支持 PHP/Java/Node.js/Python 等各种应用，用户只需上传应用代码，平台就自动为其完成运行环境配置、应用部署、均衡负载、资源监控、日志收集等各项工作，大大简化了部署运维工作。

PaaS 是面向互联网应用开发者的，它把端到端的分布式软件开发、测试、部署、运行环境以及复杂的应用程序托管当作服务，从而使开发者可以从复杂低效的环境搭建、配置和维护工作中解放出来，提高软件开发的效率。

PaaS 提供的服务包括端到端的软件开发环境（如物理环境、开发环境、测试环境、调试环境等），基于云平台的配套服务（如账户、邮件、数据库、消息列表等），基于 Web 浏览器的使用模式，易于掌握的编程语言和编程环境，安全的沙盒工作环境，动态扩展性，应用程序监控服务（如运行日志、访问量、资源使用率等信息），良好的认证、计费机制等。

3．SaaS

SaaS 是将特定的应用软件功能封装成服务，通过 Internet 提供软件的模式，用户无须购买软件，而是向提供商租用基于 Web 的软件，来管理企业经营活动。

SaaS 是云服务提供商针对不同企业开发的，并将应用软件部署在云端，用户只要按照自身的应用需求利用互联网向厂商租、购应用软件服务即可，用户通过接入互联网的终端，就可以随时随地使用软件，而且免去了软、硬件等的维护费用。常见的 SaaS 通常是指一些特定的管理系统，如 ERP（Enterprise Resource Planning，企业资源计划）系统、CRM（Customer Relationship Management，客户关系管理）系统、OA（Office Automation，办公自动化）系统等。

云计算模式就是把有形的产品（网络设备、服务器、存储设备、各种软件等）转化为服务产品，并通过网络让人们远距离在线使用。基于此，云计算需要具有以下特征。

（1）超大规模

"云"具有相当大的规模，因此提供云平台的基础设施服务器数量一般具有超大规模的特征，例如，公有云平台动辄就有几十万台甚至上百万台服务器，企业私有云一般拥有成百上千台服务器，这样"云"才能赋予用户前所未有的计算能力。

（2）高可靠性

"云"通常使用了数据多副本容错、计算节点同构可互换等措施来保障服务的高可靠性，使用云计算比使用本地计算机可靠。

（3）多租户隔离

云计算允许多个不同的租户共享底层的硬件资源，但在上层逻辑上是隔离的。

（4）弹性扩展

云计算具备动态伸缩的功能，来满足应用和用户规模增长的需求。

（5）按需服务

"云"是一个庞大的资源池，用户可按需购买；"云"可以像自来水、电、煤气那样计费。

（6）资源可监控计量

"云"的理念就是按量付费，那么必然伴随着的一个功能就是对使用资源的监控和计量，因此资源的可监控计量特征是"云"天然的特征。

（7）低成本

用户不需要负担高昂的数据中心建设和运维管理成本，通过租用"云"上资源的方式，以较低成本、最短时间获得最有效的资源，具有极高的性价比。

6.1.3　云计算的相关概念

云计算的核心是可以将很多的计算机资源协调在一起，使用户通过网络就可以获取到无限的资源，同时获取的资源不受时间和空间的限制。很多的计算机资源是基于强大的基础架构的，而基础架构是由企业、政府等部门的数据中心提供的。用户随时获取的资源就是云计算服务器提供的云产品。

1．数据中心

数据中心是与人力资源、自然资源一样重要的战略资源，在信息时代下的数据中心行业中，只有对数据进行大规模和灵活性的运用，才能更好地去理解数据、运用数据。随着社会经济的快速增长，数据中心的发展建设将处于高速时期，各地政府部门给予新兴产业的大力扶持，为数据中心行业的发展带来了很大的优势。

数据中心（Data Center，DC）指的是一整套复杂的设施。它不仅包括计算机系统和其他与之配套的设备（如通信、存储系统等），还包含冗余的数据通信连接、环境控制设备、监控设备以及各种安全装置，如图 6.2 所示。

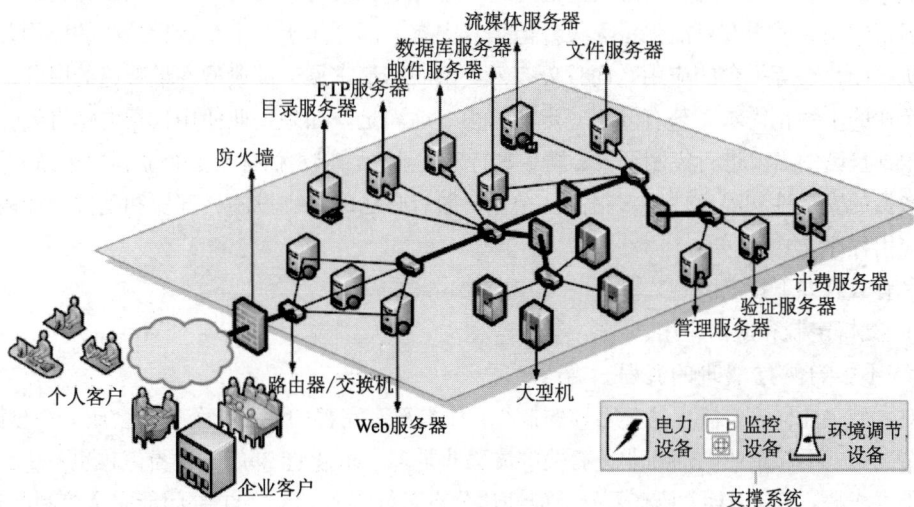

图 6.2　数据中心

数据中心主要分为企业自建数据中心（Enterprise Data Center，EDC）、企业自建互联网服务数据中心（Internet Data Center，IDC）和国家级数据中心（National Data Center，NDC）等。

2．云产品

云产品类型繁多，能为各行各业提供服务。常见的云产品有云服务器、云网络、云数据库、云安全等。

6.1.4 云计算的部署模式

为满足云用户不同的需求，云计算的部署模式分为公有云、私有云、混合云和行业云。

1．公有云

公有云指的是第三方提供商为用户提供的云服务，而用户只需要通过 Internet 就能使用它了。公有云一般是价格低廉的或免费的。公有云是云计算的主要部署模式，目前在国内市场发展很好，主要的形式有：政府主导的地方云计算平台，如重庆的在岸和离岸数据中心，北京"祥云"计划等；互联网企业公有云平台，如腾讯云等；传统的电信基础设施运营商，如电信、移动、联通等。

公有云具有规模大的特点，一方面是由于构建公有云的基础架构往往有几十万甚至上百万台服务器的规模；另一方面，则是由于公有云的公开性，它能聚集来自整个社会的规模庞大的工作负载，从而产生巨大的规模效应，来降低每个负载的运行成本或者为海量的工作负载做更多优化。由于对用户而言，公有云完全是按需使用的，基本无须任何前期投入，因此与其他模式相比，公有云在初始成本方面有非常大的优势。公有云往往还提供非常灵活的入口，同时在容量方面几乎是无限的，即使用户所需求的量近乎"疯狂"，公有云也能非常快地满足。当应用程序的使用或数据增长时，使用公有云服务，用户不必考虑何时要增添计算实例或存储，这一切都将自动完成，提供了强大的自动扩展功能。公有云在功能方面也非常丰富，支持多种主流的操作系统和成千上万个应用。

2．私有云

现有公有云所支持应用的范围都偏主流，如 x86 架构等，而对于一些定制化程度高的应用和遗留应用其就很有可能束手无策，但是其中有一部分属于一个企业最核心的应用，例如大型机、UNIX 等平台的应用。而且公有云提供的是最常见、最典型、最普遍的服务，因此对于企业的个性化需求，公有云不一定能够很好地满足。如果企业使用自建的私有云，完全可以根据自己的需要进行定制开发，满足其特殊的业务需求。私有云是企业客户单独使用的，它对数据的安全性和隔离性要求很高。企业一般有自己的基础设施，部署和配置企业内部需要的应用程序。

私有云有如下特点。

① 支持定制和遗留应用。

② 不影响现 IT 管理的流程。

对大型企业而言，流程是其管理的核心，如果没有完善的流程，企业将会成为一盘散沙。实际情况是，不仅企业内部和业务有关的流程非常多，而且 IT 部门的自身流程也不少，且大多都不可或缺。在这方面，私有云的适应性比公有云好很多，因为 IT 部门能完全控制私有云，这样他们有能力使私有云比公有云更好地与现有流程进行整合。

但是对于中小型企业来说，私有云的部署存在成本高、持续运营成本高等劣势，因为建立私用云需要很高的初始成本，特别是如果需要购买大厂家的解决方案时更是如此。此外，由于需要在企业内部维护一支专业的云计算团队，因此其持续运营成本也同样偏高。

3．混合云

混合云既包括公有云也包括私有云，它提供的服务可以供别人使用，也可以为自己使用。混合云的部署方式对提供者要求很高，架构复杂，企业需要协调两朵云之间的协作关系，决策什么业务数据应该放置在什么云上。随着业务的开展，数据可能还需要在两朵云之间迁移切换。当涉及容灾备份等数据冗余时，架构的复杂性也会带来新的挑战。

混合云的成本高于公有云。混合云意味着企业需要在本地部署一套私有云，并且将两朵云同时融入业务系统。而企业自建私有云的成本是庞大的，后续的升级维护、管理运维工作也有很高的成本。总体来看，成本明显高于公有云。

4．行业云

行业云是由行业内或某个区域内起主导作用或者掌握关键资源的组织建立和维护，以公开或者半公开的方式，向行业内部或相关组织和公众提供有偿或无偿服务的云平台，如金融云、政务云、医疗云、卫生云等。行业云一般能为行业的业务进行专门的优化。和其他的云计算部署模式相比，其不仅能进一步方便用户，而且能进一步降低成本。但也存在支持的范围较小、只支持某个行业、建设成本较高的特点。

6.2 云计算技术

云计算的关键技术有虚拟化技术、分布式存储技术、超大规模资源管理技术、云平台管理技术、信息安全技术、绿色节能技术等。

6.2.1 虚拟化技术

虚拟化技术是云计算的基础，是云计算基础架构的关键技术之一，企业可以利用虚拟化技术创建私有云、公共云和混合云基础架构。虚拟化技术主要用于解决高性能的物理硬件产能过剩和老旧硬件产能过低的重构重用等问题，它能够使底层物理硬件透明化，提高物理硬件的利用率。虚拟化技术目前主要应用在 CPU、操作系统、服务器等多个方面，是提高云服务效率的最佳解决方案之一。

在虚拟化技术中，被虚拟的实体是各种各样的 IT 资源。如果按照这些资源的类型分类，虚拟化可以分为计算虚拟化、网络虚拟化、存储虚拟化。

1．计算虚拟化

计算虚拟化技术可以将单个 CPU 模拟为多个虚拟 CPU（即 vCPU），允许在一个平台同时运行多个操作系统，并且应用程序可以在相互独立的空间内运行而不相互影响，也就是计算虚拟化技术可实现计算单元的模拟和这些被模拟出来的计算单元的隔离。运行在物理计算机系统上的虚拟化层也可以被称为虚拟机监控器（Virtual Machine Monitor，VMM）或 Hypervisor。计算虚拟化又分为服务器虚拟化、桌面虚拟化、应用程序虚拟化。

服务器虚拟化是将虚拟化技术应用于服务器，将一台服务器虚拟成若干虚拟服务器，在该服务器上可以支持多个操作系统同时运行。

桌面虚拟化是指将计算机的终端系统进行虚拟化，以达到桌面使用的安全性和灵活性。可以通过任何设备、在任何地点、于任何时间通过网络访问属于个人的桌面系统。

应用程序虚拟化是指在应用程序和操作系统之间建立一个虚拟层，这个虚拟层使得应用程序与操作系统隔离，应用程序包会以流媒体形式部署到客户端，客户端无须安装应用程序便可以使用。

2．网络虚拟化

对于操作系统来说，其管理的资源仅仅是一台服务器的资源，而云操作系统管理的资源需要扩展到整个数据中心。为了实现彻底地与现有物理硬件网络解耦的虚拟网络，需要通过软件定义网络方式来对网络进行虚拟化，以构建一个与物理网络完全独立的逻辑网络。

3．存储虚拟化

存储虚拟化技术利用虚拟化层软件对存储数据读写操作指令进行"截获"，建立异构硬件资源的统一应用程序可编程接口，进行统一的信息建模，使上层应用可以采用规范的方式访问底层的存储资源。存储虚拟化能够将多个存储设备整合成一个容量可无限扩展的、超大的共享存储资源池。存储虚拟化软件有 Docker、KVM、Citrix XenServer、VMware vSphere、Hyper-V 等。

6.2.2　分布式存储技术

云计算的另一大优势就是能够快速、高效地处理海量数据。为了保证数据的高可靠性，云计算通常会采用分布式存储技术，将数据存储在不同的物理设备中，采用冗余存储的方式来保证存储数据的可靠性，即为同一份数据存储多个副本。另外，云计算系统需要同时满足大量用户的需求，并行地为大量用户提供服务。因此，云计算的数据存储技术必须具有高吞吐率和高传输率的特点。

分布式存储是一种数据存储技术，通过网络使用企业中的每台机器上的磁盘空间，并将这些分散的存储资源构成一个虚拟的存储设备，数据分散地存储在企业的各个角落。

在学习分布式存储技术前，应先了解基本存储设备。

1．磁盘与接口

磁盘是指利用磁记录技术存储数据的存储器，它分为软盘和硬盘。磁盘是计算机主要的存储介质，可以存储大量的二进制数据，并且断电后也能保持数据不丢失。早期计算机使用的磁盘是软盘（Floppy Disk），如今常用的磁盘是硬盘（Hard Disk）。

读取数据时，需要有一个接口，通过接口才能从磁盘上读取数据。硬盘接口是硬盘与主机系统间的连接部件，其作用是在硬盘缓存和主机内存之间传输数据。不同的硬盘接口决定着硬盘与计算机之间的连接速度，在整个系统中，硬盘接口的优劣直接影响着程序运行快慢和系统性能好坏。

2．硬盘分类

（1）硬盘从接口的类别来分，常见的有以下几种。

① IDE（Integrated Drive Electronics Interface，集成驱动电接口）硬盘是指把控制电路、盘片和磁头等放在一个容器中的硬盘驱动器。把盘体与控制器放在一起的做法减少了硬盘接口的电缆数目与长度。IDE 硬盘也叫 ATA 硬盘，IDE 硬盘的缺点为数据传输速度比较慢，而且对接口电缆的长度有很严格的控制，兼容性好的优势随着硬盘技术的发展也渐渐失去。

② SCSI（Small Computer System Interface，小型计算机系统接口）并不是专为硬盘设计的接口，而是一种广泛应用于小型机上的高速数据传输技术。SCSI 是与 IDE 接口完全不同的接口，IDE 接口是普通 PC 的标准接口，SCSI 具有应用范围广、多任务、带宽大、CPU 占用率低以及支持热插拔等优点，但较高的价格使得它很难如 IDE 硬盘一样普及，因此 SCSI 硬盘主要应用于中、高端服务器和高档工作站中。

③ SATA（Serial Advanced Technology Attachment，串行先进技术总线附属）接口的硬盘已经是现在的主流。主流的 SATA3 标准接口的硬盘理论极限速度已经超过 600Mbit/s。

（2）硬盘从存储介质来分，有以下几种。

① HDD（Hard Disk Drive，硬盘驱动器）是日常生活中最常见的硬盘之一，价格便宜且容量较大，缺点是速度较慢，由于采用了机械结构，因此防震抗摔性能差。

② SSD（Solid State Drive，固态硬盘）具有速度快、功耗小、重量轻等诸多优点。由于采用了闪存颗粒作为存储介质，因此 SSD 摆脱了传统硬盘机械结构的限制，防震抗摔性能好。

③ HHD（Hybrid Hard Drive，混合式硬盘）可以视为 SSD 和 HDD 的混合体，既有 SSD 的闪存模块，又有传统 HDD 中的磁盘。HDD 在读取常用数据的时候与 SSD 速度相当，但在写入和读取大量数据的时候，由于硬盘中数据的寻址时间更长，速度有时不如 HDD。

3．网络存储技术

网络存储技术主要有直接附接存储（Direct Attached Storage，DAS）、网络附接存储（Network Attached Storage，NAS）和存储区域网（Storage Area Network，SAN）等。

（1）直接附接存储

直接附接存储依赖服务器主机操作系统进行数据的读写和存储维护管理，数据备份和恢复要求占用服务器主机资源（包括 CPU、系统 I/O 等），数据流需要回流主机再到服务器连接着的磁带机（库），数据备份通常占用服务器主机资源的 20%～30%，因此许多企业用户的日常数据备份常常在深夜或业务系统不繁忙时进行，以免影响正常业务系统的运行。直接附接存储的数据量越大，备份和恢复的时间就越长，对服务器硬件的依赖性和影响就越大。

直接附接存储与服务器主机之间的连接通常采用 SCSI 连接，带宽分为 10Mbit/s、20Mbit/s、40Mbit/s、80Mbit/s 等多种，随着服务器 CPU 的处理能力越来越强，存储硬盘空间越来越大，阵列的硬盘数量越来越多，SCSI 通道成为 I/O 瓶颈，服务器主机 SCSI ID 资源有限，能够建立的 SCSI 通道连接也是有限的。

（2）网络附接存储

网络附接存储是指连接在网络上的具备存储功能的装置，因此也称为"网络存储器"。它是一种专用的数据存储服务器，以数据为中心，将存储设备与服务器彻底分离，集中管理数据，从而释放带宽、提高性能、降低总拥有成本、保护投资。其成本低于直接使用服务器存储的成本，但效率却高于服务器存储。

网络附接存储被定义为一种特殊的专用数据存储服务器，包括存储器件（例如磁盘阵列、CD/DVD 驱动器、磁带驱动器或可移动的存储介质）和内嵌系统软件，可提供跨平台文件共享功能。网络附接存储通常在一个 LAN 上占有自己的节点，无须应用服务器的干预，允许用户在网络上存取数据，网络附接存储采用浏览器就可以对其设备进行集中管理并处理网络上的所有数据，这样管理起来就更加直观和方便。

网络附接存储能够支持多种协议（如 NFS、CIFS、FTP、HTTP 等），而且能够支持各种操作系统。

网络附接存储将存储设备连接到现有的网络上来提供数据和文件服务。网络附接存储服务器一般由硬件、操作系统及其上的文件系统等几个部分组成。网络附接存储通过网络直接连接磁盘存储阵列，磁阵列具备高容量、高效能、高可靠等特征。网络附接存储将存储设备通过标准的网络拓扑结构连接，可以无须服务器直接上网，不依赖通用的操作系统，而采用一个面向用户设计的、专门用于数据存储的简化操作系统，内置与网络连接所需的协议，从而使整个系统的管理和设置较为简单。

（3）存储区域网

存储区域网实际是一种专门为存储建立的、独立于 TCP/IP 网络之外的专用网络。一般的存储区域网提供 2Gbit/s 到 4Gbit/s 的传输速率，同时使用存储区域网的网络独立于数据网络存在，因此存取速度很快，另外存储区域网一般采用高端的 RAID，使存储区域网的性能在几种专业网络存储技术中傲视群雄。存储区域网由于其基础是一个专用网络，因此扩展性很强，不管是在一个存储区域网系统中增加一定的存储空间还是增加几台使用存储空间的服务器都非常方便。存储区域网作为一种新兴的存储方式，是未来存储技术的发展方向。

4．分布式存储

分布式存储与传统的网络存储并不完全一样，传统的网络存储系统采用集中的存储服务器存放所有数据，存储服务器成为系统性能的瓶颈，不能满足大规模存储应用的需要。分布式网络存储系统采用可扩展的系统结构，利用多台存储服务器分担存储负荷，利用位置服务器定位存储信息，它不但提高了系统的可靠性、可用性和存取效率，还易于扩展。分布式存储需要考虑的因素有数据一致性、数据可用性和分区容错性。

（1）数据一致性

分布式存储是使用多台服务器来共同存储数据的，随着服务器数量的增加，服务器出现故障的概率也会增加。为了保证服务器出现故障时系统还能正常使用，在分布式存储系统中会把数据分成多份存储在不同的服务器中，由于故障和并行存储等情况的存在，同一个数据的多个副本之间可能存在不一致的情况。保证多个副本的数据完全一致的性质称为数据一致性。

（2）数据可用性

分布式存储系统需要多台服务器同时工作。当服务器数量增多时，服务器故障率也会提高，当分布式存储系统中的一部分节点出现故障后，系统的整体不影响客户端的读/写请求，这种情况称为数据可用性。

（3）分区容错性

分布式存储系统中的多台服务器通过网络进行连接，但无法保证网络是一直通畅的，这时分布式存储系统需要具有一定的容错性来处理网络故障带来的问题。当一个网络因为故障而分解为多个部分的时候，分布式存储系统仍能正常工作，这称为分区容错性。

6.2.3 超大规模资源管理技术

云计算是一种商业模式，用户可以按需购买不同的产品。云产品类型繁多，常见云产品有云服务器、云网络、云数据库、云安全、大数据、人工智能等。这些海量的产品都是基于云资源的，在云计算中超大规模资源管理技术是其关键技术之一。

1．资源管理

资源管理是指在相互竞争的应用程序之间有序地控制软硬件资源的分配、使用和回收，使资源能够在多个程序之间共享。

2．资源管理技术

资源管理技术主要有复用技术、虚拟技术和抽象技术。

（1）复用技术

复用技术是指让众多进程共享物理资源，实际就是指分割实际存在的物理资源。

物理资源复用共享的基本方法有空分复用共享和时分复用共享。其中空分复用共享是指从空间上将资源分割成更小单位供进程使用。时分复用共享又分为时分独占式和时分共享式，时分独占式是指对资源执行多个操作，通常使用一个周期后才会释放；时分共享式是指进程占用该资源后可能随时被另一个进程抢占使用。

（2）虚拟技术

虚拟技术是指把一个物理上的实体变为多个逻辑上的对应物，或是把多个物理资源变成单个逻辑上的对应物。

（3）抽象技术

抽象技术是指通过创建软件来屏蔽硬件资源的物理特性和实现细节，简化对硬件资源的操作、控制和使用。

6.2.4　云平台管理技术

云计算资源规模庞大，服务器数量众多并分布在不同的地点，同时运行着数百种应用，如何有效地管理这些服务器？这时就要采用云平台管理技术，云平台主要对云资源进行管理和对外提供云服务。

云平台管理技术能够使大量的服务器协同工作，方便地进行业务部署和开通，快速发现和恢复系统故障，通过自动化、智能化的手段实现大规模系统的可靠运营。

6.2.5　信息安全技术

信息安全在信息时代越来越重要，云计算、大数据、物联网、人工智能等这些新技术都离不开信息安全。根据调查数据，信息安全已经成为阻碍云计算发展的最主要原因之一，32%已经使用云计算的组织和 45%尚未使用云计算的组织将云安全视为进一步部署云的最大障碍。因此，要想保证云计算能够长期稳定、快速发展，安全是首先需要解决的问题。

信息安全不是新的问题，传统互联网存在这个问题，云计算同样也存在这个问题，只是由于云计算的出现，安全问题变得更加突出。在云计算体系中，安全涉及很多层面，如服务器安全、软件安全、系统安全、网络安全等。因此，有分析师预言，云计算的发展会将传统的安全技术发展到一个新的阶段。

目前，不管是软件安全厂商还是硬件安全厂商，都在积极研发云计算安全产品和安全方案。如传统杀毒软件厂商、软硬件防火墙厂商、IDS/IPS 厂商等都已加入云计算的安全领域。相信在不久的将来，云安全问题将得到很好的解决。

6.2.6　绿色节能技术

绿色节能是这个时代的全球性主题。云计算的绿色节能主要体现在低成本、高效率上。云计算是一种商业模式，具有巨大的规模经济效益，它不仅能提高资源的利用率，还能大量节约能源。在云计算中，绿色节能技术已成为必不可少的技术，未来越来越多的节能技术还会被引入云计算。

在云计算中，绿色节能技术典型应用在云计算数据中心上。云计算数据中心主要采用虚拟化技术，能减少物理主机的数量，通过虚拟化技术能充分利用资源实现最大的计算能力，并且便于数据中心物理设备的扩充。

6.3　云计算的应用

当前云计算技术正从互联网行业覆盖到传统行业，在工业互联网的推动下，大量传统企业也开始"上云"，未来云计算对传统企业的网络化、智能改造都会起到比较重要的作用。

云计算的应用领域不仅包括传统的 Web 领域，在物联网、大数据和人工智能等新兴领域也有比较重要的应用，在 5G 通信时代，云计算的服务边界还会得到进一步拓展。可以说，云计算正在为整个 IT 行业构建一种全新的计算（存储）服务方式，也会全面促进大数据和人工智能等技术的快速发展。

6.3.1　平台即服务的典型应用

云计算提供的平台即服务（PaaS）是指把应用服务的运行和开发环境作为一种服务提供的商业模式。它的典型应用有很多，如百度公司提供的地图 API、容联公司提供的云通信 API 等，这里以百度提供的地图 API 为例，讲解平台即服务的典型应用。

1. 百度地图 API 简介

百度地图 API 是一套由 JavaScript 语言编写的应用程序接口，可在网站中构建功能丰富、交互性强的地图应用，它支持 PC 端和移动端基于浏览器的地图应用开发，且支持 HTML5 特性的地图开发。

2. 百度地图 API 应用简介

百度地图 API 是支持 HTTP 和 HTTPS 的，是免费对外开放的，用户可直接使用。百度地图的接口可无次数限制使用。在使用前，首先要申请密钥（ak），在使用百度地图 API 之前，先要阅读百度地图 API 使用条款，使用场景为任何非营利性的应用。

3. 百度地图 API 的核心功能

百度地图 API 的核心功能有全景图展示、热力图、定制个性地图、地图展示、覆盖物等。百度全景图如图 6.3 所示。

图 6.3　百度全景图

百度地图展示可以支持 2D 地图和卫星图的展示、平移、缩放、拖曳等操作，如图 6.4 所示。

图 6.4　百度地图展示

6.3.2　云计算综合应用案例

随着云计算的发展，越来越多的企业可以提供云计算服务，如亚马逊、阿里云、腾讯云、华为云等，下面以腾讯云为例讲解云计算综合应用案例。

1．腾讯云简介

腾讯云基于 QQ、QQ 空间、微信、腾讯游戏等真正海量业务的技术锤炼，从基础架构到精细化运营，从平台实力到生态能力建设。腾讯云面向市场，能够为企业和创业者提供集云计算、云数据、云运营于一体的云端服务体验。腾讯云的云资源如图 6.5 所示。

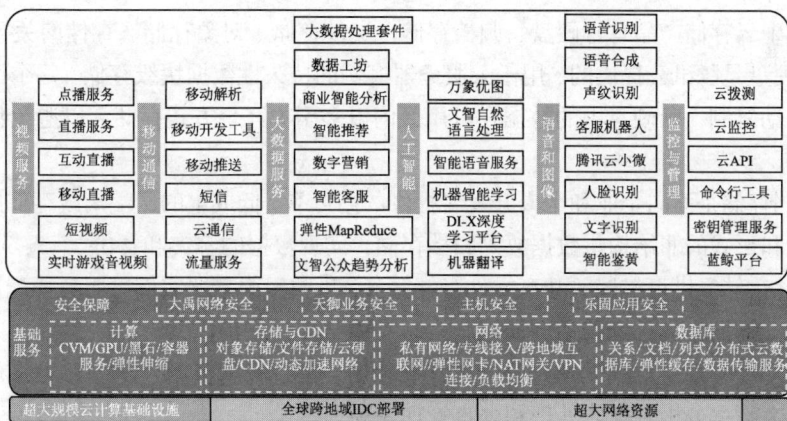

图 6.5　腾讯云的云资源

一个成熟庞大的云平台离不开底层超大规模云计算基础设施架构，对于腾讯云，底层有超大规模的云计算基础设施，包括全球性的跨地域数据中心及超大规模网络资源，为上层提供计算资源、网络资源、数据库资源，以及为部署各种应用提供有力的资源基础。

2．腾讯云产品

常见的腾讯云产品有云服务器、云网络、云存储、云数据库、云安全等。

（1）云服务器

云服务器可提供安全可靠的弹性计算服务。只需几分钟，就可以在云端获取和启用云服务器实例，来满足计算需求。随着业务需求的变化，可以实时扩展或缩减计算资源。云服务器实例支持按实际使用的资源计费，能节约计算成本。使用云服务器实例可以极大地降低软硬件采购成本，简化运维工作。

（2）云网络

腾讯云中云网络产品有私有网络、负载均衡、专线接入、弹性网卡、NAT（Network Address

Translation，网络地址转换）网关等。

① 私有网络是一块在腾讯云上自定义的逻辑隔离网络空间，与在数据中心运行的传统网络相似，托管在私有网络上的资源主要是云上的服务资源。

② 负载均衡是对多台云服务器进行流量分发的服务。负载均衡可以通过流量分发扩展应用系统对外的服务能力，通过消除单点故障提升应用系统的可用性。

③ 专线接入提供快速、安全连接腾讯云与本地数据中心的方法，用户可以通过一条物理专线一次性打通位于多地域的云计算资源，实现灵活、可靠的混合云部署。

④ 弹性网卡是一种虚拟的网络接口，可以将云服务器实例绑定弹性网卡接入网络。弹性网卡在配置管理网络、搭建高可靠网络方案时有较大帮助。弹性网卡具有私有网络、可用区和子网属性，但只绑定相同可用区下的云服务器。一台云服务器可以绑定多个弹性网卡，具体绑定数量将根据主机规格而定。

⑤ NAT 网关是一款私有网络访问 Internet 的高性能网关，支持源地址转换代理转发，提供双机热备、自动切换能力，最大支持 5Gbit/s 的带宽吞吐能力、1000 万以上的并发连接数、10 个弹性 IP 绑定，满足海量 Internet 访问诉求。

（3）云存储

腾讯云中云存储产品有云硬盘、归档存储、文件存储、对象存储、存储网关等。

① 云硬盘是腾讯云提供的、用于云服务器实例的持久性数据块级存储。每个云硬盘在其可用区内自动复制，云硬盘中的数据在可用区内以多副本冗余方式存储，以避免数据的单点故障风险。

② 归档存储是面向企业和个人开发者提供的高可靠、低成本的云端离线存储服务。可以将任意数量和形式的非结构化数据放入归档存储，实现数据的容灾和备份。

③ 文件存储提供可扩展的共享文件存储服务，可与云服务器实例等服务搭配使用。文件存储提供标准的网络文件系统访问协议，为多个服务器实例提供共享的数据源，支持无限容量和性能的扩展，现有应用无须修改即可挂载使用，是一种高可用、高可靠的分布式文件系统，适用于大数据分析、媒体处理和内容管理等场景。

④ 对象存储是面向企业和个人开发者提供的高可用、高稳定、强安全的云端存储服务，可以将任意数量和形式的非结构化数据放入对象存储，并在其中实现数据的管理和处理。

⑤ 存储网关是一种混合云存储方案，旨在帮助企业或个人实现本地存储与公有云存储的无缝衔接。无须关心多协议本地存储设备与云存储的兼容性，只需要在本地安装云存储网关即可实现混合云部署，并拥有海量的云端存储。

（4）云数据库

腾讯云中云数据库有集中式数据库、分布式数据库、数据传输服务等。

① 集中式数据库有 CDB（Cloud Database，云数据库）和 CRS （Cloud Redis Store，云存储 Redis）。其中 CDB 是腾讯云提供的关系数据库云服务，支持 MySQL、SQL Server、TDSQL、PostgreSQL 等，相对于传统数据库其更容易部署、管理和扩展，默认支持主从实时热备，并提供容灾、备份、恢复、监控、迁移等数据库运维全套解决方案。CRS 是腾讯云打造的兼容 Redis 协议的缓存和存储服务，主要包括 Redis 和 Memcached，提供主从版和集群版，丰富的数据结构能完成不同类型的业务场景开发；支持主从热备，提供自动容灾切换、数据备份、故障迁移、实例监控、在线扩容、数据回档等全套的数据库服务。

② 分布式数据库有 DCDB、MongoDB、HBase、TiDB、TData。其中 DCDB 是支持自动水平拆分的高性能分布式数据库架构——业务显示为完整的逻辑表，数据均匀拆分到多个分片中，目前兼容 MySQL 协议，DCDB 的每个分片默认采用主从架构，提供灾备、恢复、监控、不停机扩容等全套解决方案，适用于 TB 或 PB 级的海量数据场景。MongoDB 文档数据库是腾讯云基于全球广受欢迎的 MongoDB 打造的高性能 NoSQL 数据库，100%兼容 MongoDB 协议，提供稳定、丰富的监控管理，弹性可扩展、自动容灾，适用于文档型数据库场景，无须自建灾备体系及控制管理系统。HBase 列式数据库是腾讯云基于全球广受欢迎的 HBase 打造的高性能、可伸缩、面向列的分布式存储系统，100%兼容 HBase 协议，适用于吞吐量大、海量数据存储以及分布式计算的场景，提供稳定、丰富的集群管理和弹性可扩展的系统服务。

③ 数据传输服务（Data Transmission Service，DTS）提供以数据库为中心的数据迁移、同步及订阅服务。它可以帮助用户轻松、安全地将数据库迁移上云，也支持不同实例间的连续数据复制。

（5）云安全

云安全提供网络安全、App 安全、业务安全、主机安全等安全产品。网络安全主要有 DDoS 防护、钓鱼网站举证、WAF 应用防火墙、渗透服务、网站安全认证、网站漏洞扫描；App 安全主要有反盗版、防破解、漏洞扫描（发现源码缺陷）、支付环境检测、支付调用场景识别；业务安全主要有人脸识别、恶意注册用户识别、活动防刷、防撞号登录、验证码、金融反欺诈、图片和 OCR 等；主机安全主要有入侵检测、密码破解、漏洞管理、WebShell 检测、恶意文件检测等。

本章小结

本章主要讲解了云计算概述、云计算技术、云计算的应用。其中云计算概述部分主要介绍了云计算的定义、分类、服务模式及部署模式；云计算技术部分主要介绍了虚拟化技术、分布式存储技术、超大规模资源管理技术、云平台管理技术、信息安全技术、绿色节能技术等。云计算应用部分主要介绍了典型的平台即服务（以百度地图 API 为例）、云计算的综合案例（以腾讯云为例）。通过本章的学习，读者应能了解云计算的概念、云计算的关键技术，能理解云计算的典型应用。

本章习题

1. 简述云计算的定义。
2. 简述云计算的分类。
3. 云计算的部署方式有哪些？
4. 云计算有哪些关键技术？
5. 什么是虚拟化技术？

第 7 章

物联网

学习目标

- 能解释物联网的概念、特征。
- 了解物联网的发展历史。
- 了解物联网的体系结构及各层的关键技术。
- 能罗列物联网的典型应用。

本章重点

- 物联网的概念和特征。
- 物联网的体系结构。
- 物联网的典型应用。

物联网是指通过各种信息传感器、射频识别技术、全球定位系统、红外感应器、激光扫描器等各种装置与技术，实时采集任何需要监控、链接、互动的物体或过程，采集其声、光、热、电、力学、化学、生物、位置等各种需要的信息，通过各类可行的网络接入，实现物与物、物与人的泛在连接，实现对物品和过程的智能化感知、识别和管理。

物联网有效推动了第四次工业革命，物联网帮助世界度过了经济危机，物联网技术以"随风潜入夜，润物细无声"的方式正在悄悄地影响着我们的学习、工作和生活，不知不觉间我们已经处在被物联网包围的智慧时代。什么是物联网？它包含哪些关键技术？它有哪些应用场景？本章将为您揭晓这些问题的答案。

7.1 物联网概述及特征

7.1.1 物联网的概念

物联网是国家新兴战略产业中信息产业发展的核心领域，将在国民经济发展中发挥重要作用。目前，物联网是全球研究的热点问题，国内外都把它的发展提到了国家级的战略高度，称之为继计算机、互联网之后世界信息产业的第三次浪潮。随着科学技术的迅速发展，物联网技术已经渗透到工业、农业、交通运输、航空航天、国防建设等诸多领域，物联网技术是物物相连的互联网，是新兴的电子信息技术。物联网既是在互联网基础下延伸和扩展的网络，又将用户端延伸和扩展到任何物品与物品之间，进行信息交换和通信。它是一门发展迅速、应用面广、实践性强且重要的应用学科，在现代科学技术中占有举足轻重的地位。当前，5G技术已日趋成熟，并且已经投入商用。可以说，网络接入和数据处理能力已能满足构建物联网进行多媒体信息传输与处理的基本需求，物联网正在飞速发展。

1．物联网的基本定义

物联网（IoT）的定义有很多种，其中维基百科对其的定义较简单：物联网是一种计算设备、机械、数字机器相互关联的系统，具备通用唯一识别码，并具有通过网络传输数据的能力，无须人与人或人与设备的交互，如图7.1所示。

普遍认可的一种概念是：物联网是按照规定的协议，将具有"感知、通信、计算"功能的智能物体、系统、信息资源互连起来，实现对物理世界"泛在感知、可靠传输、智慧处理"的智能服务系统。

图 7.1　物联网

本书认为物联网是由互联网与传感网有机融合形成的一种面向人、机、物泛在智慧互连的信息服务网络，它利用传感器、RFID等技术赋予事物（包括人）感知识别能力，基于融合的通信网络实现事物的泛在接入与信息交互，借助虚拟组网、智能计算、自动控制等技术实现事物的动态组网、功能重构与决策控制，最终面向用户个性化需求提供高效信息服务。

2．物联网与互联网的区别

"Internet of Things"可理解为"物物相连的互联网"，但互联网原义是指计算机网络，所以"物联网"有两层含义：第一，物联网的基础和支撑仍是功能强大的计算机系统，它是以计算机网络为核心进行延伸和扩展形成的网络；第二，其用户端已延伸和扩展到众多物品与物品

之间，物品之间可进行数据交换和通信，实现许多全新的系统功能。不同行业、不同部门从不同的技术视角出发，都有一些特定的陈述，对物联网的定义一直在不断充实与完善。

物联网是在互联网基础上发展起来的，它与互联网在基础设施上有一定程度的重合，但是它不是互联网概念、技术与应用的简单扩展。

互联网可扩大人与人之间信息共享的深度与广度，而物联网更加强调它在人类社会生活各个方面、国民经济各个领域的广泛与深入的应用。

7.1.2　物联网的发展与形成

1．物联网的发展历程

物联网的起源可以追溯到 20 世纪 80 年代初期，全球第一台隐含物联网概念的设备为位于美国卡内基梅隆大学的可乐贩卖机，它连接到 Internet，可以在网络上检查库存，以确认可供应的饮料数量。马克·韦泽（Mark Weiser）于 1991 年发表了论文《21 世纪的计算机》（The Computer of the 21st Century），提出"普适技术"的概念，为物联网的发展拓展了重要道路。

雷扎·拉吉（Reza Raji）于 1994 年发表《可控制的智能网络》（Smart Networks for Control）论文，提出了相关概念，即物联网"可将小量的数据包汇集至一个大的节点，这样就可以集成与自动化各种设施，从家用电器乃至于整座工厂"。

1995 年，比尔·盖茨在他的著作《未来之路》中也曾提到物联网，1993—1997 年之间，几家公司提出了多种解决方案，例如 Microsoft at Work、Novell NEST。比尔·乔伊（Bill Joy）于 1999 年在世界经济论坛上提出"六网"（Six Webs）架构，其中第六项"D2D，Device to Device"描绘了物联网更具体的发展构想。

1999 年，美国麻省理工学院"自动识别中心"提出"万物皆可通过网络互联"的观点。

2003 年，美国《技术评论》提出传感网络技术将是未来改变人们生活的十大技术之首。2005 年，ITU 发布的《ITU 互联网报告 2005：物联网》中也引用了物联网的概念，如图 7.2 所示。

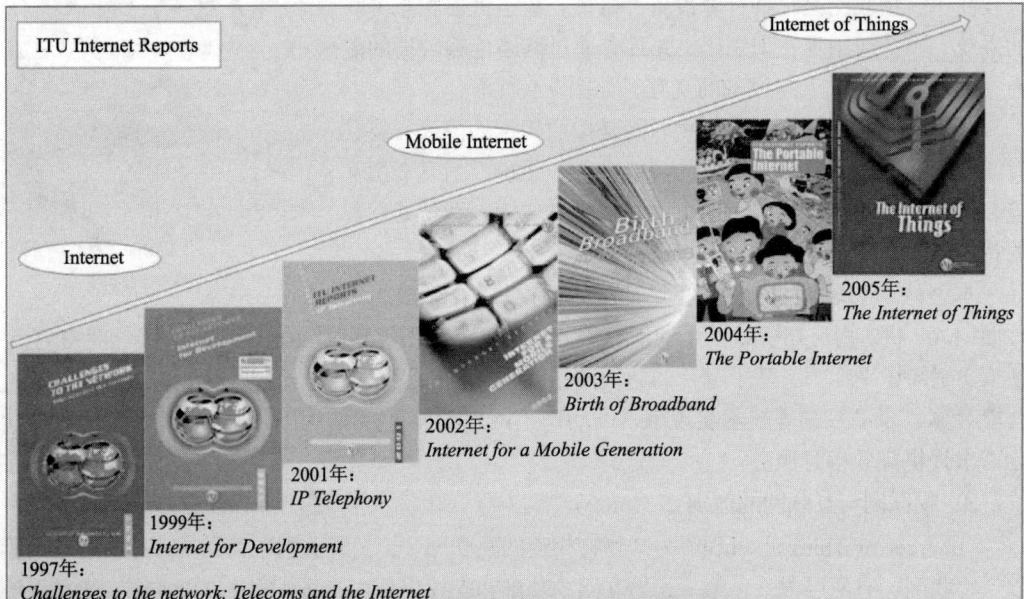

图 7.2　"ITU Internet Reports"系列研究报告

虽然物联网的概念早已被多次提及，但一直未能引起人们的足够重视。直到 2008 年，为了促进科技发展并寻找新的经济增长点，各国政府才开始将目光放在物联网上，并将物联网作为下一代的技术规划。仿佛一夜之间，物联网便成了时髦的新名词。2009 年欧盟委员会发表了欧洲物联网行动计划，描绘了物联网技术的应用前景，提出欧盟要加强对物联网的管理，促进物联网的发展。随后，IBM 首次提出"智慧地球"的概念。

国内对物联网的发展也给予了高度的重视。2009 年 8 月，"感知中国"的概念被提出，这标志着我国对物联网产业的关注和支持力度已提升到国家战略层面。之后"传感网""物联网"成为热门词汇。

2009 年 9 月，传感器网络标准工作组成立。

2009 年 11 月，中国移动公司在无锡成立中国移动物联网研究院，重点开展 TD-SCDMA 与物联网融合的技术研究与应用开发。

2010 年初，我国正式成立了传感物联网技术产业联盟。

2015 年之后，我国对物联网的发展提供了更多的政策和资金支持，物联网行业应用进一步拓展，预计到 2025 年物联网技术和 AI 技术配合将成为重要的生活参与技术。我国物联网发展历程如图 7.3 所示。

自然发展阶段	⇒	生态意识阶段	⇒	数据爆发阶段	⇒	智能阶段
1990—2009年		2010—2015年		2016—2020年		2021—2025年

图 7.3　我国物联网发展历程

2．物联网的政策环境

作为一场技术革命，物联网把我们带进一个泛在连接、计算和通信相融合的新时代。一方面，物联网的发展依赖于从无线传感器到纳米技术等众多领域的动态技术创新；另一方面，物联网技术的拓展和创新极大地推动了各行各业的飞速发展与社会经济的快速增长。

当前，国内外都将发展物联网视为新的技术创新点和经济增长点。国际方面，美国全面推进物联网发展，重点支持物联网在能源、宽带和医疗三大领域的应用，以建设智慧城市为契机，发展物联网应用服务平台，构建信息物理系统（Cyber Physical System，CPS），以推进物联网在各行业的应用。欧盟于 2015 年成立了横跨欧盟及产业界的物联网产业创新联盟，以构建"四横七纵"物联网创新体系架构，协同推进欧盟物联网整体跨越式创新发展。日本政府于 2008 年推出 i-Japan 战略，致力于构建一个智能的物联网服务体系，重点推进农业物联网发展。韩国从 2015 年开始研发物联网核心技术以及微机电系统（Microelectromechanical System，MEMS）传感器芯片、宽带传感设备。新加坡等其他亚洲国家也在加紧部署物联网科技与经济发展战略。

国内方面，国家持续推进物联网相关工作，从顶层设计、组织机制、智库支撑等多个方面持续完善政策环境。继制定《物联网"十二五"发展规划》之后，国家建立了物联网发展部际联席会议制度和物联网发展专家咨询委员会，以加强统筹协调和决策支撑，国务院出台《关于推进物联网有序健康发展的指导意见》，进一步明确发展目标和发展思路，推出 10 个物联网发展专项行动计划，落实具体任务。在国家其他有关信息产业和信息化的政策文件中，也提出推动物联网产业发展。国内多所高校、科研院所、通信运营商、通信企业等都积极开展物联网关键技术研发，推进物联网的产业化应用，在智慧家居、智能电网、智慧健康等领域的研发初具规模。物联网在我国正处于加速发展阶段。

2021 年，我国提出加快推动数字产业化，构建基于 5G 的应用场景和产业生态，在智慧交通、智慧物流、智慧能源、智慧医疗等重点领域开展试点示范。将物联网列为数字经济重点产业，提出推动传感器、网络切片、高精度定位等技术创新，协同发展云服务与边缘计算服务，培育车联网、医疗物联网、家居物联网产业。

7.1.3　物联网的特征

与传统的互联网相比，物联网有其鲜明的特征。

（1）物联网是各种感知技术的广泛应用。物联网上部署了海量的多种类型的传感器，每个传感器都是一个信息源，不同类别的传感器所捕获的信息内容和信息格式不同。传感器按一定的频率周期性地采集环境信息，不断更新数据，获得的数据具有实时性。

（2）物联网是一种建立在互联网上的泛在网络。物联网技术的重要基础和核心仍旧是互联网，通过各种有线和无线网络与互联网融合，将物体的信息实时、准确地传递出去。物联网上的传感器定时采集的信息需要通过网络传输，由于其数量极其庞大，形成了海量信息，在传输过程中，为了保障数据的正确性和及时性，必须适应各种异构网络和协议。

（3）物联网不仅提供了传感器的连接功能，其本身也具有智能处理的能力，能够对物体实施智能控制。物联网将传感器和智能处理相结合，利用云计算、模式识别等各种智能技术，扩充其应用领域；从传感器获得的海量信息中分析、加工和处理出有意义的数据，以满足不同用户的不同需求，发现新的应用领域和应用模式。

总结来说，物联网的主要特征是泛在感知、可靠传输、智能处理。

物联网中的"智能物体"或者"智能对象"指的是现实物理世界的人或物，只是我们给它增加了"感知""通信""计算"能力。例如，我们可以给商场中出售的货物贴上 RFID 标签，当顾客打算购买这个货物时，货物在购物车上经过结算的柜台时，RFID 读写器就会通过无线信道直接读取 RFID 标签的信息，知道货物的型号、生产公司、价格等信息，这时贴有 RFID 标签的商品就是物联网中一个具有感知、通信、计算能力的智能物体（Smart Thing），或者叫作智能对象（Smart Object）。在智能电网应用中，每一个用户家中安装有传感器的额变电器监控装置的智能电表就是智能物体。装有智能传感器的汽车也是一个智能物体。在智能家居应用中，安装了光传感器的智能照明控制开关是一个智能物体。安装了传感器的冰箱也是一个智能物体。在水库安全预警、环境监测、森林生态监测、油气管道监测应用中，无线传感网络中的每一个传感器节点都是一个智能物体。在智能医疗应用中，带有生理指标传感器的每一位老人是一个智能物体。在食品可追溯系统中，打上 RFID 耳钉的牛、一枚贴有 RFID 标签的鸡蛋也是一个智能物体。因此，在不同的物联网应用系统中，智能物体可以是小到几乎用肉眼也看不到的物体，也可以是一个大的建筑物；可以是固定的，也可以是移动的；可以是有生命的（如人、动物），也可以是对连接到物联网中的人与物的一种抽象符号，如图 7.4 所示。

可以大到智能电网中的高压铁塔、智能交通系统中的无人
驾驶汽车与道路基础设施，或者飞机、坦克与军舰

什么是物联网中的"物"？

物联网中的
"物"被抽象为
"智能物体"或
"智能对象"

智能物体

可以小到一个智能手表、智能手环、智能眼镜、RFID标签，
甚至是纳米传感器

可以复杂到一个智能工厂生产线上的工业机器人，也可以
简单到一把智能钥匙或一个智能插头、智能灯泡

可以是有生命的人，如老人、小孩与战士，或者是带耳钉的牛，也可以是无生命的山体岩石、
公路或桥梁

可以是智能传感器、纳米传感器、无线传感器网络节点、RFID标签、GPS终端，或者是到处可见的
视频摄像头

可以是服务机器人、工业或农业机器人、水下机器人、无人机、无人驾驶汽车、家用电器、智能医疗设
备，或可穿戴计算装置

如果患者通过穿着智能背心、老人通过
智能拐杖接入智能医疗系统，那他们不
也就成为物联网中的"物"了吗？

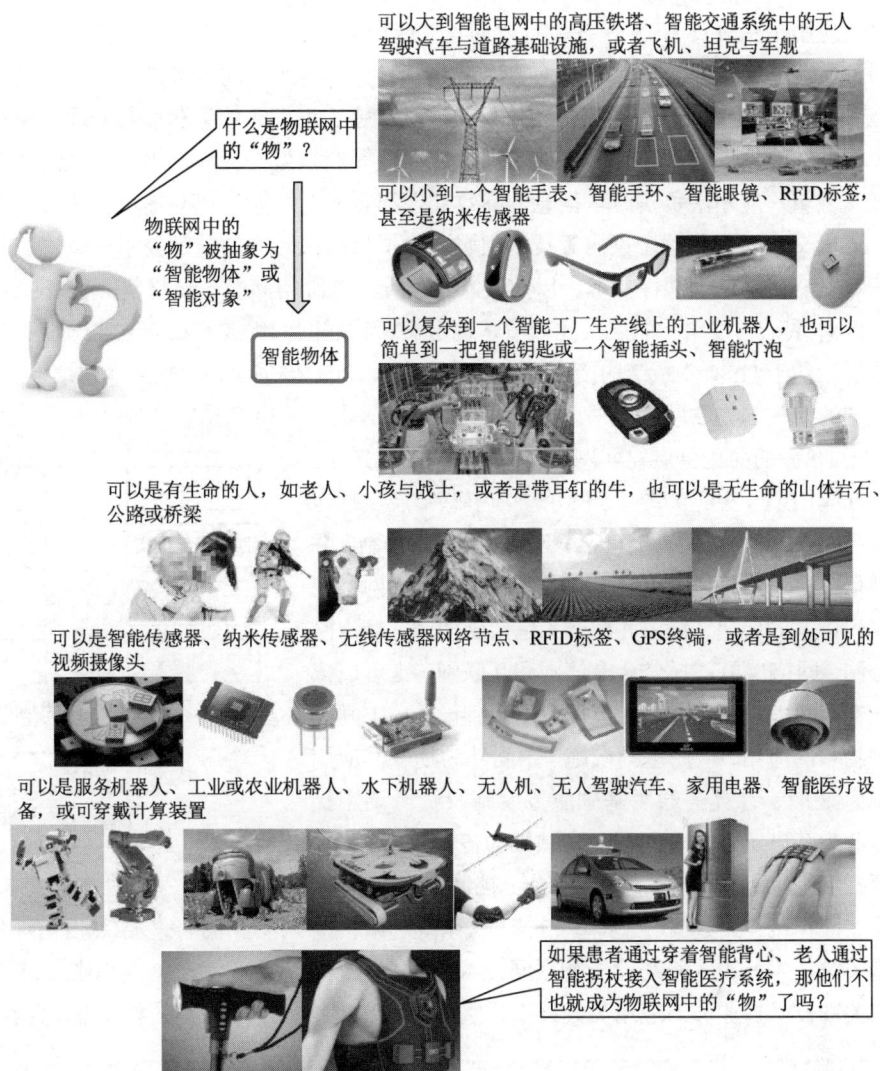

图 7.4 物联网中的"物"

7.2 物联网技术

7.2.1 物联网的体系结构

USN（Ubiquitous Sensor Networks，泛在传感器网络）体系结构是由韩国电子与通信技术研究所在 2007 年的 ITU 下一代网络全球标准化会议上提出的。该体系结构将物联网自底向上分为 5 层，依次为感知网、接入网、网络基础设施、中间件和应用平台，各层功能分别如下。

（1）感知网用于采集与传输环境信息。

（2）接入网由网关或汇聚节点组成，为感知网与外部网络或控制中心之间的通信提供基础设施。

（3）网络基础设施是指基于后 IP 技术的下一代互联网。

（4）中间件由负责大规模数据采集与处理的软件组成。

（5）应用平台负责 USN 在各个行业的具体应用。

目前主流的物联网分层体系结构（如 USN、IoT-A 等），均包含感知层、网络层、应用层 3 层。感知层负责信息传感与指令执行，涉及传感、识别、信息获取与处理、控制与执行等技术领域；网络层包含传感网、接入网、传输网等核心组件，涉及组网、通信、传输、交换等技术领域；应用层负责海量信息的高效处理和业务的智能生成与提供，涉及大数据、云计算、人机交互、业务动态重构等技术领域。除了与层次对应的关键技术领域，物联网还包含标识、安全、网管等共性技术，以及嵌入式系统、电源与储能、新材料等支撑技术。

USN 体系结构按照功能层次比较清楚地定义了物联网的组成，目前被我国工业与学术界广泛接受。基于 USN 体系结构衍生出很多改进方案，图 7.5 所示为 USN 体系结构演化结构。

我国的《中国物联网白皮书 （2011 年）》中阐述了一种基于 USN 的简化分层物联网网络架构，包括感知层、网络层和应用层 3 层，如图 7.6 所示。其中感知层实现对物理世界的智能感知识别、信息采集处理和自动控制，并通过通信模块将物理实体连接到网络层和应用层；网络层主要实现信息的传递、路由和控制，包括延伸网、接入网和核心网，网络层可依托公众电信网和互联网，也可以依托行业专用通信网络；应用层包括应用基础设施、中间件和各种物联网应用，应用基础设施、中间件为物联网应用提供信息处理、计算等通用基础服务设施及资源调用接口，以此为基础实现物联网在众多领域的各种应用。

概括来说，物联网涉及感知、识别、控制、网络通信、微电子、计算机、大数据、云计算、嵌入式系统、微机电等诸多关键技术。为了系统分析物联网技术体系，可以将其划分为感知与识别关键技术、网络通信关键技术、业务与应用关键技术、共性技术和支撑技术五大类，如图 7.7 所示。

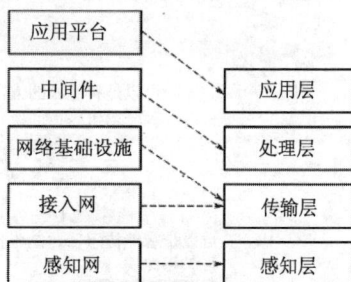

图 7.5　USN 体系结构演化结构

图 7.6　物联网三层网络架构

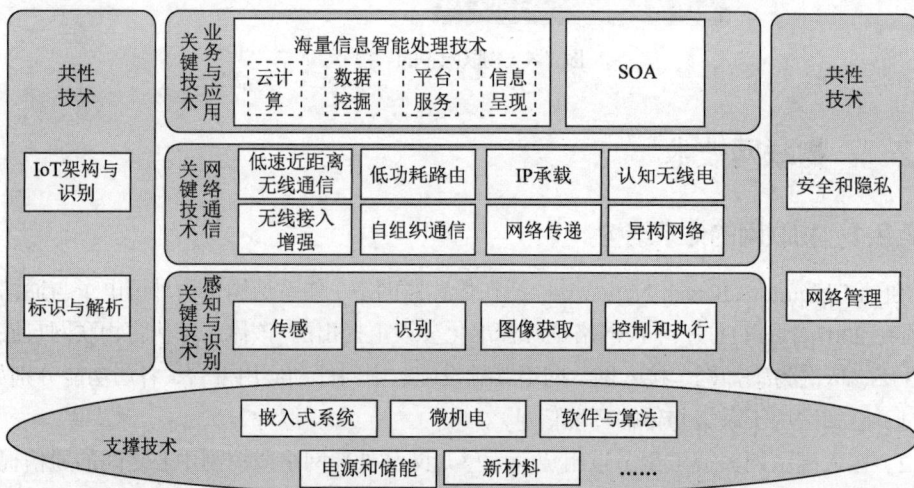

图 7.7　物联网的技术体系

7.2.2　物联网感知层关键技术

物联网在传统网络的基础上，从原有网络用户终端向"下"延伸和扩展，扩大通信的对象范围，即通信不仅仅局限于人与人之间的通信，还扩展到人与现实世界的各种物体之间的通信。

物联网感知层解决的就是人类和物理世界的数据获取问题。感知层处于三层架构的底层，是物联网发展和应用的基础，具有物联网全面感知的核心能力。作为物联网最基本的一层，感知层具有十分重要的作用。

感知层一般包括数据采集和数据短距离传输两部分。此处的短距离传输技术，尤指像蓝牙、ZigBee 这类传输距离小于 100m、速率低于 1Mbit/s 的中低速无线短距离传输技术。

感知层所需要的关键技术包括传感器技术、RFID 技术、二维码技术等。

1．传感器技术

计算机类似于人的大脑，仅有大脑而没有感知外界信息的"五官"显然是不够的，计算机还需要它们的"五官"——传感器。

传感器的功能首先是能感受到被检测的信息，其次还包括传输、处理、存储、显示、记录、控制等功能。

传感器分类的依据很多，比较常用的是按被检测到的物理量分类、按工作原理分类、按输出信号的性质分类这 3 种。另外，按是否具有信息处理功能来分类也变得重要起来，如自身不具有信息处理能力的传感器称为一般传感器，它需要计算机进行信息处理；而智能传感器自身就具有信息处理能力。

传感器是摄取信息的关键器件，它是物联网中不可缺少的信息采集设备，也是采用微电子技术改造传统产业的重要设备。

2．RFID 技术

RFID 是 20 世纪 90 年代开始兴起的一种自动识别技术，其利用射频信号通过空间电磁耦合实现无接触信息传递并通过所传递的信息实现物体识别。

在对物联网的构想中，RFID 标签中存储着规范而具有互用性的信息，通过有线或无线的方式把它们自动采集到中央信息系统，实现对物品（商品）的识别，进而通过开放式的计算机网络实现信息交换和共享，实现对物品的"透明"管理。RFID 系统由电子标签（Tag）、天线（Antenna）、读写器（Reader）构成。

RFID 技术的工作原理：电子标签进入读写器产生的磁场后，读写器发出射频信号；凭借感应电流所获得的能量发送存储在芯片中的产品信息（无源标签或被动标签）或者主动发送某一频率的信号（有源标签或主动标签）；读写器读取信息并解码后，送至中央信息系统进行有关数据处理。身份证、校园一卡通、公交卡都是基于 RFID 的原理生成的。

3．二维码技术

二维码（2-Dimensional Bar Code）技术是物联网感知层实现过程中基本和关键的技术之一。二维码也叫二维条码或二维条形码，是用某种特定的几何形体按一定规律在平面上分布（黑白相间）的图形来记录信息的应用技术。从技术原理来看，二维码在代码编制上巧妙地利用构成计算机内部逻辑基础的"0"和"1"比特流的概念，使用若干与二进制相对应的几何形体来表示数值信息，并通过图像输入设备或光电扫描设备自动识读，以实现信息的自动处理。

与一维条形码（也称一维码）相比，二维码有着明显的优势，归纳起来主要有以下几个方面：数据容量更大，二维码能够在横向和纵向两个方位同时表达信息，因此能在很小的面积内表达大量的信息；超越了字母数字的限制；条形码相对尺寸小；具有抗损毁能力。此外，二维码还可以引入保密措施，其保密性较一维码要强很多。

7.2.3　物联网网络层关键技术

物联网的网络层是建立在 Internet 和移动通信网络等现有网络基础上的，为实现"物物相连"，物联网的网络层综合使用 IPv6、4G/5G、WiFi 等技术，实现有线与无线的结合、宽带与窄带的结合、感知网与通信网的结合。同时，网络层中的感知数据管理与处理技术是实现以数据为中心的物联网的核心技术。感知数据管理与处理技术包括物联网数据的存储、查询、分析、挖掘、理解，以及基于感知数据决策和行为的技术。

1．Internet

物联网也被认为是 Internet 的进一步延伸。Internet 将作为物联网主要的传输网络之一，它将使物联网无所不在、无处不在地深入社会每个角落。

2．移动通信网

移动通信网由无线接入网、核心网和骨干网 3 部分组成。无线接入网主要为移动终端提供接入网络服务，核心网和骨干网主要为各种业务提供交换和传输服务。

移动通信网为人与人之间、人与网络之间、物与物之间的通信提供服务。在移动通信网中，当前比较热门的接入技术有 4G、5G 等。

（1）5G 与物联网

5G 将加速万物互联时代的到来，现有的 4G 网络还是无法很好地满足车联网、智能家居、智慧医疗、智能工业以及智慧城市等多方面的需要。相对于 4G 网络，5G 具备更加强大的通信和带宽能力，能够满足物联网应用高速稳定、覆盖面广等需求。5G 的实现使很多还处在理论或者试点阶段的物联网应用不仅能够落到实处，而且能得到迅速的推广和普及。所以 5G 的实现对于物联网行业来说不仅是雪中送炭，也是锦上添花。

物联网是 5G 商用的前奏和基础，发展 5G 的目的是给我们的生产和生活带来便利，而物联网就为 5G 提供了一个大展拳脚的舞台，在这个舞台上 5G 可以将众多的物联网应用，如智慧农业、智慧物流、智能家居、车联网、智慧城市等真正落在实处，发挥出自己强大的作用。两者相互作用共同为人类社会的发展谋福利，5G 的实现不仅会给物联网带来深远的影响，也将极大推动我国经济的发展。

（2）NB-IoT 与物联网

NB-IoT（窄带物联网）成为万物互联网络的一个重要分支。NB-IoT 是 3GPP 提出的一种窄带蜂窝通信技术，它基于现有的蜂窝网络构建，可直接部署在 GSM 网络和 LTE 网络。其核心是面向低端物联网终端（低耗流），适合广泛部署在智能家居、智慧城市、智能生产等领域。

NB-IoT 是 IoT 领域一个新兴的技术，支持低功耗设备在广域网的蜂窝数据连接，也被叫作低功耗广域网。NB-IoT 支持待机时间长、对网络连接要求较高设备的高效连接。NB-IoT 设备的电池寿命至少为 10 年，同时还能实现非常全面的室内蜂窝数据连接覆盖。"国家新一代信息技术产业规划"把 NB-IoT 定为信息通信业的重点工程之一。

3．无线传感器网络

无线传感器网络的基本功能是将一系列空间分散的传感器单元通过自组织的无线网络进行连接，从而将各自采集的数据通过无线网络进行传输汇总，以实现对空间分散范围内的物理或环境状况的协作监控，并根据这些信息进行相应的分析和处理。

很多文献将无线传感器网络技术归为感知层技术，实际上无线传感器网络技术贯穿物联网的 3 个层面，是结合了计算机、通信、传感器 3 项技术的一门新兴技术，具有较大范围、低成本、高密度、灵活布设、实时采集、全天候工作的优势，且对物联网其他产业具有显著的带动作用。

如果说 Internet 构成了逻辑上的虚拟数字世界，改变了人与人之间的沟通方式，那么无线传感器网络将逻辑上的数字世界与客观上的物理世界融合在一起，改变了人类与自然界的交互方式。无线传感器网络是集成了监测、控制及无线通信模块的网络系统，与传统网络相比，它具有如下特点：

（1）节点数目更为庞大（上千甚至上万），节点分布更为密集；

（2）由于环境影响和存在能量耗尽问题，节点更容易出现故障；

（3）环境干扰和节点故障易造成网络拓扑结构的变化；

（4）通常情况下，大多数传感器节点是固定不动的；

（5）传感器节点具有的能量、处理能力、存储能力和通信能力等都十分有限。

因此，无线传感器网络的首要设计目标是能源的高效利用，主要涉及节能、定位、时间同步等关键技术，这也是无线传感器网络和传统网络最重要的区别之一。

无线传感器网络通信技术也包含多种类型。

（1）蓝牙技术。这是一种能够实现设备之间短距离信息交互的无线通信技术，可以实现便捷的通信连接，实现信息的高效传输和交互。

（2）WiFi 技术。WiFi 是一种无线局域网通信技术。在人们的生活应用中已经不再陌生，通过 WiFi 网络，能够将计算机、智能手机等终端设备和无线通信网络连接，这种连接不需要网线，是一种无线连接方式。在 WiFi 网络中，既有中心网络，也有无中心网络。

（3）NFC 通信技术。这种通信技术能够实现设备之间无接触式点对点的数据信息传输。该技术以射频信号自动识别为基础，对目标的数据信息进行获取，从而有效构建无线网络。

（4）ZigBee 技术。ZigBee 技术是一种近距离、低功耗、低复杂性、低数据速率、低成本的双向无线通信技术，这一技术在远程自动控制方面具有显著的应用优势。将这一技术和射频识别技术相结合，能够发挥两种技术的优势，促进系统设计的优化。目前，ZigBee 技术因为其应用优势突出，在智能家居、智能抄表、环境监测、物联网等领域都有广泛应用。而 ZigBee 协议本身的拓扑结构也比较多样。

（5）红外线技术。红外线技术借助电磁波来实现信息传输。

7.2.4　物联网应用层关键技术

应用层位于物联网 3 层结构中的最顶层，是物联网和用户（包括个人、组织或者其他系统）的接口，其核心功能围绕两个方面：一是"数据"，应用层需要完成数据的管理和处理；二是"应用"，仅仅管理和处理数据还远远不够，应用层与最底端的感知层一起，是物联网的核心所在，应用层可以对感知层采集的数据进行计算、处理和知识挖掘，从而实现对物理世界的实时控制、精确管理和科学决策，因此必须将这些数据与各行业的应用相结合。

1. M2M 技术

M2M 根据不同场景可代表 Machine-to-Machine（机器对机器）、Man-to-Machine（人对

机器）、Machine-to-Man（机器对人）、Mobile-to-Machine（移动网络对机器）、Machine-to-Mobile（机器对移动网络）等。M2M 是现阶段物联网普遍的感知形式，是实现物联网的第一步。

M2M 技术将多种不同类型的通信技术有机地结合在一起，将数据从一台终端传送到另一台终端，也就是机器与机器的对话。它的目标就是使所有机器设备都具备联网和通信能力，其核心理念就是"网络一切"（Network Everything）。

2．云计算

云计算是分布式计算（Distributed Computing）、并行计算（Parallel Computing）和网格计算（Grid Computing）的发展，也可以说是这些计算机科学概念的商业实现。用户可以在多种场合，利用各类终端，通过互联网接入云计算平台来共享资源。

3．人工智能

在物联网中，人工智能技术主要负责分析物品所承载的信息内容，从而实现计算机自动处理。

4．数据挖掘

数据挖掘（Data Mining）是从大量的、不完全的、有噪声的、模糊的及随机的实际应用数据中，挖掘出隐含的、未知的、对决策有潜在价值的数据的过程。在物联网中，数据挖掘只是一个代表性概念，它是能够实现物联网"智能化""智慧化"的分析技术和应用的统称。

5．中间件

中间件是为了实现每个小的应用环境或系统的标准化以及它们之间的通信，在后台应用软件和读写器之间设置的一个通用的平台和接口。物联网中间件的主要作用在于将实体对象转换为信息环境下的虚拟对象，因此数据处理是中间件最重要的功能。

7.3　物联网的应用

应用是物联网存在的理由，创新是推动物联网发展的动力。物联网的高附加值体现在平台与解决方案上。物联网发展应该从大规模感知设备的接入入手，向物联网平台与解决方案方向延伸，以获得持续的创造价值的能力。我国《物联网"十三五"发展规划》确定了智能工业、智能农业、智慧交通等重点应用领域。

7.3.1　智慧交通

智慧交通（公路、桥梁、公交、停车场等）物联网技术可以自动检测并报告公路、桥梁的"健康状况"，还可以避免过载的车辆经过桥梁，也能够根据光线强度对路灯进行自动开关控制。

在交通控制方面，可以通过检测设备，在道路拥堵或特殊情况时，系统自动调配红绿灯，并可以向车主预告拥堵路段、推荐行驶最佳路线。

在公交方面，物联网技术构建的智能公交系统通过综合运用网络通信、地理信息系统、卫星定位及电子控制等手段，集智能运营调度、电子站牌发布、IC 收费、快速公交系统管理等于一体。通过该系统可以详细掌握每辆公交车每天的运行状况。另外，在公交候车站台上通过定位系统可以准确显示下一趟公交车需要等候的时间，还可以通过公交查询系统查询最佳的公交换乘方案。

停车难的问题在现代城市中已经引发社会各界的强烈关注。应用物联网技术可以帮助人们更好地找到车位。智能化的停车场通过采用超声波传感器、摄像感应、地感性传感器、太阳能供电等技术，第一时间感应到车辆停入，然后立即反馈到公共停车智能管理平台，显示当前的停车位数量。同时将周边地段的停车场信息整合在一起，作为市民的停车向导，这样能够大大缩短找车位的时间。

常见的智慧交通系统如图 7.8 所示。

7.3.2　智能建筑

智能建筑通常包括 20~30 个子系统，这些子系统分成常规与专业应用两大类。绝大部分子系统采用网络化、IP 网络化架构。建筑设备监控、安防、一卡通等已经构成网络平台上的集成融合子系统。智能建筑技术遍及各个行业，已发展成"综合集成系统"；智能建筑技术遍及数字城市，是构建数字城市的核心技术之一；物联网对智能建筑技术的影响无处不在；设备经过传感器联网技术遍及大部分子系统。可以说，很多子系统已经是准物联网形态或已经是物联网形态，例如智能家居、建筑设备监控、安防、一卡通、电子配线架、远程抄表等系统。

人们在智能建筑基础上提出了智能家居或称智能住宅（Smart Home）的概念。智能家居采用物联网的 RFID、传感器、短距离通信以及智能决策技术，将家居设备和智能系统有机互联并统一管理，为人们提供一个舒适、安全、环保的家居生活环境，如图 7.9 所示。

图 7.8　智慧交通系统

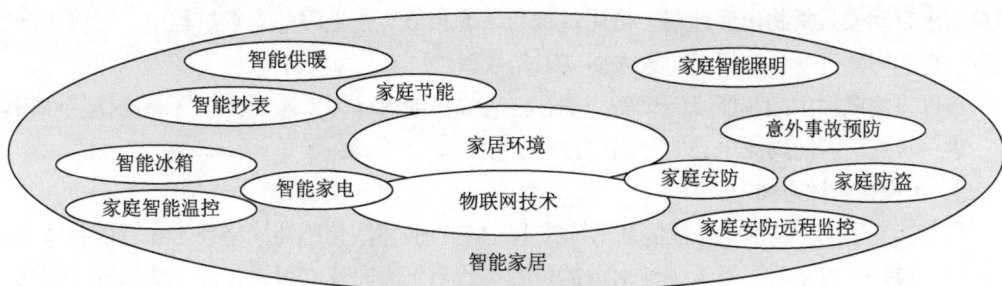

图 7.9　智能家居与物联网

智能照明设备可以无线遥控单个灯具，还能提供情景遥控模式，综合调控室内照明。

智能电源控制设备可以控制无线智能插座，实现对非遥控电器（如热水器、电风扇等）的电源遥控。

智能窗帘控制设备可以通过无线窗帘控制器对电动窗帘电机进行远程控制。

智能家电控制设备可以通过无线红外转发模块对红外遥控家电进行远程控制，如设定空调温度、冰箱温度等。

智能继电器输出控制设备可以实现电动门窗、煤气阀门等开关的控制。

7.3.3　智能物流

在物流领域，应用 RFID、全球卫星定位系统、地理信息等物联网技术，可以实现物品快速标识、准确定位和实时跟踪。利用物流管理系统处理和控制物流信息，实现企业物流运输合理化、仓储自动化、包装标准化、装卸机械化、加工配送一体化、信息管理网络化，可大大提高物流、供应链管理水平，降低物流成本，实现智能物流。随着物联网的发展，物联网在智能物流领域中应用的方面也在不断扩展，主要有如下几个方面。

1. 供应链管理方面

目前，越来越多的企业将供应链管理作为提高自己经济效益的一个重要部分，而鉴于物联网强大的信息采集和共享的特性，物联网将减缓供应链的"牛鞭效应"。

在供应链管理中，通过 RFID、红外视频等感知技术可以实时获取物品当前的状态，然后通过物联网的网络层将信息传达给销售商、生产商以及原料供应商，使供应链上的各个环节具备快速获取信息的能力，增加其可供处理的时间。这种供应链的智能物流信息化管理会提高客户需求预测的准确度，促使供应链上下游企业的密切合作，实现整体效益的提高，而不是利润的简单转移。

2. 智能物流配送中心方面

配送中心可以利用物联网中的 RFID 等技术，根据需要将电子标签贴在货物、托盘或者周转箱上面，通过对物品信息的实时记录、处理，再结合物联网的智能处理系统，实现货物出入库、盘点、配送的一体化管理，如图 7.10 所示。

图 7.10　智能物流

例如，贴有 RFID 标签的货物通过入库口时，读写器将自动读取货物信息，并将信息通过网络传送到数据库与订单进行对比，清点无误便可入库，系统的信息库随之更新。在配送过程中，智能软件系统根据客户需求自动安排货物出库计划，出库过程与入库相似。在平时的盘点过程中，可以用固定或者手持读写器进行自动扫描，大大提高工作效率。

可以将物联网中的智能终端设备，如智能码垛机器人、无人搬运小车等与操作软件相结合，进一步提高智能物流中心的智能化程度。

3. 可视化管理方面

目前，卫星定位技术、地理信息系统技术、RFID 技术、传感器网络技术在智能物流中已得到初步应用，可实时了解、关注对象的位置与状态，力图建立可视化的智能系统。例如，现在的智能物流运输系统积极应用物联网技术，已经在某种程度上实现可视化。通过在运输路线上布置一些网络节点，当装有相应标签或传感器等设备的货车经过时，便可获知其运输的路线、时间、货物等相关信息，使后台管理者实现可视化管理。当然，也可将这种技术落实在企业内部的生产线、温度实时监控等场合，以增加整个智能物流过程的透明度。

4. 可追溯管理方面

应用物联网建立可追溯的智能系统，主要是为了实现在智能物流过程中的质量管理和责任追究功能。例如，将物联网中的视频技术镶嵌在生产系统中，不仅能够实时监控产品的制造过程，而且可以事后进行查询。目前，主要是在食品安全、药品安全等领域运用物联网实施可追溯管理。通过产品追溯体系可以实现产品质量、效率等方面的智能物流保障。

7.3.4　环境监测

物联网技术中有传感器和通信技术，它能大大提高我们获取事物信息的能力，提高环境监测过程中的信息传送、信息采集以及实时监控水平，增加人对环境的监测能力，甚至未来可能会增强人类对环境的调控能力。物联网如今在环境监测中的应用有如下几个方面。

1．大气污染监测

物联网技术能够有效地应用到大气污染的监测过程中，监测空气中可吸入颗粒物的含量、空气中有毒有害物质的含量，甚至能够监测大气中的氧气含量、二氧化碳含量、氮气含量等。并且通过实时传输能够把监测器上的相关数据传输到气象控制中心，再传输给电视台等媒体告知民众。我国在城市空气质量监测的物联网应用上已经有完善的体系。

2．水污染监测

在河流河道、水库水质监测和污水处理质量监测中都已经进行了物联网技术的应用（见图 7.11）。通过传感器监测水中各种污染物含量、气体含量、有毒有害物质含量，而后将数据传送到中央控制系统，计算机自动进行比对分析，判断水质情况和水质安全情况，所有的数据都会自动

图 7.11　太湖环境监测系统

进行存储备案，一旦发现问题自动报警。而且人也能够对系统进行干预，人为进行实时的监测、观察。

3．海洋污染监测

我国的海洋污染物联网系统建设还处于初期阶段，但是很多国家很早就对海洋污染监测的物联网系统建设进行了研究。海洋污染物联网系统能够监测一个国家海洋的水质情况、污染物情况，能够在发生一些人为灾害或者自然灾害时及时发现、及时处理。例如能够在发生核污染时及时发现污染物是否到达国家的近海，在发生轮船原油泄漏时也能够及时判断污染情况并做出处理，控制污染。所以说海洋环境监测也有着极高的必要性。

4．生态环境监测

生态环境的物联网监测系统其实是一个较为宽泛的系统概念，但已经逐步被应用。一般来说这样的一个监测系统包括视频监控系统，生态环境中的生物、动物生存情况监测等一系列的监控系统，最终汇集到中央控制系统中。生态环境的物联网监测主要在一些自然保护区、沙漠绿植研究、生态恶化监测中逐步被应用。

本章小结

本章从物联网的概念、发展、特征、体系结构、三层结构中的关键技术及物联网在各个重点领域的应用等方面进行了阐述，以便读者能够对物联网的概念有一个准确的认识，帮助读者了解物联网应用的发展。

本章习题

1．至少列出生活中常见的 5 种物联网技术，并就其中的 1 种技术进行深入探究，描述该技术的基本原理。

2．结合物联网的应用，说出你对物联网三层结构模型的理解。

3．结合你对物联网的理解，举出一种常用的物联网应用系统实例。

4．为什么说进入 5G 时代，受益最大的是物联网？

5．简述物联网的特征。

第 8 章

大数据

学习目标

- 了解大数据的发展历程。
- 掌握大数据的定义及特征。
- 理解大数据的主要处理环节及技术。
- 熟悉大数据的典型应用场景。

本章重点

- 大数据的特征。
- 大数据的采集方式。
- 大数据预处理方法。
- 大数据分析的方法。
- 大数据可视化的基本过程。

常言道：三分技术，七分管理，十二分数据，得数据者得天下。麦肯锡公司提出："数据，已经渗透到当今每一个行业和业务职能领域，成为重要的生产因素。人们对海量数据的挖掘和运用，预示着新一波生产率增长和消费盈余浪潮的到来。"大数据时代要用大数据思维去发挥大数据的潜在价值。那什么是大数据？什么是大数据思维？什么又是大数据的潜在价值呢？

8.1　大数据发展历程

从人类悠久的历史长河说起，大数据的产生经历了从记数到数据文明，再到数字系统、互联网、感知系统多个阶段。

8.1.1　记数时代

动物和人都具有某种"原始数觉"，人的记数能力就是由这种原始数觉发展起来的。但是这种原始数觉一般体现在视觉和触觉的范围内，所以这种原始数觉最初仅表现为对"多"和"少"的区别。例如：鸟巢里有 4 个蛋，我们拿走 1 个或 2 个，鸟不会发现，但如果拿走3 个，这只鸟就会警惕起来。这说明这只鸟的原始数觉为 3，当某个物品的数量超过 3 后，它已经无法分辨出多与少了。纯粹从数觉上来讲，人比动物好不了多少。据人类学家的研究，普通人的视觉数觉很少超过 4，触觉数觉范围还要更小。

随着人类社会的不断发展，人口越来越多，物品也越来越多，原始数觉已经不能满足人类的生产需要。经过了不知多少偶然和必然因素的影响，人们开始利用自己的手指和身体其他部位来帮助记数，现在所谓的"屈指可数"就是由此而来的。英文"digit"既可以翻译成"数字"，也可以翻译成"手指、脚趾"，也是因为这个原因。作为最易携带的记数工具，人们在教婴儿数字时，通常也是从"掰手指"开始的。正常情况下，人类的手指和脚趾分别有十个，所以十进制就成为人类最普遍使用的进制方式。为了扩大记数范围，后期出现了"结绳记数"（见图 8.1），以及算筹、算盘等工具。

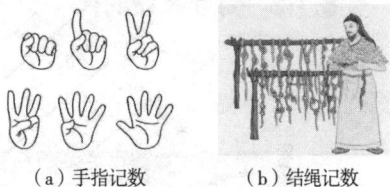

（a）手指记数　　　（b）结绳记数

图 8.1　记数方式

随着时间、年月等概念的出现，十进制已经明显不适用了。于是，十二进制、六十进制等多种不同的记数方式随之出现。所以，一般来说，科学技术是因需要而产生、因方便而普及的。

你还能想到生活中有哪些常用的进制吗？

8.1.2　数据文明时代

当数值这样的数据已经不足以记录文明时，文字、图片形式的数据"应运而生"。

壁画、甲骨文、钟鼎文、竹简、纸张、书籍，描述了一代代人的生活，如图 8.2 所示。我国周代，出现了图书馆的雏形"盟府"，用于保存盟约、图籍、档案等与皇室有关的资料。到了西汉，皇室开始大量收藏图书，设置了"石渠阁""天禄阁"等皇家图书馆，如图 8.3 所示。到了唐代，随着印刷业的发展，出现了民间私人图书馆。到现代，图书馆的藏书量已经成为文化厚度的象征。古有"读史可以明智"一说。这些都说明用数据来记录文明的重要性。

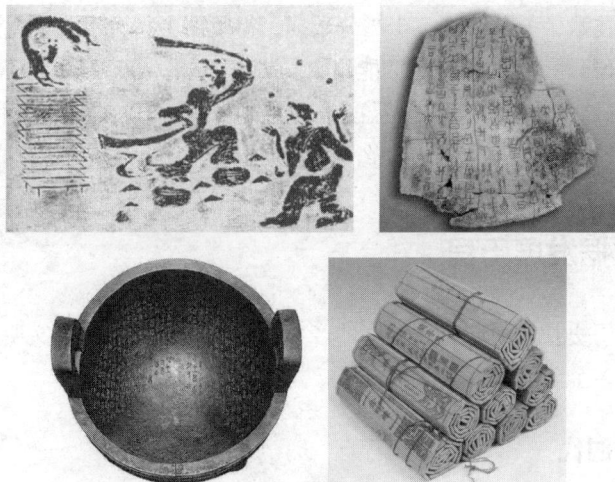

图 8.2　记录数据

图 8.3　天禄阁和现代图书馆

8.1.3　数字系统时代

到了现代，随着第一台通用计算机、第一台个人计算机（见图 8.4 和图 8.5）的出现，数据逐渐"数字化"。

图 8.4　世界上第一台通用计算机

图 8.5　世界上第一台个人计算机

数字、文字、图片、视频、音频等文件格式满足了几乎所有的数据存储需求。数据库系统的出现使数据管理的复杂度大大降低了，它不仅能存储大量的数据，还能提供多人可共享的数据服务。于是大量的运营式系统出现，如超市的销售管理系统、银行的交易管理系统、医院病人的医疗系统等。

此阶段的数据，都是被动产生的，正如"数据"的定义：是描述事物的符号记录。商店每售出一件产品就会在数据库中产生一条相应的销售记录，银行的每一笔交易同样都会在系统中进行记录。通过对系统数据的分析、统计，可以对业务实体的运营状况进行分析，结合实际业务需求、业务流程等，可以进行决策建议，从而提升企业效益。

此阶段的数据，通常存储在国家、企业等机构中，是为运营或研究而服务的。

8.1.4　互联网时代

随着互联网的快速发展，数据已经慢慢脱离了传统的产生模式。网络信息的共享，让人们产生了强烈的"分享、展示自己"的意愿。以智能手机、平板电脑为代表的新型移动设备的出现，提供了更便捷的信息发布途径。于是，人们利用微信、QQ、微博等社交工具（见图8.6）进行沟通、信息分享。此时，数据开始主动产生。数据中记录了人们大量的沟通信息、状态信息、交易记录、浏览记录等行为信息。如何通过数据挖掘出更多潜藏的价值成为众多企业、研究机构关心的重点话题。

图8.6　社交工具

"谁拥有数据，谁就有发言权"，此阶段出现大量"以数据为生"的企业或机构，如数据交易公司、数据存储公司、数据分析公司等。

8.1.5　感知系统时代

随着电子技术的不断发展，人们已经有能力制造各种带有处理功能的传感器（如温度湿度传感器、摄像头、运动手环等），如图 8.7 所示。将这些设备广泛地布置在社会的各个角落，就可以对社会的运转、对人进行监控。这些设备会源源不断地产生新的数据，这种数据的产生方式是自动的。

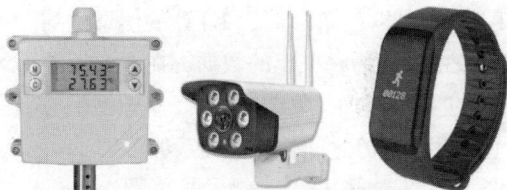

图8.7　常用传感器设备

此时的大数据终于初具规模，面向大数据市场的新技术、新服务、新业态不断涌现，各行各业的决策也逐步从"业务驱动"向"数据驱动"转变。

8.1.6　大数据时代

2012 年 3 月，美国宣布启动"大数据研究与开发计划"，投入 2 亿美元进行大数据相关技术研发。2013 年，英国发布《英国数据能力发展战略规划》，并建立世界首个"开放数据研究所"。2014 年，大数据首次写入我国政府工作报告。2015 年 8 月，国务院发布《促进大数据发展行动纲要》，对支撑大数据发展的国家级统一平台进行了总体规划布局。2017 年，《大数据产业发展规划（2016—2020 年）》发布，全国各地相应推出大数据发展政策。大数据发展"如火如荼"。

8.2　大数据定义与特征

1980 年，著名未来学家阿尔文·托夫勒（Alvin Toffler）便在《第三次浪潮》一书中将大数据热情地赞颂为"第三次浪潮的华彩乐章"。

2008 年 8 月，奥地利科学家维克托·迈尔–舍恩伯格（Viktor Mayer-Schönberger）和肯尼思·库克耶（Kenneth Cukier）在编写的《大数据时代》中提出，大数据是指对所有数据进行整体分析处理，而不是采用随机分析法分析。

2008 年 9 月，美国《自然》杂志推出了名为"大数据"的封面专栏，正式提出"大数据"概念。

2011 年 5 月，麦肯锡研究院发布报告，给出了大数据最早的定义："一种规模大到在获取、存储、管理、分析方面大大超出了传统数据库软件工具能力范围的数据集合，具有海量的数据规模、快速的数据流转、多样的数据类型和价值密度低四大特征。"

研究机构高德纳给出了这样的定义："大数据"是需要新处理模式才能具有更强的决策力、洞察发现力和流程优化能力来适应海量、高增长率和多样化的信息资产。

一般认为，大数据具有 4 个方面的典型特征：数据规模大（Volume）、数据形式多（Variety）、数据增长速度和处理速度快（Velocity）和价值高但密度低（Value），简称"4V"。

8.2.1 海量性

如今世界上的信息量到底有多大？

2020 年，科研人员在考察了 1986—2007 年的数据后，经过研究得到这样一组数据：2007 年，人类可以存储、通信和计算的信息量约为 295EB，而后每一年的数据都在上一年的基础上翻倍增加（见图 8.8）。其中 EB 与 PB、TB、B 等之间的换算关系如下。

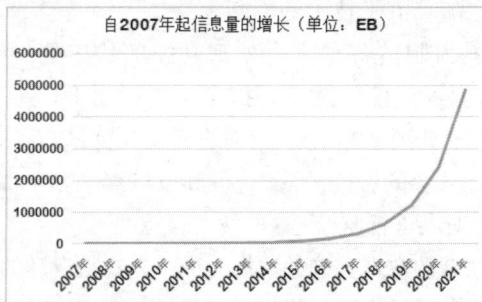

图 8.8 自 2007 年起人类可以使用的信息量的增长情况

1024B = 1KB

1024KB = 1MB

1024MB = 1GB

1024GB = 1TB

1024TB = 1PB

1024PB = 1EB

1024EB = 1ZB

据统计，2020 年互联网用户每天产生约 1.5GB 的数据。预测到 2025 年，全球互联网连接设备的总安装量将达到 754.4 亿，这部分设备每天产生的数据量可想而知。

8.2.2 多样性

数据的形式是多种多样的，包括数字（如价格、交易数据、人的体重、人数等）、文本（如邮件、网页信息等）、图像、音频、视频、位置信息（如经纬度、海拔等）。

这些数据又分为结构化数据和非结构化数据。

（1）结构化数据，也被称为行数据，是由二维表结构来逻辑表达和实现的数据，严格遵循数据格式与长度的规范，主要通过关系数据库进行存储和管理。

例如：要注册成为一个商场的会员，需要先填写申请表，如表 8.1 所示。通过审核后，商场将所有会员的数据统一存储在一张表中，如表 8.2 所示。表 8.2 所示的会员登记表是典型的结构化数据，每一行代表一个会员，每一列代表会员的一种属性（如姓名、手机号）。而表 8.1 所示则是为了收集到结构化数据而制定的用户表格，虽然不能直接用于数据的存储、分析，但它的每一个单元格都与表 8.2 中的单元格一一对应，所以也遵循一定的数据格式要求（如手机号码不会是文字）。

表8.1　会员申请表

姓名		性别		民族	
文化程度		籍贯		党派	
出生年月		邮箱			
单位名称				职务	
社会职务及 个人简介					
职务意向		□普通会员	□理事会员	□常务理事会员	
联系电话		传真		手机	

表8.2　会员登记表

VIP 卡编号	姓名	手机号	生日	性别	住址	办理日期

（2）非结构化数据，是指数据结构不规则或者不完整，没有预定义的数据模型，不方便用数据库二维表来存储和管理的数据，最典型的是文本文档、图片、视频、音频等数据。非结构化数据没有既定的结构和对应的意义，例如一段不带标点符号的中文，用不同的形式断句就会产生不同的含义。非结构化数据比结构化数据更难标准化和理解，所以在传统的一些企业中通常将其忽略。但 IDC（Internet Data Center，互联网数据中心）的一项调查报告指出：企业中 80%的数据都是非结构化数据，并且这些数据会每年按指数增长 60%。这就意味着，在非结构化数据中蕴藏着庞大的信息宝库，这才是大数据时代需要着重挖掘的"黄金"。

8.2.3　高速性

现在的数据增长速率非常快，就在刚刚过去的这一分钟时间内，数据世界可能已经瞬息万变。

E-mail：2.04 亿封被发出。

Google：200 万次搜索请求被提交。

YouTube：2880 分钟的视频被上传。

Twitter：98000 条推送被发出。

12306：1840 张火车票被卖出。

……

这些数据都需要得到及时的处理，所以在数据的获取、处理速度上也要求非常快速。数据无时无刻不在产生，谁的速度更快，谁就有优势。

8.2.4　价值度

大数据的核心特征是价值，但数据价值密度的高低和数据总量的大小是成反比的，即数据价值密度越高，数据总量越小，数据价值密度越低，数据总量越大。以一部时长 1 小时的监控视频为例，在连续不间断的监控中，有用的数据可能仅有一两秒，但为了发现这一两秒，必须全程对其监控。

相比于传统的小数据，大数据最大的价值在于通过从大量不相关的各种类型的数据中，挖掘出对未来趋势与模式预测分析有价值的数据。然后，通过机器学习方法、人工智能方法或数据挖掘方法深度分析，发现新规律和新知识。最终运用于农业、金融、医疗等各个领域，从而达到改善社会治理、提高生产效率、推进科学研究的效果。

随着大数据的发展，真实性（Veracity）被认为是大数据的第五个特征，即数据的准确性和可依赖度高。如果数据本身是虚假的，那么分析研究它就失去了意义，因为任何通过虚拟数据得出的结论都可能是错误的，甚至是相反的。

8.3   大数据关键技术

围绕着大数据，目前的研究主要分为 3 个方向：数据科学、数据工程、大数据技术。

数据科学是指从数据中提取有用知识的一系列技能和技术。所谓"有用知识"，是指具有某种价值、可以回答或解决现实世界中问题的知识。例如：导航是如何找到两个地点的最优行驶路径的？怎么根据企业当前运营数据找到问题，并提出决策建议？

数据工程是指利用工程的观点进行数据管理、分析，以及开展系统的研发和应用，包括数据系统的设计、数据的应用、数据的服务等。例如：为了完成导航功能，需要针对性地收集、分析数据，并通过交互平台，为用户反馈分析结果及建议。

大数据技术则是数据科学与数据工程之间的桥梁，即如何在数据工程的每一个步骤中使用某种技术实现数据科学的思维方法，一般包括大数据采集、大数据预处理、大数据存储及管理、大数据分析及挖掘、大数据可视化等。

8.3.1   大数据采集技术

不同来源、不同类型的数据有不同的采集方式。公开数据，如国家开放数据、企业公共数据、个人共享数据等，可直接通过公共平台下载。企业内部数据分为可转化为资产的数据（数据资产）及内部隐私数据，可通过企业洽谈、购买等方式获取。企业内部隐私数据则通常不能直接获取，甚至某些企业在进行内部运营系统开发时会要求工程师驻场开发并签订保密协议。摄像头、温度计等机器数据通过传感器获取后由企业根据其性质转化为数据资产或隐私数据进行相应处理。此外，还有大量的数据分布在网络的各大平台、网页上，可通过网络爬虫进行数据抓取。

总体来说，大数据的采集主要分为数据库数据采集、系统日志采集和网络数据采集 3 种方式。

1．数据库数据采集

企业内部管理系统中的数据，通常存储在数据库管理系统中，并随着企业的运营时刻进行着更新操作。若想采集此类数据，首先必须保证在数据采集的过程中不影响企业管理系统的正常运作，同时还得根据企业数据的更新而更新。

数据库数据采集方式按照难易程度分为全表删除插入、增量字段、时间戳、触发器，如图 8.9 所示。

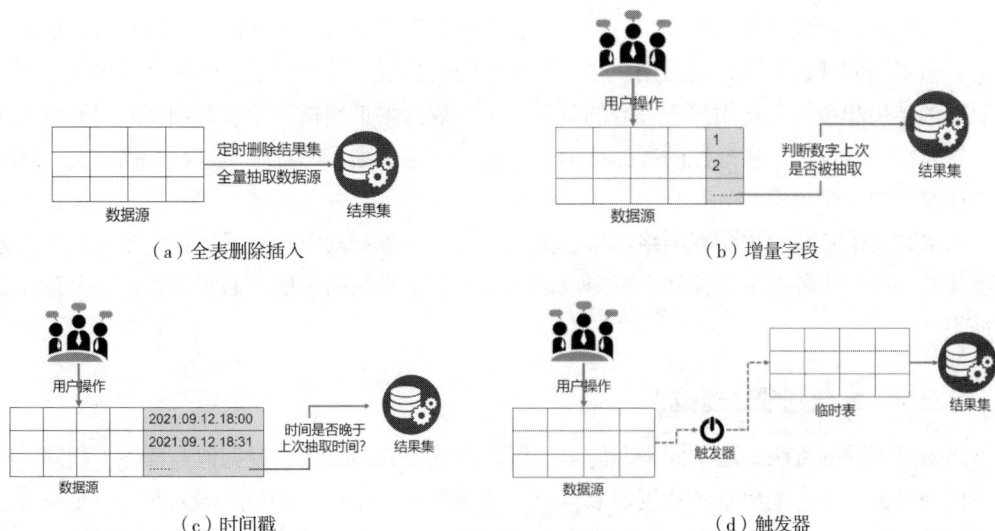

（a）全表删除插入 　　　　　　　　　　　　　　（b）增量字段

（c）时间戳 　　　　　　　　　　　　　　　　　（d）触发器

图 8.9　数据库数据采集方式

（1）全表删除插入就是在采集时先删除已采集到的数据，再重新获取数据库全部数据。这种方法使用简单，但会导致需要采集的数据会随着时间的增加越来越多，增大数据传输的压力。

（2）增量字段是指在原始表上增加一列，以自动增长的数值序号进行填充，每次做数据采集时，记录下当前已采集的序号，下次采集时则从下一个序号开始采集。这种方式属于增量数据采集，即每次只采集上次没采集过的数据，但此方式却需要每次记录采集序号，可能存在数据的冲突。

（3）时间戳采集方式也属于增量字段方式，只是增加的一列内容为自动添加当前的时间戳，每次采集时通过时间判断是否已采集、是否需要本次采集即可。

（4）触发器采集方式是在要抽取的表上建立需要的触发器，每当源表中的数据发生变化，就被相应的触发器将变化的数据写入一个临时表，抽取线程从临时表中抽取数据，临时表中抽取过的数据被标记或删除。其优点是性能高、速度快，不需要修改业务系统的表结构，可以实现数据的递增加载。但要求业务表建立触发器，对业务系统有一定的影响，容易对源数据构成威胁。

2．系统日志采集

数据库管理系统的每一个操作都会进行日志记录，以方便历史记录的查询及故障的恢复。特别是数据库系统，为保证事务的原子性和持久性，每一条命令都会存储在日志文件中，当一个事务有多条命令时，只有当提交事务时才会将数据真正地写入数据库。若遇到事务中途中断，则利用日志文件中的记录撤销并回滚到初始状态。

基于系统日志的数据采集主要通过采集日志把已经提交的事务数据抽取出来，对没有提交的事务则不做任何操作。其优点是不需要修改业务系统表结构，数据完整、准确，使用方便。但环境配置复杂，需要占用一定的数据库系统资源，且后期分析数据的结构会比较麻烦。

3．网络数据采集

不同的人、不同的企业，甚至不同机器目前都可能通过网络进行数据传输，而在数据传输的过程中自然形成大量的数据。百度、谷歌等搜索引擎就致力于在网络上进行有效信息的搜索。但不同领域、不同背景的用户往往具有不同的检索目的和需求，通过常用搜索引擎查询返回的结果却包含大量用户不关心的信息。网络数据采集是指利用互联网搜索引擎技术实现有针对性、行业性、精准性的数据抓取，并按照一定规则和筛选标准进行数据归类，形成数据库文件的一个过程。

网络数据采集技术主要有网络爬虫、分词系统、任务与索引系统等。在一个项目中，通常需要综合应用多种技术，而且在将海量的信息和数据采集回来后，通常需要进行分拣和二次加工。

8.3.2　大数据预处理技术

当通过不同的方法获取不同来源的数据后，会发现数据类型、数据值等都各不相同。哪怕是同一事务，都可能出现各数据源数据不一致等现象。究竟以哪个数据为准，这是一个急需解决的问题。所以，在数据收集过程中，必须考虑准确性、完整性、一致性等问题。

准确性是指与期望值之间的匹配度。每一个数据都有它自己的"标准"或"期望"，但实际过程中，通常会出现人为（分无意和有意）错误、计算机错误、格式错误等情况。这会严重影响数据的准确性，从而影响分析结果。

完整性是指数据的精准性和可靠性。它主要包括数据信息的完整（如：谁？什么时候？什么样的数据？）、数据的可靠（如：是否遵循相关协议？是否有歧义？）等。完整的数据才可能分析出更有价值的"信息"。

一致性是指不同数据平台获得的数据格式是否一致、结构是否一致等特性。影响数据质量的一些特征还包括及时性（按照预期进行数据更新）、可信度（用户信任的数据量）以及可解释性（所有利益相关方是否都能轻松理解数据）。

为确保获得高质量的数据，对数据进行预处理就显得至关重要。数据预处理分为数据清洗、数据集成、数据转换和数据归约4个环节，但在实际的预处理过程中，这4个环节不一定都用得到，也没有固定的顺序，甚至有些环节可能先后要多次进行。

1．数据清洗

数据清洗是指将数据中"不干净""不好用"的数据"洗"掉。其中的"不干净"数据主要包括异常值、缺失值、重复值等。结合业务实际情况，根据数据的重要性，通常有忽略、删除、填充3种处理方式。

2．数据集成

数据集成是指将不同来源的数据合并在同一个数据集中，以方便后续的数据分析处理。不同来源的数据可能会出现模式不匹配、数据重复、数值冲突等问题，此时就需要根据具体的情况进行相应的调整，最终将多个数据集合并成一个，以进行后期分析。

3．数据转换

数据转换是指将数据转换或统一成适合于数据挖掘的形式。数据集成后，会出现同一实体属性过多、过细等现象，这不利于后期的数据分析。数据转换主要是指找到数据的特征表示，用维变换或转换方法减少有效变量的数目或找到数据的不变式，包括规范化、离散化、稀疏化、特征构造等操作。

4．数据归约

数据归约是指将数据"压缩"。数据集可能非常大，面对海量数据进行复杂的数据分析和挖掘将需要很长时间。例如，一个人的年收入可能是在零元到几千万元甚至上亿元这个范围内，若将最小值归约为 0，最大值归约为 1，则所有人的收入都能用 0~1 的数据表示，大大减少了数据的计算量。数据归约技术可以用来得到数据集的归约表示，它的值很小，但仍接近保持原数据的完整性。数据归约的方法主要有维归约、数值归约、数据压缩等。

8.3.3　大数据存储技术

当确定了数据来源，通过某种合适的手段进行了数据收集后，就需要考虑收集到的数据如何存储的问题了。根据收集到的数据集的量，可分别按 3 个阶段进行存储规划。

1．单机系统

数据量较少时，单机系统就可解决，即将应用和数据绑在一起，可随身携带。常用的数据存储介质有 U 盘、光盘、硬盘等，如图 8.10 所示。

若数据是以文件的形式存在，则使用文件系统进行管理。常用的文件有文字类型的 TXT、DOC、PDF，图形图像类型的 JPG、GIF、BMP，动画类型的 GIF、SWF，

U 盘　　光盘　　硬盘

图 8.10　常见的存储介质

音频类型的 MP3、MIDI，视频类型的 WAV、MP4、AVI 等。常用的文件系统则有 Windows 系统适用的 NTFS，macOS 系统适用的 APFS，Linux 系统适用的 Ext4、ZFS 等。

若是成体系的、连续的数据，则用数据库系统存储。数据库管理系统是数据库系统的核心软件，是在操作系统的支持下工作，解决如何科学地组织和存储数据，如何高效获取和维护数据的系统软件。常用的数据库管理系统有 MySQL、SQL Server、Oracle、MongoDB、Redis 等。前 3 个是关系数据库管理系统，以"表"的形式存储和管理数据，后 2 个则是非关系数据库，更多的是以"键-值"对的形式存储和管理数据。

若数据量再大，可考虑多台计算机形成集群系统。集群是一组相互独立的、通过高速网络互联的计算机，它们构成了一个组，并以单一系统的模式加以管理。一个客户与集群相互作用时，集群像是一个独立的服务器。

2．服务器系统

当数据量较多时，无法将数据和应用一起携带，则考虑用服务器系统。

服务器是计算机的一种，它比普通计算机运行更快、负载更高、价格更贵。服务器在网络中为其他客户机（如 PC、智能手机等终端）提供计算或者应用服务。服务器可以是自己搭建的（自己的东西安全，但需要专用的场地、专门的人员去管理），也可以借用别人的服务器（如网上云服务等，可能不安全，但方便）。

服务器主要分为塔式、刀片式、机架式（见图 8.11）。其中，塔式服务器与个人计算机外形类似，但其主板扩展性更强，插槽也更多，适合入门级和工作组级服务器应用。当服务器数量较多时，塔式服务器已经不方便存放了。于是，将服务器以统一的形状放在固定的机架里就成为一种趋势，这就是机架式服务器。它的占用空间较小，便于统一管理，应用于一些中大型企业。但机架中的每一台服务器之间仍然需要通过网络相连，服务器也需要有电源线等，导致机架式服务器的线路繁多，需要管理员精心整理才能在出现故障时快速定位。刀

片式服务器是指在标准高度的机架式机箱内可插装多个卡式的服务器单元，它将众多线路及控制单元集成在一起，节约服务器的使用空间和费用，也能灵活、便捷地扩展升级。

（a）塔式服务器

（b）刀片式服务器

（c）机架式服务器

图 8.11 常用的服务器

若服务器的数量多，就可以组建成数据中心。数据中心是全球协作的特定设备网络，用来在因特网基础设施上传递、加速、展示、计算、存储数据信息。数据中心的产生使人们的认识从定量、结构的世界进入不确定和非结构的世界，它将和交通、网络通信一样逐渐成为现代社会基础设施的一部分，进而对很多产业产生积极影响。

谷歌、亚马逊等国际企业已建成庞大的数据中心，并支持其核心业务，国内百度、腾讯、华为等企业也在建设自己的数据中心，例如，百度阳泉云数据中心、腾讯贵阳七星数据中心等（见图 8.12）。

（a）百度阳泉云数据中心

（b）腾讯贵阳七星数据中心

图 8.12 数据中心

广义云计算是指服务的交付和使用模式，指通过网络以按需、易扩展的方式获得所需的服务。"云"是一些可以自我维护和管理的"虚拟"计算资源，通常为一些大型服务器集群，包括计算服务器、存储服务器、宽带资源等。云计算将所有的计算资源集中起来，并由软件实现自动管理，无须人为参与。这使应用提供者无须为烦琐的细节而烦恼，能够更加专注于自己的业务，有利于创新和降低成本。数据中心与云计算具备天然的协作关系，一个负责提供资源，一个负责利用资源。

根据提供的资源的不同，云计算分为提供基础设施资源的 IaaS、提供平台的 PaaS、提供软件的 SaaS、提供数据的 DaaS（Data as a Service，数据即服务）。

服务器资源需要提供给更多的人使用，就会涉及虚拟化技术，即将一台计算机虚拟为多台逻辑计算机。在一台计算机上同时运行多台逻辑计算机，每台逻辑计算机可运行不同的操作系统，并且应用程序都可以在相互独立的空间内运行而互不影响，从而显著提高计算机的工作效率。现在能实现虚拟化的厂家有很多，例如 VMware、华为、深信服等。

3．分布式系统

多台服务器搭建集群，每台服务器仍然需要安装操作系统及相应的各种软件等，它们是独立的主体。当数量的增加已无法提高效率时，可考虑分布式系统，即分工协同完成某一道工序。集群可通过增加计算机资源的方式增加性能，但分布式系统必须在最开始搭建的时候就进行规划与功能分配。

分布式主要分为分布式存储和分布式计算，其中分布式存储分为分布式文件系统（如HDFS）、分布式数据库（如 HBase），分布式计算则可分为离线批处理计算（如 MapReduce）、内存计算（如 Spark）、流式计算（如 Storm、Flink）等。而这一切都起源于谷歌公司的"三驾马车"之 GFS（2003 年）、MapReduce（2004 年）、BigTable（2006 年）及 Apache Lucene子项目 Hadoop（2006 年）的提出。经过十几年的发展，Hadoop 已经形成了自己的生态圈，如图 8.13 所示。

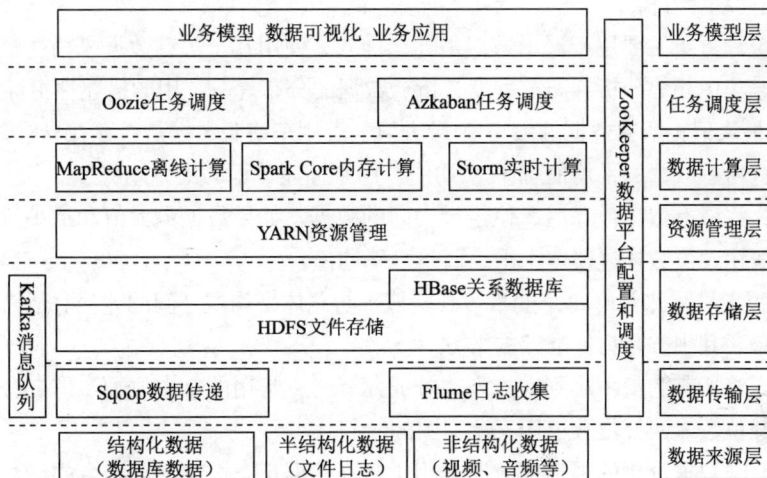

图 8.13　Hadoop 生态圈

HDFS：是整个 Hadoop 体系的基础，负责数据的存储与管理。HDFS 采用了主从结构模型，一个 HDFS 集群由一个 NameNode 和若干个 DataNode 组成，其中 NameNode 作为主服务器管理文件系统的命名空间和客户端对文件的访问操作，而 DataNode 则负责管理存储的数据。HDFS 底层数据被切割成了多个 Block，而这些 Block 又被复制后存储在不同的 DataNode上，以达到容错容灾的目的。

MapReduce：是一种基于磁盘的分布式并行批处理计算模型，用于处理大数据量的计算，是谷歌公司的核心计算模型。它将运行于规模集群上的复杂并行计算过程高度地抽象为两个函数过程：Map 和 Reduce。Map 对应数据集上的独立元素进行指定的操作，生成"键-值"对形式中间结果，Reduce 则对中间结果中相同的键的所有值进行归约，以得到最终结果并写入 HDFS。

YARN：是分布式资源管理器，是在第一代 MapReduce 基础上演变而来的，主要是为了解决原始 Hadoop 扩展性较差、不支持多计算框架而提出的。

HBase：是分布式列存储数据库，是一个建立在 HDFS 之上，面向列的针对结构化数据的可伸缩、高可靠、高性能、分布式和面向列的动态模式数据库。HBase 提供了对大规模数据的随机、实时读写访问，同时，HBase 中保存的数据可以使用 MapReduce 来处理，它将数据存储和并行计算完美地结合在一起。

8.3.4　大数据分析技术

数据分析是指用适当的统计分析方法对收集来的大量数据进行分析，将它们加以汇总和理解并消化，以求最大化地开发数据的功能、发挥数据的作用。数据分析是为了提取有用信息和形成结论而对数据加以详细研究和概括总结的过程。

数据分析的数学基础在 20 世纪早期就已确立，但直到计算机的出现才使实际操作成为可能，并使数据分析得以推广。数据分析是数学与计算机科学结合的产物。

在统计学领域，有些人将数据分析划分为描述性统计分析、探索性数据分析以及验证性数据分析。其中，描述性数据分析用于描述定量数据的整体情况，探索性数据分析侧重于在数据之中发现新的特征，而验证性数据分析则侧重于已有假设的证实或证伪。

1．描述性统计分析

描述性统计分析主要用于展示数据是什么样的，使用几个关键数据来描述整体的情况，如频数分析、集中趋势分析、离散程度分析、数据的分布等。常用的描述性指标如下。

最小值/最大值：所有数据的最小值/最大值，可用来检验数据是否存在异常情况。

平均值：所有数据的平均值/加权平均值，用来描述数据的集中趋势。

中位数：将所有数据排序后，位于最中间的数据。如果数据最大值和最小值之间的差距较大，则一般用中位数描述整体水平，而不是平均值。

方差/标准差：用来计算每个变量（观察值）与总体平均值之间的差异，通常用于描述数据的离散趋势。其中方差为标准差的平方。

分位数：将所有的值由小到大排列并分成几等份，常用的有中位数（即二分位数）、四分位数、百分位数。四分位数也用于箱型图的绘制。

峰度：反映数据分析的平坦度，通常用于判断数据正态性情况。峰度的绝对值越大，说明数据越陡峭，峰度的绝对值大于 3，意味着数据严重不服从正态分布。

偏度：反映数据分布偏斜的方向和程度。偏度的绝对值越大，说明数据偏斜程度越高，偏度的绝对值大于 3，意味着数据严重不服从正态分布。

如在对各类居民消费价格指数进行统计描述时，可先对其进行基础指标的描述性分析，如表 8.3 所示。

表 8.3　居民消费价格指数描述性分析结果

名称	样本量	最小值	最大值	平均值	标准差	中位数
食品烟酒类	15	100.7	103.5	101.9	0.912	102.0
衣着类	15	101.1	102.0	101.4	0.318	101.3
居住类	15	102.1	102.6	102.3	0.163	102.2
生活用品及服务类	15	101.2	101.6	101.5	0.121	101.5
交通和通信类	15	98.7	103.2	101.2	1.624	101.6

从表 8.3 中可以看出，数据值（最小值至最大值的范围内）均在平均值的 3 倍标准差范围内波动，根据 3σ 原则，可初步认为其没有异常值出现，所以直接针对平均值进行描述性分析，如图 8.14 所示。

研究中经常先进行描述性分析，在此基础之上再进行深入的分析。

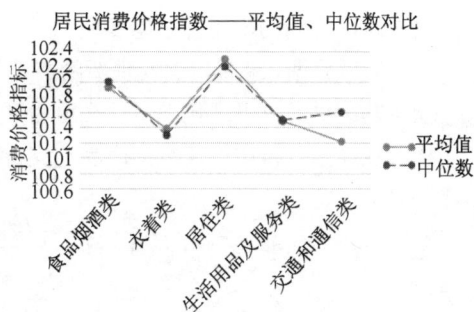

图 8.14　居民消费价格指数分析

2．探索性数据分析

探索性数据分析（Exploratory Data Analysis，EDA）是指对已有数据在尽量少的先验假设下通过作图、制表、方程拟合、计算特征量等手段探索数据的结构和规律的一种数据分析方法。传统的统计分析方法是先假设数据符合一种统计模型，再估计模型的参数与统计量，而探索性数据分析方法更强调让数据自身"说话"，发现数据中包含的模式/模型。例如，沃尔玛经典营销案例"啤酒与尿布"就是通过分析购物篮中的商品集合，从而找出商品之间的关系（尿布和啤酒同时出现的概率），并根据商品之间的关系找出客户的购买行为（很多男性在买尿布时都会买啤酒），从而指导其销售策略（将尿布和啤酒放在相距很近的位置，从而提升销售额）。

又例如在进行垃圾电子邮件过滤时，一般会先从大量邮件中随机抽出 100 条（或更多），人工地将它们分为有用邮件和垃圾邮件。然后用探索性数据分析对筛选出的垃圾邮件进行分析，统计出哪类词汇出现的概率最高（例如各类促销和诱惑的语言），选出最常出现的 5~10 个词汇。接着以选出的词汇为基础建立初始邮件过滤模型并开发邮件过滤软件程序（功能封装、软件开发），并用它对更多的电子邮件（未分类的原始邮件）进行过滤试验。再对过滤器筛选出来的垃圾邮件进行人工验证，用探索性数据分析计算过滤的总成功率（识别出来的垃圾邮件有多少是真正的垃圾邮件）和每个词汇的出现率（所有识别出的垃圾邮件中人工鉴定的关键词出来的比率）。最后，用成功率和出现率的结果进一步改进过滤模型，并在邮件处理的过程中，根据事先设定好的临界点，增加或减少过滤词汇的功能（机器学习）。这样该垃圾邮件过滤器就可以不断地自我改进以提高过滤的成功率了。整个过程如图 8.15 所示。

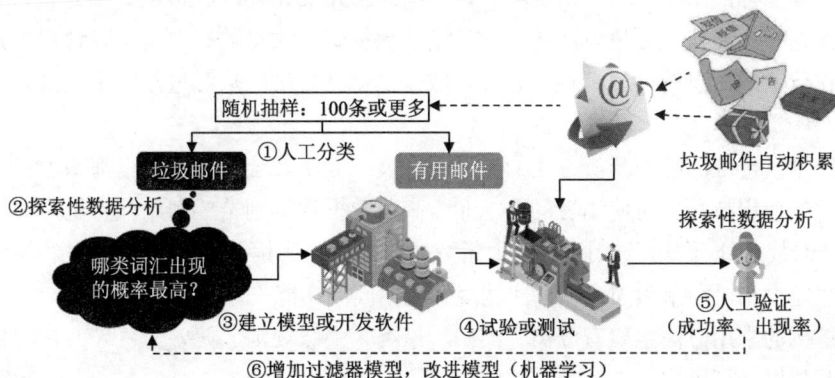

图 8.15　垃圾邮件处理过程

在此案例中，探索性数据分析主要实现了如下功能：

（1）帮助我们在看似混乱无章的原始数据中筛选出可用的数据；

（2）帮助我们初步建立过滤模型和过滤软件程序；

（3）通过数据"碰撞"，发现新的假设，并通过机器学习不断改进和提高算法的精准度；

（4）其结果通过可视化展示后，可为开发者提供修正信息。

探索性数据分析在构建数据产品与支持决策方面的作用如图 8.16 所示。

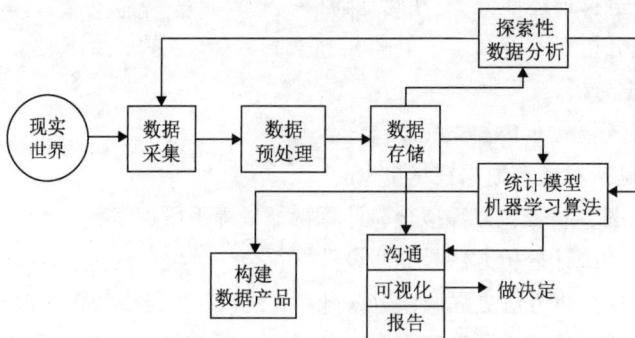

图 8.16　探索性数据分析在构建数据产品与支持决策方面的作用

在以抽样统计为主导的传统统计学中，探索性数据分析对验证性数据分析有着支持和辅助的作用。但由于抽样和问卷都是事先设计好的，对数据的探索性分析是有限的。到了大数据时代，海量的无结构的、半结构的数据源源不断地积累，不受分析模型和研究假设的限制，如何从中找出规律并产生分析模型和研究假设成为新的挑战。

3．验证性数据分析

验证性数据分析主要是传统统计学的内容。所谓验证，就是要根据研究的问题提出假设，再用统计的方法判断提出的假设是否正确。验证性数据分析又可按照是否进行抽样而分为描述性分析（探索性分析也有该部分内容）和推断性分析（如参数估计和假设检验）。

验证性数据分析的目的是验证结论是否准确，侧重于评估所发现的模式或模型。除了统计学中的参数估计、假设检验外，机器学习中的算法评价通常被认为是一种验证性数据分析。

8.3.5　大数据挖掘技术

数据挖掘又称数据库中的知识发现（Knowledge Discover in Database，KDD），是目前人工智能和数据库领域研究的热点问题。它是指从数据库的大量数据中揭示隐含的、先前未知的并有潜在价值的信息的过程。顾名思义，数据挖掘就是试图从海量数据中找出有用知识的过程。

数据挖掘是传统的统计分析方法的延伸和扩展。大多数统计分析技术都基于完善的数学理论和高超的应用技巧，对使用者的要求非常高。数据挖掘则希望利用计算机强大的计算能力，将传统的数据分析方法与用于处理大量数据的复杂算法相结合，把复杂的技术封装起来，使使用者只通过相对简单和固定的方法就能完成相同的功能。

数据挖掘的常用方法主要有分类、回归、聚类、关联规则、偏差分析等，它们分别从不同的角度对数据进行挖掘。

1．分类

分类是指找出数据库中一组数据对象的共同特点并按照分类模式将其划分为不同的类，

其目的是通过分类模型，将数据库中的数据项映射到某个给定的类别。它可以应用到客户的分类、客户的属性和特征分析、客户满意度分析、客户的购买趋势预测等，如汽车零售商将客户按照对汽车的喜好划分成不同的类，这样营销人员就可以将新型汽车的广告手册直接邮寄到有这种喜好的客户手中，从而大大增加商业机会。

2．回归

回归分析方法反映的是事务数据库中属性值在时间上的特征，它会生成一个将数据项映射到一个实值预测变量的函数，发现变量或属性间的依赖关系，其主要研究问题包括数据序列的趋势特征、数据序列的预测以及数据间的关系等。它可以应用到市场营销的各个方面，如客户寻求、保持和预防客户流失活动、产品生命周期分析、销售趋势预测及有针对性的促销活动等。

3．聚类

聚类分析是把一组数据按照相似性和差异性分为几个类别，其目的是使属于同一类别的数据间的相似性尽可能大，不同类别中的数据间的相似性尽可能小。它可以应用到客户群体的分类、客户背景分析、客户购买趋势预测、市场的细分等。

4．关联规则

关联规则是描述数据库中数据项之间所存在的关系的规则，即根据一个事务中某些项的出现可导出另一些项在同一事务中也出现，即隐藏在数据间的关联或相互关系。在客户关系管理中，通过对企业的客户数据库里的大量数据进行挖掘，可以从大量的记录中发现有趣的关联关系，找出影响市场营销效果的关键因素，为产品定位、定价与定制客户群，客户寻求、细分与保持，市场营销与推销，营销风险评估和诈骗预测等决策支持提供参考依据。

5．偏差分析

偏差包括很大一类潜在有趣的知识，如分类中的反常实例（模式的例外），观察结果对期望的偏差等，其目的是寻找观察结果与参照量之间有意义的差别。在企业危机管理及其预警中，管理者更感兴趣的是那些意外规则。意外规则的挖掘可以应用到各种异常信息的发现、分析、识别、评价和预警等方面。

数据挖掘中的数据分析更多地针对海量数据进行，它会用到大量的机器学习领域提供的数据分析技术和数据库领域提供的数据管理技术。而本书第 9 章提到的机器学习则更多地通过算法让机器学习探索人的学习机制。所以可以说，数据挖掘的技术成分更重，机器学习的科学成分更重。

8.3.6　大数据可视化技术

大数据可视化的目的是准确而高效、精简而全面地传递信息和知识。用图表展示数据，实际上比传统的统计分析法更加精确和有启发性。我们可以借助可视化的图表寻找数据规律，分析推理，预测未来趋势。另外，利用可视化技术可以实时监控业务运行状况，更加透明，及时发现问题并第一时间做出应对。

在大数据可视化这个概念出现之前，数据可视化的应用已经很广泛了，大到人口数据、场地解读，小到学生成绩统计、咖啡组成成分等，都可通过可视化图表展现，探索其中的规律，如图 8.17 所示。

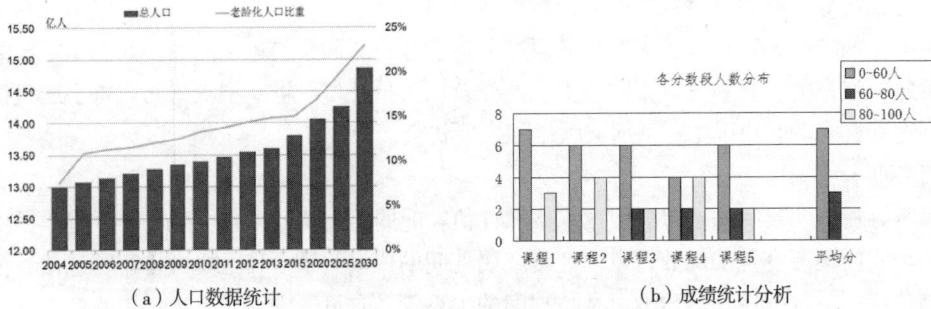

（a）人口数据统计　　　　　　（b）成绩统计分析

图 8.17　生活中的数据可视化

然而，随着大数据时代的来临，信息每天都在以爆炸式的速度增长，其复杂性也越来越高。数据已不仅仅是冰冷的数字，而是丰富多彩的现实世界。要正确理解数据，必须清楚数据的背景信息，如下。

何人（Who）：谁收集的数据？数据是关于谁的？

如何（How）：数据是如何收集的？

何事（What）：数据是关于什么的？围绕在数字周围的信息是什么？

何时（When）：数据是什么时候采集的？

何地（Where）：数据来自什么地方？

背景信息可以完全改变对某一个数据集的看法，能帮助确定数据代表着什么以及如何解释。所以，大数据的可视化需要以更细化的形式表达数据，以更全面的维度理解数据，以更美的方式呈现数据（见图 8.18 和图 8.19）。

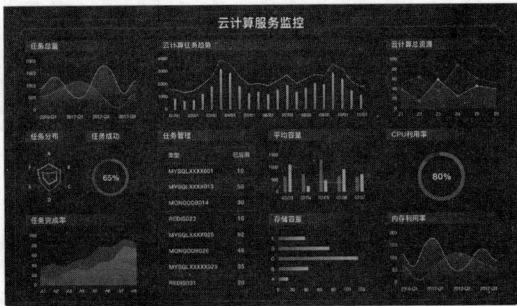

图 8.18　云计算服务监控数字大屏

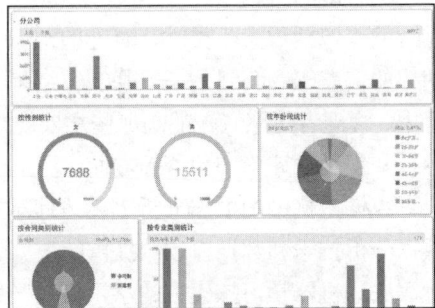

图 8.19　企业数据分析

1. 数据可视化的一般过程

数据可视化的目标是借助图形化手段传递信息和挖掘信息。在进行数据可视化设计之前，就得思考：这个可视化会怎样帮助读者理解数据？所以第一步就得明确你分析的问题到底是什么。例如：为了帮助出版社分析来自不同机构的作者出版图书的情况，获取到的数据如表 8.4 所示，绘制的可视化图表如图 8.20 所示。很明显，图中有太多的变量，它不仅不能帮助读者了解数据，反而使人困惑，这就应该算是一个不成功的数据可视化。

表 8.4　出版图书信息

机构	作者数量	出版物总数	引用总数	作者增长率	出版增长率	引用数增长率
机构 A	1000	3000	3100	2.8%	5.2%	7.2%
机构 B	1200	7890	9000	2.5%	10.1%	3.3%
机构 C	500	800	670	1.2%	12.4%	5.5%

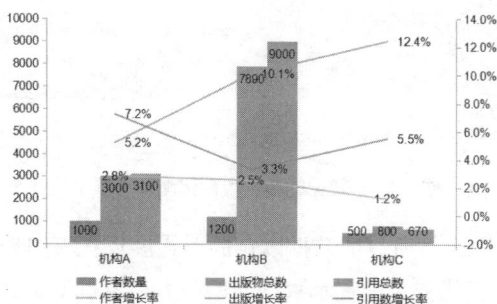

图 8.20　出版社数据可视化

　　正确的做法应该是从基本的可视化着手，思考最终试图绘制什么样的变量，x 轴和 y 轴分别代表什么等。然后确定最能提供信息的指标（信息或变量），为选中的指标选择准确的图表类型（如散点图、柱状图、条形图、折线图、饼图等）。最后在绘制出的可视化图表中，利用颜色、对比值等方式将读者的注意力引向关键信息。

2. 数据可视化图表

　　常见的数据可视化图表具体如下（见图 8.21）。

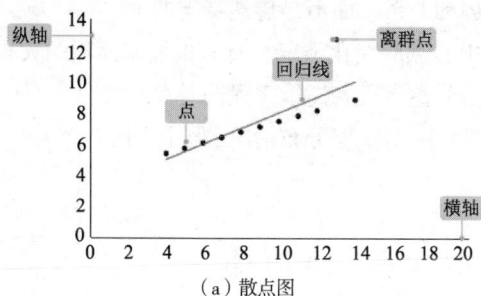

（a）散点图

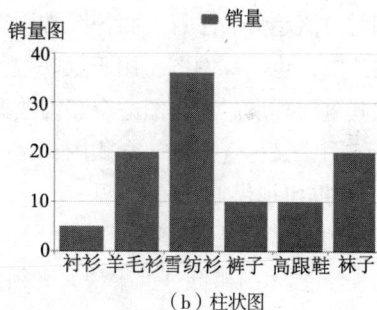

（b）柱状图

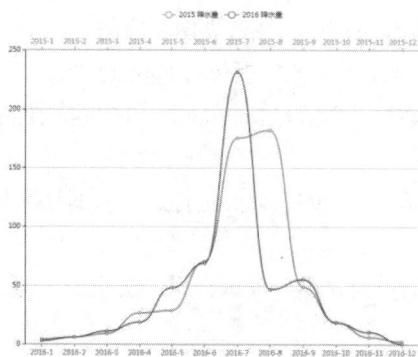

（c）曲线图

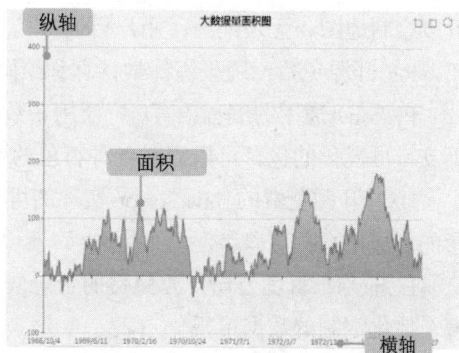

（d）面积图

图 8.21　常见的数据可视化图表

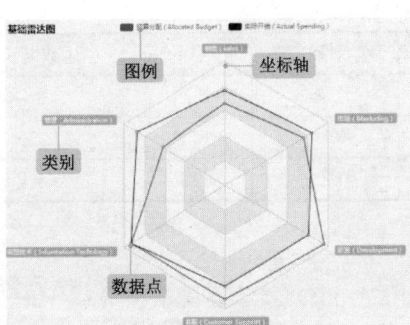

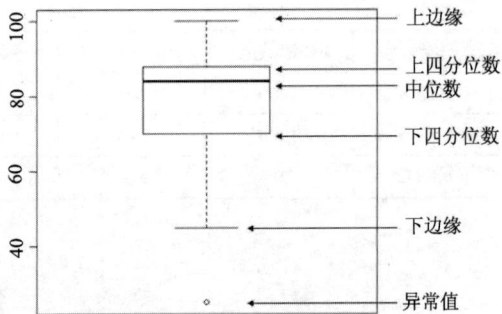

（e）雷达图　　　　　　　　　　　　　（f）箱线图

图 8.21　常见的数据可视化图表（续）

散点图：也叫 X-Y 图，将所有的数据以点的形式展现在直角坐标系上，通过坐标轴表示两个变量之间的关系。其优势是能提示数据间的关系，发掘变量与变量之间的关联。但需要两个变量均为数值型数据。

柱状图：又名条形图，使用垂直或是水平的柱子显示类别的数值。其可反映一段时间内数据的变化，或者不同项目之间的对比。柱状图利用柱子的高度反映数据的差异。肉眼对高度差异很敏感，辨识效果非常好。柱状图适合应用到分类对比，不适合表示趋势。

曲线图：显示数据在一个连续的时间间隔或者时间跨度上的变化，其特点是反映事物随时间或有序类别而变化的趋势。

面积图：又叫区域图，是在折线图的基础上形成的，将折线图中折线与自变量坐标轴之间的区域使用颜色或者纹理填充。面积图也用于强调数量随时间而变化的程度，也可用于引起人们对总值趋势的注意。面积图常用于表现趋势和关系，而不是传达特定的值。

雷达图：也叫蛛网图，用于反映数值相对于中心点的变化情况，有时也根据面积的大小来反映其重要程度。雷达图适合多维数据，特别是分类字段和连续字段同时存在时。

箱线图：又称盒须图、盒式图，是一种用作显示一组数据分布情况的统计图。

3．数据可视化工具

常见的数据可视化工具如下。

Excel：技术门槛低，上手快，无须编程，但数据量和灵活性受限制。

Tableau：收费的商业软件，具有高度的灵活性和动态性，不仅可以制作图表、图形，还可以绘制地图，无须编程，用户可以直接将数据拖曳到系统中完成数据图表绘制。

R：开源免费，用于统计学计算和绘图的语言。常用的绘图扩展包有 ggplot2 等。

Python：通用的编程语言，广泛用于数据处理和数据分析，有 Matplotlib、Seaborn、Pandas 等支持可视化的包，可以完成各种特色的可视化作品。

D3：开源免费的 JavaScript 实现的可视化库，具有极大的设计灵活性、活跃的社区和大量的可视化案例可以参考。

ECharts：百度公司开源免费的 JavaScript 实现的可视化库，提供直观、交互丰富、可高度个性化定制的数据可视化图表。

iCharts：一款可视化云服务工具，可以方便地制作高分辨率的可视化与信息图。

8.4 大数据典型应用

大数据无处不在，已经应用于诸多行业，包括医疗、金融、交通、电商等。

8.4.1 医疗大数据

从婴儿到迟暮的老人，人的一生积累了大量不同类型的医疗数据。据分析，一个人一生的全量数据会达到 1PB。大量的医学数据并不能看得见、摸得着，因为它们散落在社会的各个医疗系统和健康系统里（见图 8.22）。

图 8.22 人一生中的医学数据

这些数据有 3 个典型的特点。

（1）全生命周期。从婴儿时期的出生医学证明、疫苗接种记录，到儿童时期的体检数据、在校行为数据，再到青年时期的体检数据、孕产妇数据，老年时期的养老数据等，贯穿了人的整个生命周期，如图 8.22 所示。而这些个人的医学数据最终汇集在各个医疗系统里，成为政府的医疗数据。

（2）多维度。这些数据包含个人数据、社会数据、药企数据、险企数据等多个维度数据。例如：由智能手环、血糖血压仪等测量的个人行为数据；由诊疗体检、基因组学分析而来的个人特征数据；由医药买卖、使用，保险买卖、使用而形成的药企、险企数据。不同维度的数据体现了不同的侧重点，但它们都是由人这样的实体通过医疗这样的手段产生的。

（3）跨地域。人口的流动导致相应的医疗数据产生了地域的变化，多人的流动甚至导致了更多的群体医疗数据的产生，例如一些大范围的传染性疾病，就与地域有极大的关系。疫情期间，为了控制疫情的传播，从国家到省市层面都进行了人口流动的管控。出行必备的健康码、行程码更是将行程数据、核酸检测数据等进行了整合。

有专家和学者预言，健康医疗大数据是 21 世纪的新能源、新土壤、新海洋、新空间，也是人工智能和各种前沿技术、颠覆技术应用发展的重要基础和强大引擎。

医疗数据的价值目前主要体现在两个阶段。

（1）数据收集、整合，形成数据资产。例如：我们面对的数目及种类众多的病菌、病毒，以及肿瘤细胞，都处于不断进化的过程中。在发现诊断疾病时，疾病的确诊和治疗方案的确定是最困难的。医疗行业拥有大量的病例、病理报告、治愈方案、药物报告等，这些都是宝贵的资产，经过后续的分析、应用，可辅助快速确诊，并提供治疗方案。

（2）面向不同用户群体的应用开发。医疗大数据收集好后，面向不同的用户群体可提供不同的服务。例如：对于政府而言，可形成基于大数据的管理分析系统，辅助社会综合监管、疫情防控、统计分析、决策支持等；对于居民而言，可形成互联网服务，提供更多的医疗健康服务、医养结合的方案制定、妇幼健康管理、慢性病治疗管理等；对于医疗机构而言，可提供医疗方案实施、科研、健康监控等服务；对于企业而言，可提供药品研发、智能风控等服务。

新型冠状病毒肺炎（简称新冠肺炎）深刻地改变了全球政治、经济和人们的生活。对我国来说，中国方案和中国抗疫行动为世界在灾难面前保持了一份稳定的信心。在"战疫"的关键时期，国家鼓励使用大数据、人工智能、云计算等数字技术，在疫情监测分析、病毒溯源、防控救治、资源调配等方面更好地发挥支撑作用。其中，大数据技术在此次疫情防控中发挥的作用主要如下。

（1）汇聚基础数据。研究人员通过使用手机基站定位与"全球导航卫星+数字地图"，实现手机用户的精准定位，从而精准判断该用户的准确位置和行踪路径。从手机中获取的大数据，成为疫情防控大数据中的基础数据。

（2）助力人员追踪和精准控制。国家政务服务平台推出"防疫健康信息码"，根据用户的行动轨迹、消费记录等来进行密切接触者识别、来往地区识别，以便更好地采用有针对性的防疫措施，已达到精准施策的目的。例如：小区有人确诊新冠肺炎或疑似患者，那么防疫部门就会通过数据分析和定位，将该确诊或疑似的用户的健康码修改成"红码"，然后定位到其密切接触者，将其原先拥有的"绿码"修改成"黄码"，需要进行隔离观察，待恢复绿码后方可外出。

（3）助力医疗物资有效调度。在疫情防控期间，大量防疫物资及医用物资的合理精准调配是影响疫情防控进展的关键因素。大数据技术通过物资供需双方的数据平台接入，大大提高了物资调运的时效性，降低了运送过程中的错漏和损耗。

（4）辅助疫苗实验及接种。从全球第一个新冠疫苗获批开展一、二期临床试验，到全球第一个启动三期临床试验，再到第一款疫苗附条件上市，我国新冠疫苗研发工作始终处于全球第一方阵。这个过程离不开国家、政府、各级部门的支持，也离不开利用大数据技术收集到的大量疫情数据、实验数据的分析。

8.4.2　金融大数据

随着信息科学技术的飞速发展，特别是云计算、大数据技术在电子商务、证券期货、互联网金融等领域的广泛应用，未来金融业的核心竞争力很大程度上依赖于从大数据中提取信息和知识的速度与能力，而这种速度和能力取决于数据分析、挖掘和应用水平。随着互联网金融、移动支付等新型金融业态的不断涌现，强化以"用户为中心"的服务模式将成为未来金融业的重要发展方向，有助于金融产品创新、精准营销和风险管理，实现数据资产向市场竞争力的转化。国际知名咨询公司麦肯锡的分析报告指出，无论是从投资规模还是从应用潜力来看，金融行业都是大数据应用的重点领域。

大数据及相关技术已经被充分利用在金融信贷、信用消费评级、信息验证等金融业务场景中。具体而言，大数据技术在金融行业能够实现的功能主要如下。

（1）征信。即信用报告或者信用分享。风险管理是所有金融业务的核心，典型的金融借贷业务，例如抵押贷款、消费贷款以及票据融资都需要数据风控识别欺诈用户及评估用户信用等级。

（2）信息验证核实。大数据技术能够通过海量数据的核查和评定，增加风险的可控性和管理力度，及时发现并解决可能出现的风险点，对于风险发生的规律性有精准的把握，将推动金融机构对更深入和透彻的数据的分析需求。虽然银行有很多支付流水数据，但是各部门不交叉，数据无法整合，"大数据金融"模式促使银行开始对沉积的数据进行有效利用。

（3）为第三方业务提供授信决策。大数据金融模式广泛应用于电商平台，以对平台用户和供应商进行贷款融资，从中获得贷款利息以及流畅的供应链所带来的企业收益。随着大数据金融的完善，企业将更加注重用户个人的体验，进行个性化金融产品的设计。京东商城、苏宁的供应链金融模式就是以电商作为核心企业，以未来收益的现金流作为担保，获得银行授信，为供货商提供贷款的。

大数据技术在金融行业的应用还有很多的障碍需要克服，例如银行内各业务的"数据孤岛"效应严重、缺乏外部数据的整合等问题。随着近年来社会重视度的不断提高，相信金融大数据的应用将迎来突破性的发展。

8.4.3　交通大数据

随着智慧交通系统的出现，交通大数据已经成为基础性资源，并应用在物流、保险、金融等多个行业中，交通大数据内容丰富、结构复杂，具备多源异构的特点，在数据资源中占有举足轻重的地位。交通大数据是所有服务于交通管理的数据的统称，其种类丰富，包括车辆大数据、高速大数据、运政大数据等。

大数据技术在交通领域的应用主要如下。

（1）利用大数据传感器来了解车辆通行密度，合理进行道路规划。

（2）利用大数据技术实现即时信号灯调度，提高已有线路运行能力。

（3）利用大数据技术有效安排客运和货运列车、城市轨道交通车辆、公共交通车辆等，提高效率、降低成本。

8.4.4　电商大数据

这个时代已经完全不是以前单纯的数字媒体化时代，一些商业巨头已经不声不响地运用大数据技术好多年，用大数据驱动市场营销、驱动成本控制、驱动产品和服务创新、驱动管理和决策的创新很多。大数据包含企业运营的各种信息，如果能对它们进行及时有效的整理和分析，就可以很好地帮助企业进行经营决策，为企业带来巨大的价值效益。例如：个性化营销可以针对特定的用户，精准分析，投其所好，充分捕获注意力，提高销售力；以数据为支撑的客户价值评估将有助于企业找到真正的目标客户群，帮助企业更好地推进客户关系管理；以数据驱动的精准广告投放能在控制成本的前提下，达到超高的效费比；客户流失预警则可以跟踪用户行为轨迹，通过不同的算法，发现最终客户流失的原因，帮助企业挽留客户。

本章小结

人类生活已经被各种各样的数据包围，如何挖掘出数据中的"价值"，如何找到数据中的"黄金"，如何让数据更好地为我们服务成为当前急需研究的课题。

本章内容主要包括大数据的发展历程、大数据的定义和特征、大数据的关键技术、大数据的典型应用。大数据有 4 个典型的特征：海量、多样、高速、价值高。围绕大数据，目前关键技术包括数据采集、数据预处理、数据存储、数据分析、数据挖掘、数据可视化。但大数据时代,技术还应与应用相结合,所以在不同领域,大数据应有不同的应用模式,例如医疗大数据、金融大数据、交通大数据和电商大数据等。

本章习题

1. 大数据的"4V"特点是指什么?
2. 大数据的来源有哪些?
3. 数据的采集方式有哪些?
4. 数据的存储方式有哪些?
5. 常用的描述性统计分析方法有哪些?

第 9 章
人工智能

学习目标

- 掌握人工智能的概念及定义。
- 了解人工智能的发展历史。
- 理解人工智能的三大流派。
- 掌握机器学习的基本概念。
- 熟悉人工智能的行业应用。

本章重点

- 人工智能的三次浪潮。
- 机器学习的类型。
- 神经网络的概念。
- 人工智能应用领域。

人工智能（AI）如同蒸汽时代的蒸汽机、电气时代的发电机、信息时代的计算机和互联网，正成为推动人类进入智能时代的决定性力量。人工智能是新一轮科技革命和产业变革的重要驱动力量，加快发展新一代人工智能是事关我国能否抓住新一轮科技革命和产业变革机遇的战略问题。要深刻认识加快发展新一代人工智能的重大意义，加强领导，做好规划，明确任务，夯实基础，促进其同经济社会发展深度融合，推动我国新一代人工智能健康发展。

2017 年，我国发布了《新一代人工智能发展规划》，提出了面向 2030 年我国新一代人工智能发展的指导思想、战略目标和重点任务，描绘了未来十几年我国人工智能发展的宏伟蓝图：到 2025 年人工智能基础理论实现重大突破、技术与应用部分达到世界领先水平；到 2030 年人工智能理论、技术与应用总体达到世界领先水平，成为世界主要人工智能创新中心。

9.1　人工智能概述

人工智能是一个以计算机科学为基础，由计算机科学、数学、认知科学、仿生学、哲学等多学科融合的新兴交叉学科，也是用于模拟、延伸和扩展人的智能的理论、方法、技术及应用系统的一门新的技术科学，它试图了解人类智能的本质，从而创造出一种新的、能以人类智能类似的方式进行决策、做出反应的智能机器。该领域的主要研究方向包括机器人、语音识别、图像和视频识别、自然语言处理、知识图谱和专家系统等。

9.1.1　人工智能的定义

作为现在最前沿的交叉学科，大家对人工智能的定义有着不同的理解。美国加州大学伯克利分校计算机科学教授斯图尔特·罗素（Stuart Russell）和谷歌公司研究总监彼得·诺维格（Peter Norvig）合著的《人工智能：一种现代的方法》（*Artificial Intelligence: A Modern Approach*）一书中，将已有的人工智能分为 4 类：像人一样思考的系统、像人一样行动的系统、理性思考的系统、理性行动的系统（见图 9.1）。维基百科上定义"人工智能就是机器展现出的智能"，即只要是某种机器，具有某种或某些"智能"的特征或表现，都应该算作"人工智能"。不列颠百科全书则限定人工智能是数字计算机或者数字计算机控制的机器人在执行智能生物体才有的一些任务上的能力。中国电子技术标准化研究院编写的《人工智能标准化白皮书（2018 版）》中也给出了人工智能的定义："人工智能是利用数字计算机或者数字计算机控制的机器模拟、延伸和扩展人的智能，感知环境、获取知识并使用知识获得最佳结果的理论、方法、技术及应用系统。"

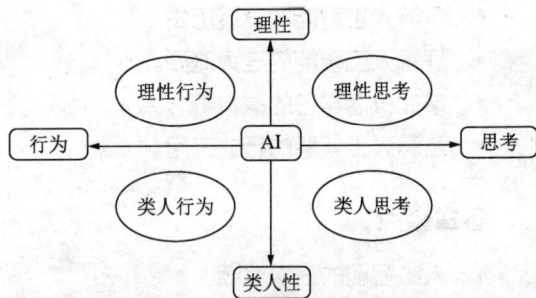

图 9.1　人工智能的四大类别

围绕不同来源对人工智能的定义可以看出，人工智能的核心思想在于围绕各种智能活动，构造智能的人工系统。人工智能是一项知识工程，目的在于使机器能模仿人类，利用已有知识，对未知做出判断，完成特定的行为。根据是否能够真正实现理解、思考、推理、解决问题等"类人"的行为，人工智能又可分为弱人工智能和强人工智能。

强人工智能指的是机器能像人类一样思考，有感知和自我意识，能够自发学习知识。机器的思考又可分为类人和非类人两大类：类人表示机器思考与人类思考类似，而非类人则是指机器拥有与人类完全不同的思考和推理方式。强人工智能在哲学上存在着巨大的争论，不仅如此，在技术研究层面也面临着巨大的挑战。目前，强人工智能的发展有限，并且可能在未来几十年内都难以实现。

弱人工智能是指机器并不能真正像人类一样进行推理思考并解决问题，但是能智能地完成某些特定任务。迄今为止，已有的人工智能系统都是实现特定功能的系统，而不是像人类智能一样，能够不断地从环境中学习新的通用知识，提升自己以适应新环境。现阶段，人工智能理论研究的主流仍然集中于弱人工智能方面，并取得了一定的成绩，对于某些特定领域，如特斯拉、百度等公司开发的自动驾驶技术，真实道路上的交通事故率已经低于人类驾驶员的事故率；又如在人工智能判读医疗影像方面，阿里巴巴达摩院开发的人工智能系统能够依据肺部 CT 影像智能识别新冠肺炎，正确率已开始接近甚至超越人类专家（医生）所具有的水平。

为了更好地理解人工智能技术的发展、类别和应用领域，我们需要从它的来源说起。

9.1.2　人工智能的起源

要谈论人工智能，有一个人是无论如何都无法避开的，他就是英国人阿兰·图灵（Alan Turing）。1912 年，图灵出生于英国伦敦，他在数学与计算机科学中的杰出成就为世界所公认，美国计算机协会在他去世后，以他的名字命名了计算机科学界最负盛名的一个奖项——图灵奖，这一奖项被称为"计算机界的诺贝尔奖"。图灵在 1950 年发表了题为《计算机器与智能》（Computing Machinery and Intelligence）的论文，文中第一句就提出了 "Can machines think?"（机器能思考吗？）这个问题。图灵设计了一个游戏来将这个问题去歧义化，使判断问题的答案更具有可操作性。图灵假设一个审问者和一个男人及一个女人在不同的房间中，通过打字机交流。审问者向他们提出问题，他们必须回答，在游戏结束时审问者需要判断谁是男人，谁是女人。游戏中那个男人的目标是欺骗审问者，诱使他做出错误的判断，而女人的目标是帮助审问者做出正确判断。现在图灵的问题来了，如果让一台机器替代那个男人玩这个游戏呢？审问者是否能保持与人玩这个游戏相同的正确率呢？如果一台机器输出的内容让审问者做出与真实的人玩游戏一样的判断，那么就没有理由坚持认为这台机器不是在"思考"。虽然在论文中图灵没有点明"人工智能"这个词汇，但人们普遍认为这就是最早的关于"人工智能"的设想和判断，这个游戏就是著名的"图灵测试"。直到现在，图灵测试仍然被用作判断一个机器/算法是否具备人工智能。图灵也因而被尊为"人工智能之父"（见图 9.2）。

图 9.2　图灵

图灵提出了机器能否具备智能的问题，并给出了判定标准，但是他并没有创造出"人工智能"这个词。"人工智能"这个词的正式出现则来自两年后的达特茅斯会议。

1956 年的夏天，美国达特茅斯学院的数学助理教授约翰·麦卡锡（John McCarthy，1971 年图灵奖获得者）邀请了马文·明斯基（Marvin Minsky，1969 年图灵奖获得者）、克劳德·香农（Claude Shannon，信息论的创始人）、艾伦·纽厄尔（Allen Newell，1975 年图灵奖获得者）、赫伯特·西蒙（Herbert Simon，与纽厄尔共同获得了 1975 年图灵奖）等学者（见图 9.3），在达特茅斯学院举行了为期 8 周的学术会议，会议的参与者们希望通过广泛的讨论使学术界对智能机器相关的认识更加明确和清晰，从而促进技术的发展。麦卡锡给这个会议起名为"人工智能夏季研讨会"（Summer Research Project on Artificial Intelligence）。这是人工智能这个词第一次登上历史的舞台，因此 1956 年也被称为"人工智能元年"。

图 9.3　达特茅斯会议参与者

9.1.3　人工智能的三次浪潮

从人工智能这一概念在 1956 年的达特茅斯会议上被首次提出至今已经有 60 多年了，历经逻辑推理、专家系统、机器学习、深度学习等技术的发展，社会对人工智能的期待也几经沉浮。一般认为人工智能历史上共出现过三次重要的发展浪潮（见图 9.4），而当今正处于第三次发展浪潮之中。

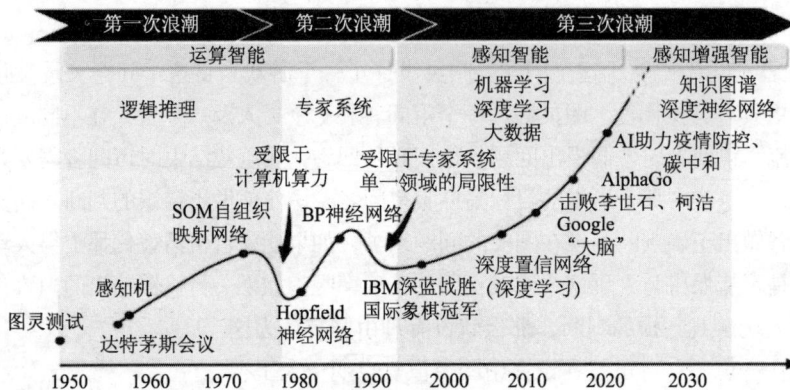

图 9.4　人工智能发展的三次浪潮

1. 第一次浪潮（1956—1976 年）

达特茅斯会议的人工智能奠基者们掀起了人工智能研究的第一次发展浪潮，人们对人工智能的未来充满了想象。本时期的研究重点是赋予机器逻辑计算和推理的能力。人工智能主要用于解决代数、几何问题，以及学习和使用英语。其中 20 世纪 60 年代自然语言处理和人机对话技术的突破性发展，大大地提升了人们对人工智能的期望，也将人工智能带入了第一次浪潮。在第一次浪潮中，感知机模型奠定了连接主义的基础，这一时期还发展了自组织映射网络。

但受限于当时计算机的算力不足，同时迫于国会的压力，美英政府于 1973 年停止向没有明确目标的人工智能研究项目拨款，人工智能技术研究开始进入第一个寒冬。

2. 第二次浪潮（1980—1987 年）

随着计算机性能的提升，1981 年 IBM PC 问世，个人计算机（当时也称为微型计算机）开始出现。小型机的算力提升使得具备逻辑规则推演和特定领域解决问题的专家系统得到了快速发展。人工智能在商业上开始逐渐实用起来，于是掀起了人工智能技术发展的第二次高潮。最早的专家系统是 1968 年由爱德华·费根鲍姆（Edward Feigenbaum，1994 年获得图灵奖）研发的 DENDRAL 系统，其可以帮助化学家判断某特定物质的分子结构。20 世纪 80 年代起，特定领域的专家系统人工智能程序被更广泛的采纳，这些系统能够根据领域内的专业知识，推理出专业问题的答案，专家系统所依赖的知识库系统和知识工程成为当时人工智能主要的研究方向。专家系统时代最成功的案例是美国卡内基梅隆大学为 DEC 公司开发的专家配置系统 XCON。当客户订购 DEC 的 VAX 系列小型计算机时，XCON 可以按照客户的需求自动配置零部件。从 1980 年投入使用到 1986 年，XCON 共处理了 8 万多个订单，为 DEC 公司节省了上亿美元。

然而专家系统的实用性只局限于特定领域，同时升级难度高、维护成本居高不下，行业发展再次遇到瓶颈。1982 年开始，日本以逻辑计算为基础，为专家系统研发的第 5 代计算机因无法实现自然语言人机对话、程序自动生成等目标，投资 10 亿美元后不得不于 1992 年宣告下马。这代表着人工智能技术步入了第二个寒冬。不过，第二次浪潮中连接主义持续发展，从 Hopfield 神经网络发展到 BP（Back Propagation，反向传播）神经网络，为计算机进行深度学习奠定了基础。

3. 第三次浪潮（1997 年至今）

随着计算机运算速度的进一步提高，人工智能在计算性能上的障碍被逐渐克服。1997 年，IBM 的深蓝（Deep Blue）计算机以 2 胜 3 平 1 负战胜了国际象棋世界冠军卡斯帕罗夫，标志着人工智能技术的复苏及第三次浪潮的来临。2006 年，杰弗里·辛顿（Geoffrey Hinton，2018 年图灵奖得主）提出基于神经网络的深度学习算法，助力感知智能步入成熟。2012 年，辛顿实验室设计的 AlexNet 神经网络在 ImageNet 训练集上图像识别精度取得了空前的突破，直接将人工智能技术推向了第三次高潮。2016 年，谷歌公司的 AlphaGo 以 4 胜 1 负战胜当时围棋世界冠军李世石后，人工智能再次收获了空前的关注度。不断提高的计算机算力加速了人工智能技术的迭代，也推动感知智能进入成熟阶段，人工智能与多个应用场景结合落地、产业焕发新生机。从技术发展角度来看，前两次浪潮中人工智能逻辑推理能力不断增强、运算智能逐渐成熟，智能能力由运算向感知方向拓展。目前语音识别、语音合成、机器翻译等感知技术的能力都已经逼近甚至超越人类的智能。

9.2　人工智能关键技术

经过 60 余年的发展，人工智能从第一次浪潮中的基本逻辑计算，到第二次浪潮中基于逻辑推理的专家系统，发展到当今第三次浪潮中基于大数据、初步具备自我学习能力的人工智能。在本节中让我们来了解一下人工智能的技术发展，以及什么是机器学习，为什么机器可以学习。

9.2.1　技术流派

人工智能基本思想可大致划分为三大流派：符号主义（Symbolism）、行为主义（Behaviorism）和连接主义（Connectionism）。这三大流派对智能系统有各自不同的理解，也在历史上延伸出不同的发展轨迹。

1．符号主义

符号主义认为人工智能来源于数理逻辑，是1956年达特茅斯会议中的主要流派。符号主义者认为"机器要像人一样思考才能获得智能"，因此致力使用逻辑符号来描述人类的认知过程，并发明了符号计算语言，如Lisp和Prolog，从而使用计算机通过逻辑推理来模拟人类的认知过程，最终实现人工智能。符号主义的发展大概经历了几个阶段：第一次人工智能浪潮时的推理期和第二次人工智能浪潮中的知识期。"推理期"人们基于符号知识表示，通过演绎推理技术取得了很大的成就；"知识期"人们基于符号表示，通过获取和利用领域知识来建立专家系统取得了大量的成果，最终在第三次人工智能浪潮中的基于大数据的知识图谱的发展中起到了重要作用，图9.5所示为知识图谱示例。

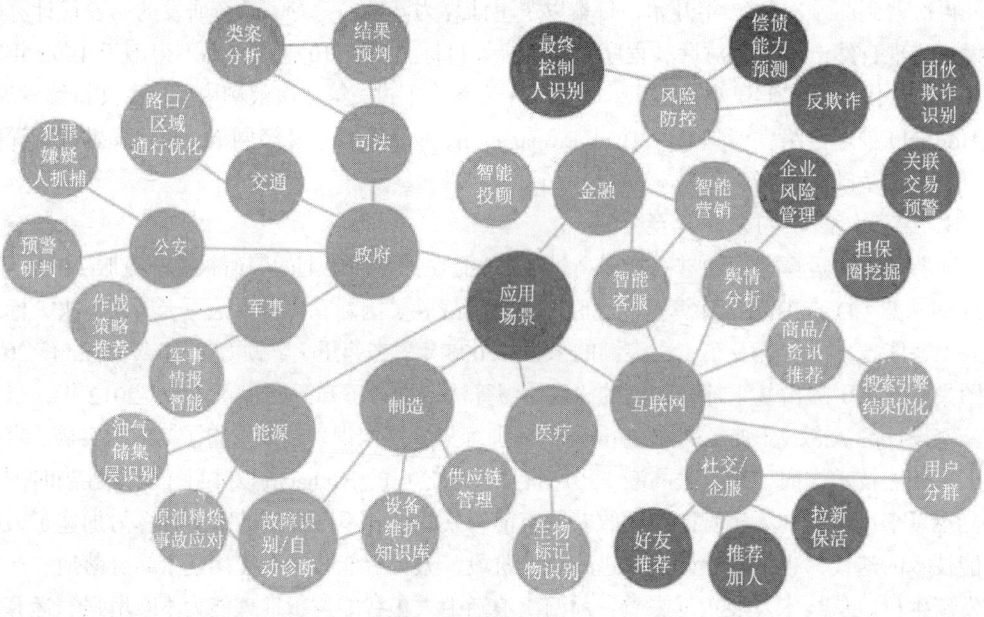

图9.5　知识图谱示例

符号主义可以解决的是人类"已知"的问题，换句话说，在符号主义阶段，人工智能的本质是利用较快的计算速度来提高人类求解的效率。即只要有足够的时间，计算机能解决的问题人类同样能解决。而对于"未知"的问题，由于没有固定的求解器，计算机是无法给出答案的。因此，人们将目光放在了"模拟"上，从而出现了行为主义。

2．行为主义

行为主义也称为进化主义或控制论学派，是一种基于"感知-行动"的行为智能模拟方法。行为主义学派认为人工智能源于控制论，控制论思想影响了早期的人工智能工作者。维纳（Wiener）和麦克洛克（McCulloch）等人提出的控制论和自组织系统，以及钱学森等人提出的工程控制论和生物控制论，影响了许多领域。早期的研究重点是模拟人在控制过程中的智能行为和作用，如对自寻优、自适应、自镇定、自组织和自学习等控制论系统的研究，并进行"控制论动物"的研究。到 20 世纪 60~70 年代，上述控制论系统的研究取得了一定进展，播下了智能控制和智能机器人的种子，并在 20 世纪 80 年代诞生了智能控制和智能机器人系统，如图 9.6 所示。

行为主义通过对系统的模拟，引入自适应、自学习等思想，成功对未知的问题进行了初步的解决。在行为

图 9.6　模仿昆虫行为的六足机器人系统

主义不断发展的过程中，神经网络以其生理可解释的理论支持、简单的构建和反馈方式、良好的效果受到了广泛的关注，并最终由于研究人数过多，衍生出了一个新的学派：连接主义。

3．连接主义

连接主义认为人工智能源于仿生学，特别是对人脑的神经系统模型的研究。它的代表性成果是 1943 年由生理学家麦克洛克和数理逻辑学家皮茨（Pitts）创立的脑模型，即 MP 模型，开创了用电子装置模仿人脑结构和功能的新途径。它从神经元开始，进而研究神经网络模型和脑模型，开辟了人工智能的又一发展道路。第一次人工智能浪潮中，对以感知机（Perceptron）为代表的连接主义研究出现过热潮，由于受到当时的理论模型、生物原型和技术条件的限制，感知机模型研究在第一次人工智能寒冬中陷入低潮。直到第二次人工智能浪潮，霍普菲尔德（Hopfield）教授分别在 1982 年和 1984 年发表了重要论文，提出用硬件模拟神经网络以后，连接主义才重新"抬头"。1986 年，鲁梅尔哈特（Rumelhart）等人提出多层神经网络中的反向传播（BP）算法。此后，连接主义势头大振，从模型到算法，从理论分析到工程实现，为第三次人工智能浪潮中深度学习"独霸"人工智能界打下了基础。

发源于连接主义的深度学习在当前的人工智能生态圈取得了巨大成功，在计算机视觉、自然语言处理等领域，展现了对海量数据处理时极为良好的效果。虽然深度学习在商业上取得了卓越成绩，但模型的可解释性不高，类似于一个黑盒子。不同的超参数、不同的数据集乃至不同的训练顺序都会对结果产生重大影响，因此也有人把深度学习工程师比作炼丹师。图 9.7 所示为模仿人类视觉神经系统的深度学习图像识别算法。

人工智能的三大流派，从不同的侧面研究了人的自然智能，与人脑的思维模型有着对应的关系。粗略地划分，可以认为：

① 符号主义研究抽象思维；

② 连接主义研究形象思维；

③ 行为主义研究感知思维。

三大流派通过 3 条途径发挥到人工智能的各个领域，又各有所长：

① 符号主义注重数学可解释性；

② 连接主义偏向于模仿人脑模型；

③ 行为主义偏向于应用和模拟。

可以看出人工智能三大流派各有自己独立的理论体系。在人工智能的发展历史上也曾分别做出过卓越的贡献，但自身的局限性也是显而易见的。随着人工智能领域的不断拓展，不同的学术流派也开始日益脱离原先各自独立发展的轨道，逐渐走上了协同并进的新道路，即基于大数据的机器学习之路。

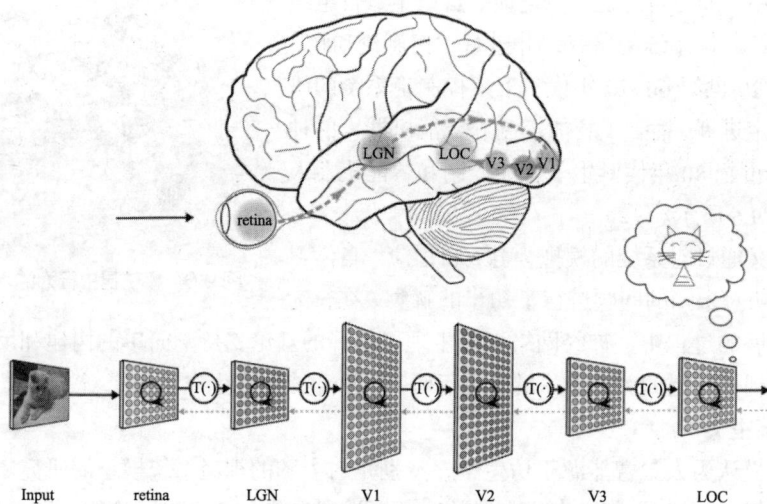

图 9.7   模仿人类视觉神经系统的深度学习图像识别算法

9.2.2   机器学习

机器学习的概念最早是 IBM 的阿瑟·塞缪尔在 1959 年提出的，"机器学习是这样的一个研究领域，它能让计算机不依赖确定的编码指令来自主地学习工作"，他也是前边提到的 1956 年达特茅斯会议的参与者之一。他还开发了第一个通过机器学习下跳棋的程序，这个程序可以通过跟人下跳棋来学习并提升机器下跳棋的水平，最终战胜了当时的跳棋大师罗伯特尼赖。

机器学习被视为实现人工智能的一种方法，即基于已有数据、知识或经验自动识别有意义的模式。最基本的机器学习使用算法解析和学习数据，然后在相似的环境里做出决定或预测。简言之，即基于数据学习并做决策。这就把机器学习算法与传统算法区分开来（见图 9.8）。

传统算法是将人类专家的经验一句句地手动编码为计算机语言模型，然后与数据一起交给计算机进行计算，根据计算结果给出预测结果。而机器学习算法不再由人类专家给出模型，而是从样本数据及预期

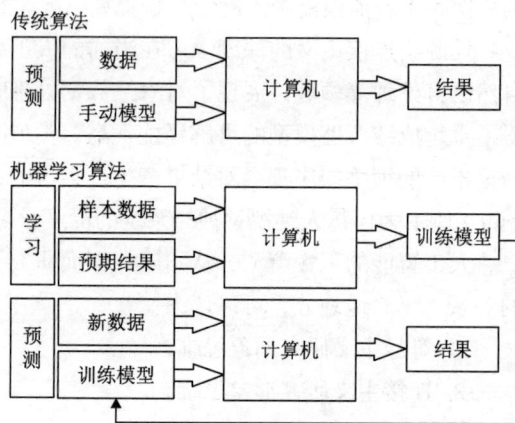

图 9.8   传统算法与机器学习算法的区别

结果中使用计算机进行计算，得到某种数学规律，这个过程叫作训练，也叫作机器学习。得到的数学规律即训练模型。然后将这个训练模型和想要预测的新数据一起交给计算机再次进行计算，根据计算结果给出预测结果。

基于数据的机器学习是现代智能技术中的重要方法之一，研究从样本数据出发寻找规律，利用这些规律对新数据或无法观测的数据进行预测。根据学习模式、学习方法以及算法的不

同，机器学习存在不同的分类方法。

1. 监督学习

监督学习，就是使用已经知道答案的数据或者是已经给定标签的数据给机器进行学习的一个过程。通俗地讲，监督学习就相当于我们高中做练习题的时候，当做完一道题之后，可以翻看已经存在的答案，然后通过答案来进行学习和调整，达到举一反三的效果。通过这样的学习，在下次出现类似的题目的时候，我们就可以通过已有的经验进行解答。

例如想训练一个能识别出照片中的猫的模型。那么，需要将所有的照片看一遍，记录下哪些照片上有猫。然后把照片分为两组：第一组叫作训练集，用来训练机器学习模型；第二组叫作验证集，用来检验训练好的机器学习模型能否认出猫，正确率有多少。然后反复调整模型，直到得到最优模型为止。

监督学习主要应用于预测场景。在机器学习中，监督学习又被细分为多种算法，例如决策树、高斯朴素贝叶斯以及 KNN 等算法，不同的算法适用于不同的场景。每种算法各有其优缺点，因此在机器学习的训练中，需要针对不同的场景选择不同的算法。

最典型的监督学习算法包括回归和分类。当输出变量是一个类别时，就会出现分类问题，如"红色"和"蓝色"，或"有疾病"和"无疾病"。以下是一些典型的分类问题。

① 期末考试结果（挂科、不挂科）。

② 期末考试结果（优、良、中、差）。

③ 在金融和银行业中检测信用卡欺诈（欺诈、非欺诈）。

④ 检测垃圾电子邮件（垃圾邮件、非垃圾邮件）。

⑤ 通过淘宝买家评价文本分析情感（好评、中评、差评）。

⑥ 在医学上，预测患者是否患有特定疾病（新冠肺炎、普通肺炎、无肺炎）。

而当输出变量是一个连续的数值时，就会出现回归问题，如"价格"或"身高"。以下是一些典型的回归问题。

① 期末考试能考多少分?

② 某人 12 月份的生活费是多少?

③ 二手房的价格是多少?

④ 明天某只股票的价格是多少?

⑤ 某个孩子成年后的身高是多少?

监督学习要求训练样本的分类标签已知，分类标签精确度越高，样本越具有代表性，学习模型的准确度越高。监督学习在自然语言处理、信息检索、文本挖掘、手写体辨识、垃圾邮件侦测等领域获得了广泛应用。

图 9.9 展示了一个典型的监督学习——分类算法。通过对已知标签（3 个是苹果和 2 个不是苹果）的图像数据（即训练集数据）的学习，得到的分类模型可以识别一个新的图像（即测试数据）是不是苹果。

2. 无监督学习

无监督学习中使用的数据是没有标记过的，即不知道输入数据对应的输出结果是什么。无监督学习只能"默默"地分析数据，让算法去寻找数据的模型和规律。这就相当于你在学习的过程中遇到的事情是没有答案的，只能你自己从中摸索，寻找数据中的规律，然后依据这些规律对其进行分类判断等。例如要生产 T 恤，却不知道 XS、S、M、L 和 XL 的尺寸到底应该设计得多大。你可以根据人们的体测数据，用聚类算法把人们分到不同的组，从而决定尺码的大小。

典型的无监督学习算法包括单类密度估计、单类数据降维、聚类等。无监督学习不需要将样本划分为训练数据和预测数据，也不需要对数据进行人工标注，这有助于压缩数据存储、减少计算量、提升算法的速度，还可以避免由正、负样本偏移引起的分类错误问题。无监督学习主要用于经济预测、异常检测、数据挖掘、图像处理、模式识别等领域，例如用户画像、社交网络分析、市场分割、天文数据分析等。

图 9.10 与图 9.9 不同，图像数据是没有标签的（算法并不知道它们是苹果还是桃子还是别的什么），无监督学习的聚类算法根据图像的特征将这些卡通图像分成了 3 类，然后算法工程师根据每个类别中图像的共同特征给类别命名（例如第一类是苹果类）。

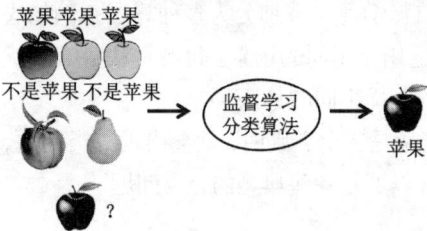

图 9.9   监督学习之分类算法

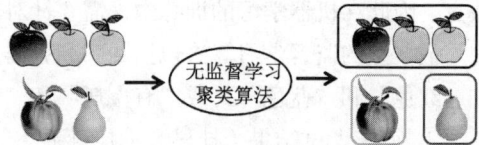

图 9.10   无监督学习之聚类算法

3．强化学习

强化学习也使用未标记的数据，但是可以通过某种方法知道你是离正确答案越来越近还是越来越远（例如游戏的分数涨了还是降了，在算法上被称为奖惩函数），强调的是如何基于环境而行动以取得最大化的收益。Flappy Bird 是一款火热一时的手机游戏，游戏中玩家需要操控一只小鸟飞行，使小鸟跨越管道所组成的障碍，点击屏幕会使小鸟飞得越来越高，不进行任何动作，则会快速下降。游戏的目标是使小鸟顺利地通过管道，每通过一根管道就会加 1 分，小鸟触碰到管道或地面就会死亡。这个游戏的分数就是一个奖惩函数，强化学习可以根据环境及分数的变化学习到在当前环境中是否需要点击，如图 9.11所示。

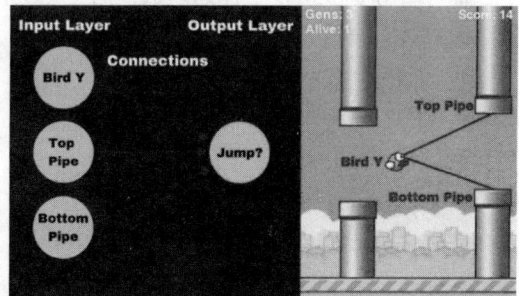

图 9.11   使用强化学习的奖惩机制训练操纵游戏中的小鸟穿越管道

强化学习的目标是学习从环境状态到行为的映射，使得智能体选择的行为能够获得环境最大的奖赏，使得外部环境对学习系统在某种意义下的评价为最佳。强化学习在机器人控制、无人驾驶、下棋、工业控制等领域获得了成功应用。

无论是监督学习、无监督学习还是强化学习，这些机器学习的方法都依赖于大量的数据，才能提取出数据中的特征。而随着大数据的发展，海量的数据超过了传统基于统计学的机器学习算法的处理能力，只有从连接主义发展而来的深度学习才可以对如此大量的数据进行分析和处理。

9.2.3 深度学习

深度学习本质上也是一种机器学习，深度学习是一种基于神经网络技术的机器学习算法。近年来，随着深度学习在理论上蓬勃发展和在智能产业界得到广泛应用，研究者们逐渐将这一概念独立出来，由此有了深度学习和传统机器学习的区分。深度学习、机器学习与人工智能之间的关系如图 9.12 所示。

1．神经网络

深度学习来源于人工神经网络（Artificial Neural Network，ANN），简称神经网络（Neural Network，NN），它是一种模仿生物神经网络（例如人的神经系统）结构的数学模型或者计算模型，用于模拟生物的信号传输和处理功能。神经网络的工作原理与人脑相似，由多层神经元组成，每一个神经元负责感知特定的神经信号。每一层的神经元会接收来自上层神经元的信号，按照特定的权重合并处理后传给下一层的神经元。每一个神经元的权重集合起来就构成了神经网络模型的参数。通过对大量有标签数据的学习后，神经网络模型的参数就被赋予了特定的数值（这个学习的过程称为神经网络的训练），这个神经网络就具备了预测的能力，将未知数据传入这个神经网络，就可以输出模型预测的结果。

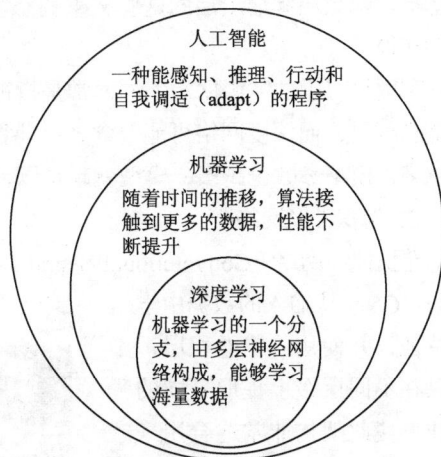

图 9.12　深度学习、机器学习与人工智能之间的关系

神经网络主要由输入层、隐藏层和输出层构成。当隐藏层只有一层时，该网络为两层神经网络（隐藏层+输出层，由于输入层未对数据做任何变换，可以不看作单独的一层）。实际中，网络输入层的每个神经元代表了样本的一个特征，输出层个数代表了分类标签的个数（在做二分类时，输出层的神经元个数可以为 1，输出值接近 0 为一类，接近 1 为另一类），而隐藏层的层数及神经元由人工设定。一个基本的两层神经网络如图 9.13 所示。

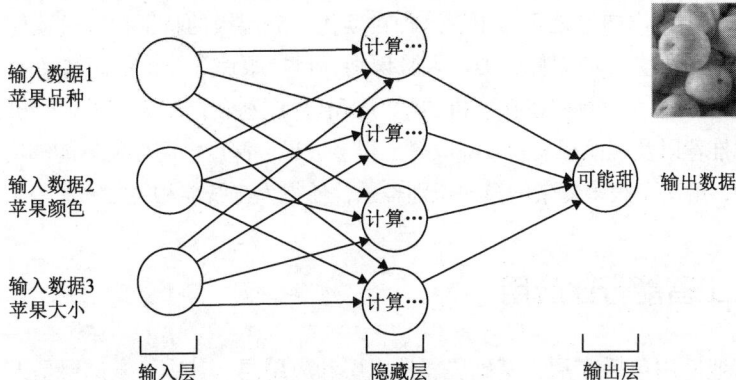

图 9.13　使用神经网络预测苹果是否甜

人类如何用眼睛判断一个苹果是否甜呢？我们会识别它的颜色和大小，一般说来个头大

的苹果有较大概率是甜的，小的可能没成熟，不够甜；红色的苹果会比较甜，青色的容易是酸的；还要加上品种，因为有的品种的苹果一直是青色的，但是也很甜。当我们吃到过很多种类的苹果后，这些特征的组合就让我们能在吃之前预测出一个苹果可能甜还是不甜。

神经网络也是如此，在输入层接收一个苹果的不同特征作为输入，隐藏层负责将上层特征进行加权组合，得到新的特征，例如个大的黄色苹果可能是"黄元帅"，然后输出层将这些新特征进行加权组合，得到最后的结论：甜或者不甜（神经网络的真实输出是苹果为甜的概率）。隐藏层和输出层的这些权重就需要神经网络模型学习了大量的不同苹果的数据后才能够获得。

深度学习中的"深度"一词通常是指神经网络中的隐藏层数。传统神经网络只包含 2 到 3 个隐藏层，而深度网络可能包含多达几百个隐藏层。神经网络的层数越多，神经元的个数就越多，模型参数也越多，模型就越难以训练。因此深度学习一定需要海量的数据。

2．卷积神经网络

卷积神经网络（Convolutional Neural Network，CNN）是目前最流行的深度神经网络类型之一。CNN 从输入的数据中学习特征，并使用二维卷积层，可以在不同层级上提取不同的特征，使此架构非常适合用来处理二维数据（例如图像）。CNN 无须手动特征提取，因此不需要人为设定用于对图像进行分类的特征。CNN 通过大量数据的训练直接从图像中提取特征。如图 9.14 所示，第一个卷积层识别出斜线、点、色块这些基础的低层级特征，第二

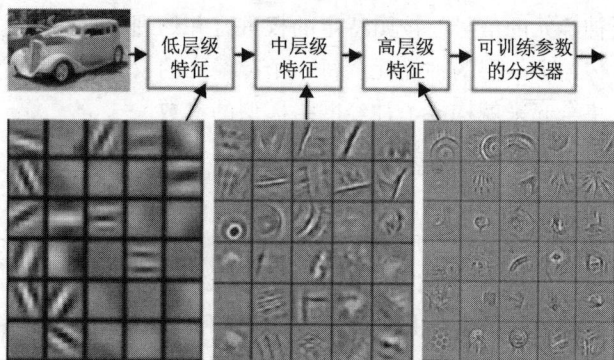

图 9.14　通过卷积提取的不同尺度的车辆特征用于图像分类

个卷积层识别出由这些低层级特征组合的圆弧、拐角、圆圈等中层级特征，最后的卷积层识别出由中层级特征组成的车灯、车轮、车窗和车身弧线这些高层级特征。通过对图像中这些特征的判定，可以预测出图像是否为车。这种自动化、分层级的特征提取过程使深度学习模型能够为计算机视觉任务（如图像分类、人脸识别、目标跟踪等）提供高精确度的结果。

深度学习在搜索技术、数据挖掘、机器学习、语音识别、自然语言处理、机器翻译、知识图谱、个性化推荐以及其他相关领域都取得了很多成果。深度学习使机器能够模仿视听和思考等人类的活动，解决了很多复杂的模式识别难题，使得人工智能相关技术取得了很大进步。

9.3　人工智能行业应用

人工智能行业应用包括 3 层：基础层、技术层和应用层。其中，基础层是人工智能行业的基础，主要是包括人工智能芯片等硬件设施及云计算等服务平台的基础设施、数据资源，为人工智能提供数据服务、算力支撑及算法框架。技术层是人工智能产业的核心，以模拟人的智能相关特征为出发点，构建技术路径，主要包含语言识别、自然语言处理、计算机视觉以及

相关的技术工具与平台。应用层是人工智能产业的延伸，集成一类或多类人工智能基础应用技术，面向特定应用场景需求而形成软硬件产品或解决方案。图9.15所示为人工智能产业图谱。

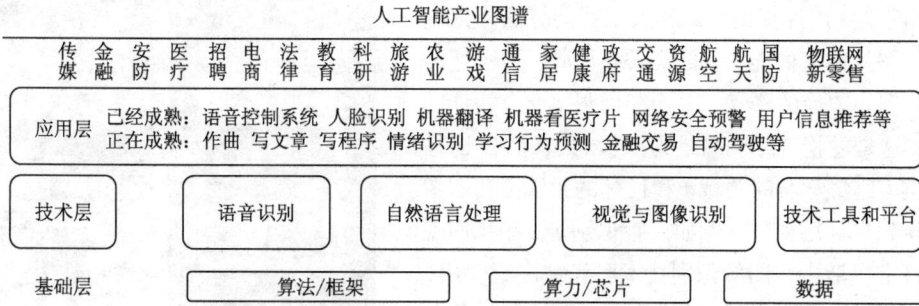

图9.15　人工智能产业图谱

9.3.1　自动驾驶

自动驾驶也叫无人驾驶，是依靠计算机与人工智能技术在没有驾驶员干涉的情况下，在道路环境中安全有效地驾驶车辆的一项前沿科技。自动驾驶技术依赖于硬件（环境数据的采集，例如摄像头采集的道路、车辆、行人和交通标志的图像，激光雷达采集的距离信息等）、软件（对图像的识别、分类、决策和车辆的控制等）和网络（车-互联网、车-车、车-环境之间的数据交换）的支持。人工智能在自动驾驶领域主要用于图像处理，可以用于感知周围环境、识别可行驶区域以及识别行驶路径（这些技术一般依赖于监督学习的各种算法）；还有就是针对环境的变化进行驾驶决策和动态地控制车辆的操作（常常采用强化学习的方法）。

如图9.16所示，按照美国汽车工程师学会的定义，自动驾驶技术分为L0～L5级，L0就是非自动化地驾驶，L5是在任意条件下的完全自动驾驶，也是自动驾驶的终极目标。从L1到L5，人工智能系统涉入程度越来越高，对驾驶员的依赖越来越少。以美国特斯拉公司为代表，中国的百度、华为等公司也在深入研发和广泛测试无人驾驶车辆。目前大部分公司所实现的自适应巡航、车道保持、自动泊车等功能都只是在不同程度上实现了L2级别的自动驾驶。目前整个自动驾驶行业都在努力攻克L3级别的自动驾驶，希望早日实现从辅助性的自动驾驶向在特定条件下不依赖驾驶员的自动驾驶的转变，L2和L3的区别也是自动驾驶技术的分水岭。自动驾驶技术等级的提升有赖于人工智能算法和技术的进一步完善。

自动驾驶分级						
分级	NHTSA	L0	L1	L2	L3	L4	
	SAE	L0	L1	L2	L3	L4	L5
称呼（SAE）		无自动化	驾驶支持	部分自动化	有条件自动化	高度自动化	完全自动化
定义		人类驾驶员全权驾驶汽车，在行驶过程中可以得到警告	通过驾驶环境对方向盘和加速减速中的一项操作提供支持，其余由人类来做	通过驾驶环境对方向盘和加速减速中的多项操作提供支持，其余由人类来做	由无人驾驶系统完成，根据系统要求，人类提供适当的应答	由无人驾驶系统完成所有的操作，根据系统要求，人类不一定提供适当的应答；限定道路和环境条件	由无人驾驶系统完成所有的操作，可能的条件下人类接管，不限定道路和环境条件
主体	驾驶操作	人类驾驶者	人类驾驶者/系统	系统			
	周边监控	人类驾驶者			系统		
	支援	人类驾驶者			系统		
	系统作用域	无	部分			全部	

图9.16　自动驾驶不同级别的功能要求

9.3.2 图像识别

图像识别技术是人工智能应用的一个重要领域，指的是使用计算机技术和人工智能算法像人一样理解图片内容的能力。图像识别通常包括图像的处理（例如图像的降噪、变换和增强等）、特征的抽取（这是卷积神经网络最为擅长的领域）、图像的分类（监督学习的领域）和目标的跟踪（在图像中定位到目标的位置，例如人脸识别）。在我们现在的日常生活中，图像识别技术已经被广泛应用，例如支付宝的刷脸支付功能，淘宝 App 的拍照搜同款功能（见图 9.17），还有手机拍照中的各种美颜、夜拍功能，以及手机相册中人脸照片搜索功能都离不开人工智能图像识别技术的支持。

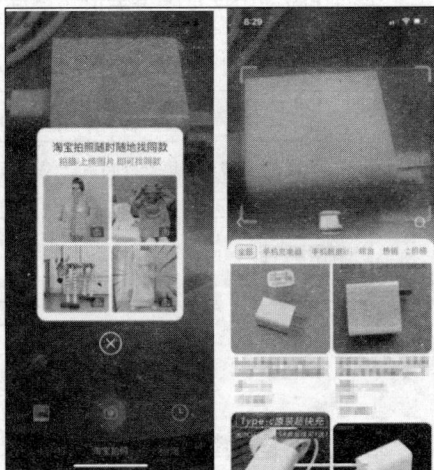

图 9.17　淘宝拍照搜同款功能

2009 年，美国斯坦福大学的华人科学家李飞飞教授采用众包的方式建立了 ImageNet 这个至今仍是世界上最大的图像识别数据库，它包含 1400 多万幅图像，分为 21000 多个类别。2012 年，深度学习模型 AlexNet 在这个数据集上取得了远远超过传统机器学习图像识别模型的正确率。目前市面上的所有图像识别应用都是利用了在 ImageNet 中训练出来的深度学习模型，才有可能在商业上取得成功。这是因为深度学习的本质是通过多层神经网络提供的大量非线性变化的叠加，从大数据中自动学习特征，它的层级结构使得现代的人工智能具有很强的学习能力和特征识别能力。图像识别领域的压倒性成功正是深度学习强大能力的绝佳体现，也体现了海量数据对以深度学习为代表的现代人工智能技术的重要性。ImageNet 改变了人工智能领域对数据集的认识，人们真正开始意识到它在研究中的地位，就像算法一样重要。

9.3.3 机器翻译

机器翻译是指基于深度学习理论，借助海量计算机模拟的神经元，在海量的互联网资源的依托下，模仿人脑的方式去理解语言，形成更加符合语法规范、容易理解的译文（见图 9.18）。它是计算语言学的一个分支，理解人类语言是人工智能的终极目标之一。

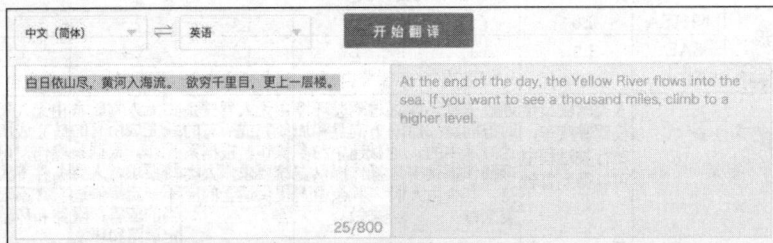

图 9.18　机器翻译的古诗词

我国的百度、科大讯飞、字节跳动等公司都在深耕基于深度学习的机器翻译技术。科大讯飞成立之时就在布局语言和翻译领域项目。基于深度神经网络算法上的创新和突破，科大讯飞在 2014 年国际口语翻译大赛上获得中英和英中两个翻译方向的全球第一名；2015 年在由美国国家标准技术研究院组织的机器翻译大赛中取得全球第一；2018 年的国际口语翻译大赛比赛中在英德方向上以显著优势获得第一；更在 2021 年的国际口语翻译大赛比赛上包揽了全部 3 个项目的冠军。

基于深度学习的机器翻译技术的最大优点在于它是一个端到端的结构（输入一种语言直接得到另一种语言的翻译，不需要显式的中间处理步骤），不再需要进行词语切割、句子切割、语法分析等传统过程。但是也有它的缺点，即模型训练复杂度高，训练数据以亿万计，需要专用的 GPU（Graphics Processing Unit，图形处理单元）集群，花费大量的时间成本和财力成本才能获得一个较好的模型。

9.3.4 情感识别

长期以来，是否具有情感是区分人与机器的重要标志。马文·明斯基（读者还记得他参与了达特茅斯会议吗？）曾经说过：“如果机器不能很好地模拟情感，人类可能永远也不会觉得机器具有智能。”现在，借助深度学习，计算机可以识别新闻、微博、博客、论坛、商品评论等文本内容中所包含的情感态度，从而及时发现舆论风向和产品的正负口碑（见图 9.19）。

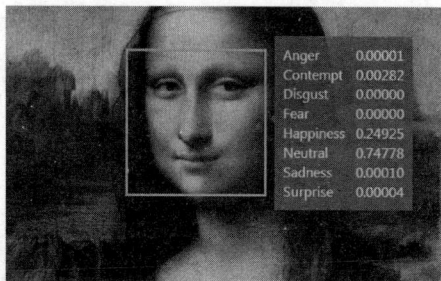

图 9.19　人工智能识别蒙娜丽莎的微笑

卷积神经网络擅长于提取不同层级的图片特征，使得人工智能能够捕捉图片上人物脸部的细微表情特征，从而描述人类的高兴、生气、吃惊、恐惧、厌恶和悲伤等情绪特征。例如微软公司就推出过看图识别情绪（Emotion Recognition）的工具，其可以根据用户上传的人物面部照片分析人物的情绪。

人工智能情感识别的用处非常广泛，不光在社会学和商业中有着重要的作用，还可以在医疗等领域发挥特长。美国卡内基梅隆大学机器人研究所开发了一个面部识别软件 IntraFace，它可以帮助医生检测抑郁症。算法科学家们首先使用有监督的机器学习训练 IntraFace 识别和追踪面部表情，然后将模型融入手机软件，通过照片和视频对个人表情进行情感识别，从而发现可能的抑郁症患者，模型的预测不仅准确，而且高效。

9.3.5 内容生成

人工智能不仅需要对人类生成的数据进行分析和判定，还需要具备生成新数据的能力。通过深度学习，计算机可以学会根据不同的作家风格进行小说写作或者基于各流派画家的风格特征进行绘画创作，甚至生成完全虚拟的人物照片，而人类很难分辨出是人工智能算法还是人类创作的这些内容。

人工智能内容生成也依赖于深度学习的一种叫作生成对抗的神经网络，它由两个神经网络模型组成：生成模型（Generative Model）和判别模型（Discriminative Model）。生成模型负责生成与原始训练数据类似的虚拟数据，而判别模型的任务则是判定收到的数据（可能是生成模型产生的虚拟数据，也可能是真实的原始训练数据）是否真实。交替优化这两个神经网络模型可以使得生成模型产生的数据越来越真实，判定模型区分真假的能力越来越强。这就类似于谷歌的 AlphaGo Zero（AlphaGo 的下一代）人工智能围棋算法，两个 AlphaGo Zero

彼此对弈，不需要任何人类经验输入，从零开始自学围棋，经过 3 天共 490 万局的自我对弈，成功地以 100:0 的战绩击败前辈 AlphaGo。

图 9.20 中的肖像包括天真无邪的儿童、青春美丽的少女、富含人生阅历的中年男性，"他们"看起来毫无奇怪之处，然而这正是问题所在，这些人从来都没有存在过，"他们"都是由人工智能算法生成的。优步（Uber）公司的一个软件工程师利用英伟达（NVIDIA）公司于 2019 年 12 月发布的 StyleGAN2 的神经网络创作了源源不断的假人像。这个生成对抗神经网络是在一个巨大的真实人脸图像数据集上训练的，然后使用它的生成模型来随机生成新的人脸图像。

图 9.21 所示是阿里 2021 年 4 月发布的基于深度学习的超大规模语言模型对一小段文字（"韩立盘坐法阵中心处，两手掐诀"）的后续文字进行文本生成的结果，可以看出内容虽然有些粗糙，还有一些重复的语句，但几乎是一段完整的故事了。这个模型的参数规模达到了 270 亿个，使用 1TB 以上的高质量中文文本数据在 128 张 A100 专业显卡上花费 35 天训练而成，涵盖新闻、小说、诗歌和问答等类型的文本写作能力。

图 9.20　人工智能生成的头像

图 9.21　人工智能续写

9.3.6　个性化推荐

基于人工智能的个性化推荐是根据用户的特征和偏好，通过采集、分析其历史行为数据，从而使用机器学习算法有针对性地向用户推荐其可能会感兴趣的信息和商品，如图 9.22 所示。

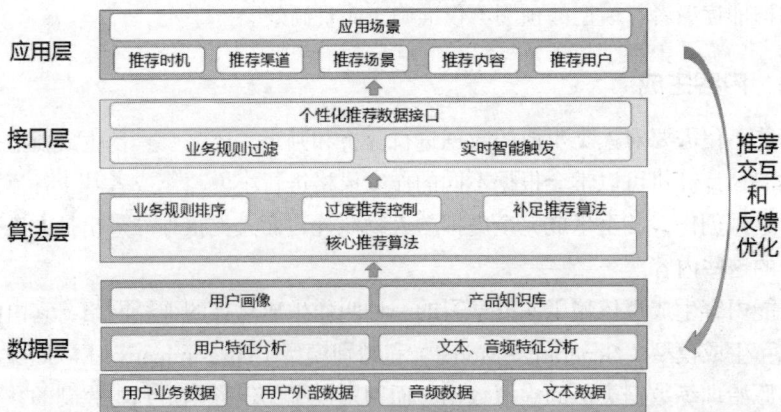

图 9.22　个性化推荐系统

字节跳动公司旗下的"今日头条"就是一个将人工智能个性化信息推荐用得比较好的新

闻阅读类产品。今日头条的个性化推荐引擎会根据文章特征（内容质量、内容类型、其他读者的点赞与投诉情况）、用户特征（阅读历史、阅读时间、点赞历史及阅读历史等）以及地域特征（省、城市、时间、天气）等，为文章找到感兴趣的读者并推荐给他们。这样，一个喜欢游戏的用户就会被自动推送各种游戏信息、游戏周边、新款游戏等相关信息，而一个喜欢时事政治的用户就会收到各种突发事件、重大事件的相关报道。这样对用户有价值的个性化推荐可以极大地提升用户黏性，吸引用户频繁使用产品。字节跳动公司旗下的另一款产品"抖音"也是把同样的个性化推荐应用到短视频推荐中。

商品的个性化推荐在淘宝、京东等购物网站就更是被频繁使用。各个 App 的首页充斥着用户购买过的各种各样的商品类别，有针对性地向用户投放各种优惠券和折扣政策。这通常被称为"千人千面"算法，采用个性化推荐的首页、推荐、搜索排序、直播频道后，人均成交量可提升 20% ~ 30%。

9.3.7　医疗影像判读

人工智能医学影像判读是利用人工智能方法，通过深度学习与大数据技术，对已有的大量医学图像数据进行学习，提取出能代表结节、肿瘤等病灶的图像特征，快速对 X 射线扫描、CT 扫描、磁共振成像扫描等检测图像进行疾病程度分类，协助医生准确、高效地完成疾病诊断。目前人工智能医疗影像判读技术在肺结节、甲状腺结节、肠息肉的判定，以及食管癌、肺癌和乳腺癌的早期筛查中已经被广泛应用。

通常三甲医院的放射科室的医生每天至少阅读 4 万张片，这对视力会有非常大的伤害，并且长时间疲劳作业还会增加漏诊的风险。人工智能辅助的医学影像判别，不仅能帮助患者更快速地完成健康检查，也可以帮助影像医生提升读片效率，降低误诊概率，并通过比人工更加准确的对结节、息肉、肿瘤体积的计算来辅助医生给出更加准确的诊断。

在新冠肺炎疫情中，肺部 CT 影像对新冠肺炎的发展程度是一个重要的判别依据。阿里达摩院医疗人工智能团队依据早期收集到的 5000 多个病例的 CT 影像样本数据，训练了深度学习模型自动提取样本的病灶纹理特征，紧急研发出全新的人工智能新冠肺炎 CT 影像识别算法模型（见图 9.23）。实际结果显示，单个病例影像数据的上传和分析可在 20 秒内完成，准确率可达到 96%。

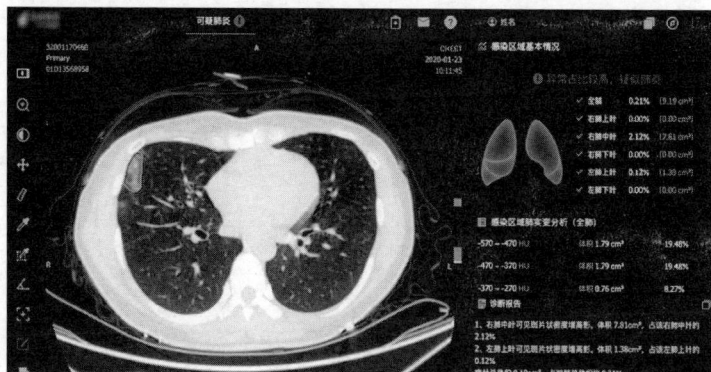

图 9.23　新冠肺炎患者 CT 影像的人工智能判别

人工智能技术是先进、前沿的，同时也在各行各业中得到广泛应用，与我们的生活息息相关。熟悉人工智能的能力与应用范围，对大学生来说非常重要，很多东西只有在理解以后才能做出正确的认知和科学的判断。国家和社会的未来必定是人工智能的世界，只有加深对人工智能相关技术的认识，大学生在未来就业时才能有更加清晰的思路，明确自己想要走的到底是哪条路。尤其在近年来各种大数据人工智能技术的飞速发展，大学生更应该主动了解相关技术的应用前景，为未来发展做好铺垫。

人工智能有着强大的力量，不管我们愿不愿意，它都在改变着我们的世界。面对人工智能，我们要保持充足的好奇心与敬畏之心，认识它、掌握它，才能更好地利用它。

本章小结

本章主要介绍了人工智能的概念。当我们了解了人工智能的起源及其 60 多年来的起起落落，可以更加深刻地理解人工智能的相关技术的由来和特点，以及人工智能的行业应用。

本章习题

1. 什么是图灵测试？
2. 我们现在进入强人工智能的时代了吗？
3. 人工智能发展史上有哪些著名事件？
4. 人工智能的前两次浪潮为什么走入了低谷？
5. 人工智能的三大流派有哪些？它们的特点各是什么？
6. 机器学习有哪些类别？它们的区别是什么？
7. 深度学习、机器学习、人工智能的概念有什么区别和联系？
8. 列举一些你身边的人工智能应用，它们分别使用了什么人工智能技术？

第 10 章

区块链技术

学习目标

- 掌握区块链的基本概念。
- 理解区块链的特性。
- 熟悉区块链使用的技术。
- 了解区块链应用场景。

本章重点

- 区块链的基本概念。
- 区块链的核心技术。
- 区块链的应用场景。

任何事物的发展，从来不是一蹴而就的。数字世界里，如何证明这份资产是属于你的？商贸合作中签订的合同，如何确保对方能按时遵守和执行？餐厅食品供应链如何保证各个环节的质量？你所购买的昂贵奢侈品如何追溯来源以及辨别真伪？这些看似很难解决的问题，在区块链的世界里已经有了初步的答案。

10.1　区块链

10.1.1　区块链的概念

1．数字货币

讲到区块链，数字货币是绕不开的一个话题。货币是人类发展过程中的一个重大发明，主要用于流通买卖。货币的形态经历了多个阶段，包括实物货币、金属货币、代用货币、信用货币、电子货币、数字货币等。货币自身的价值依托从实物价值、发行方信用价值，到今天出现的对信息系统（包括算法、数学、密码学、软件等）的信任价值。

严格来说，货币并不等于现金，货币的范围更广。现实生活中很多人认为信用卡相对纸币形式更方便。相对于信用卡这样的集中式支付体系来说，纸币提供了更好的匿名性。另外，一旦碰到系统故障、断网、没有刷卡机器等情况，信用卡就不可用了。所以说无论是纸币还是信用卡模式，都需要额外的系统（例如银行）来完成生产、分发、管理等操作，带来较大的额外成本和使用风险，诸如伪造、信用卡诈骗、盗刷、转账等安全事件屡见不鲜。综上所述，我们需要一种数字货币，不仅能保持既有货币的这些特性，还能弥补纸质货币的缺陷，这种货币类型无疑将带来巨大的社会变革，极大提高经济活动的运作效率。

有人会说，当前银行货币形式都是数字化的，我们的资产都是通过账号来记录的。这点说的没有问题，这种模式也有人称为"数字货币 1.0 时代"，但是它的本质是由一个安全可靠的第三方记账机构来实现的。这种中心化控制下的数字货币实现相对简单，但需要一个中心管控系统。但是，很多时候并不存在一个安全可靠的第三方记账机构来充当中心管控的角色。例如，贸易两国可能缺乏足够的外汇储备；网络上的匿名双方进行直接买卖；交易的两个机构彼此互不信任，找不到双方都认可的第三方担保；汇率的变化；可能无法连接到第三方的系统；第三方的系统可能会出现故障等情况。

综上，我们需要的是不存在第三方记账机构的情况下，可以交易的数字货币。这种货币主要解决以下几个难题。

（1）判定货币的真伪。

（2）双方货币的交易。

（3）避免其他货币类型带来的双重支付。

2．比特币

比特币出现之前已经存在一些数字货币，但它们或多或少都依赖第三方系统的信用担保。直到比特币的出现将工作量证明机制与共识机制结合到一起，才首次实现了一套"去中心化"的系统。

比特币是完全虚拟的，它不但没有实体，本质上也没有一种虚拟物品能够代表比特币，它隐含在收发币的转账记录中。用户只要有证明其控制权的密钥，用密钥解锁，就可以发送比特币。这些密钥通常存储在计算机的数字钱包里。拥有密钥是使用比特币的唯一条件，这让控制权完全掌握在每个人手中。

比特币是一个分布式的点对点网络系统，因此没有"中央"服务器，也没有中央发行机构。比特币是通过"挖矿"产生的，挖矿就是验证比特币交易的同时参与竞赛来解决一个数学问题。任何参与者（例如运行一个完整协议栈的人）都可以做"矿工"，用他们的计算机算力来验证和记录交易。平均每 10 分钟就有人能验证过去这 10 分钟发生的交易，他将会获得新币作为工作回报。

比特币与法定货币的兑换价格伴随着比特币概念的炒作水涨船高，我国明令禁止数字币的交易。如果你还自我沉醉在比特币的世界，那你就完全走错了。随着比特币的火爆，各国真正开始关注的是比特币背后的区块链技术。

人们开始意识到，与记账本相关的技术，对于资产（包括有形资产和无形资产）的管理（包括所有权和流通）十分关键；而去中心化的分布式记账本技术，对于当前开放多维化的商业网络意义重大。区块链正是实现去中心化记账本系统的一种极具潜力的可行技术。

目前，区块链技术已经脱离比特币，在金融、贸易、征信、物联网、共享经济等诸多领域崭露头角。现在当人们提到区块链时，往往已经与比特币没有直接联系了。

3．区块链起源与发展前景

区块链技术起源于化名为中本聪（Satoshi Nakamoto）的学者在 2008 年发表的奠基性论文《比特币：一种点对点电子现金系统》。狭义上来讲，区块链是一种按照时间顺序将数据区块以顺序相连的方式组合成的一种链式数据结构，并以密码学方式保证的、不可篡改和不可伪造的分布式账本。广义上来讲，区块链技术是利用块链式数据结构来验证与存储数据，利用分布式节点共识算法来生成和更新数据，利用密码学的方式保证数据传输和访问的安全，利用由自动化脚本代码组成的智能合约来编程和操作数据的一种全新的分布式基础架构与计算范式。目前，区块链技术被很多大型机构称为是彻底改变业务乃至机构运作方式的重大突破性技术。同时，像云计算、大数据、物联网等新一代信息技术一样，区块链技术并不是单一信息技术，而是依托于现有技术，加以独创性的组合及创新，从而实现以前未实现的功能。

至今，区块链技术大致经历了 3 个发展阶段，如图 10.1 所示。

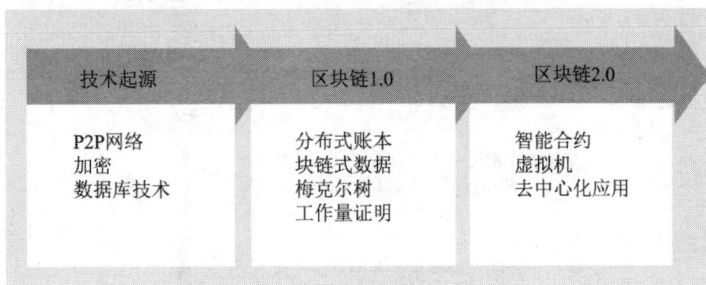

技术起源	区块链1.0	区块链2.0
P2P网络 加密 数据库技术	分布式账本 块链式数据 梅克尔树 工作量证明	智能合约 虚拟机 去中心化应用

图 10.1　区块链发展阶段

4．本质

区块链是什么？它本质上是自带信任化和防止篡改的分布式记录系统。

首先，区块链的主要作用是存储信息。任何需要保存的信息，都可以写入区块链，也可以从里面读取，所以它是数据库。

其次，任何人都可以架设服务器，加入区块链网络，成为一个节点。区块链的世界里面，没有中心节点，每个节点都是平等的，都保存着整个数据库。你可以向任何一个节点写入/读取数据，因为所有节点最后都会同步，保证区块链一致。

最后，区块链技术支持一组特定的参与方共享数据。它可以收集和共享多个来源的事务数据，能够将数据细分为以加密哈希形式的唯一标识符，然后把它们链接在一起形成共享区块，并通过单一信息源确保数据完整性，消除数据重复，提高数据安全性。

在区块链系统中，未经法定人数许可，数据将无法更改，这一特点有助于防范欺诈和数据篡改。换言之，区块链账本可以共享，但不能更改。如果有一方尝试更改数据，区块链所有参与方将收到警报，知晓哪一方试图更改数据。

总之，区块链是分布式数据存储、点对点传输、共识机制、加密算法等计算机技术在互联网时代的创新应用模式。区块链技术被认为是继大型机、PC、互联网之后计算模式的颠覆式创新，很可能在全球范围引起一场新的技术革新和产业变革。

5．基本原理

区块链交易过程涉及的基本原理包括以下几个方面。

（1）交易（Transaction）：一次操作，导致账本状态的一次改变，如添加一条记录。

（2）区块（Block）：记录一段时间内发生的交易和状态结果，是对当前账本状态的一次共识。

（3）链（Chain）：由一个个区块按照发生顺序串联而成，是整个状态变化的日志记录。

区块链交易过程如图 10.2 所示，如果把区块链作为一个状态机，则每次交易就是试图改变一次状态，每次生成区块就是参与者对其中包括的所有交易改变状态的结果确认。在操作过程中，首先假设存在一个分布式的数据记录本（这方面的技术相对成熟），这个记录本只允许添加，不允许删除。其结构是一个线性的链表，由一个个区块串联组成，这也是其名称"区块链"的由来。新的数据要加入，必须放到一个新的区块中，而这个区块（以及区块里的交易）是否合法，可以通过一些手段快速检验出来。维护节点都可以提议一个新的区块，然而必须经过某种共识机制来对最终选择的区块达成一致。

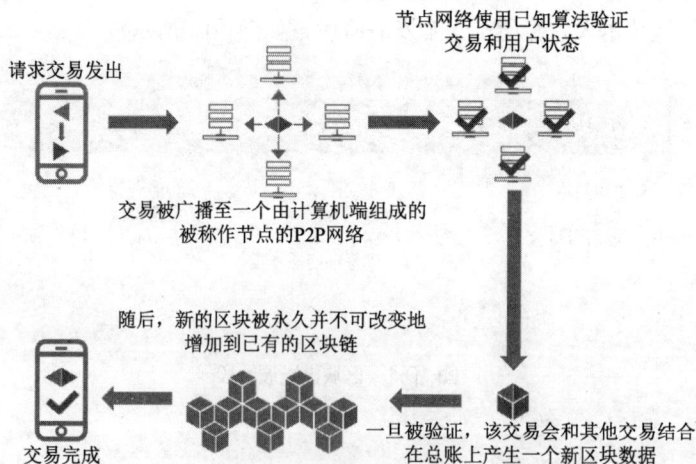

图 10.2　区块链交易过程

下面具体介绍如何使用区块链技术。客户端发起一项交易后，会广播到网络中并等待确认。网络中的节点会将一些等待确认的交易记录打包在一起，组成一个候选区块，然后，试图找到一个随机串（用在共识算法中的一个数字）放到区块里，候选区块利用哈希（Hash）算法一旦算出正确答案，这个区块在格式上就合法了，就可以进行全网广播。大家拿到提案区块，进行验证，发现确实符合约定条件，就承认这个区块是一个合法的新区块，并将其添加到链上。当然，在实现上还会有很多的细节。

这种基于算力的共识机制被称为工作量证明（Proof of Work）。目前，要让哈希结果满足一定条件并无已知的启发式算法，只能进行"暴力尝试"。尝试的次数越多，算出来的概率越大。通过调节对哈希结果的限制，可控制平均约 10 分钟算出一个合法区块。算出来的节点将得到区块中所有交易的管理费和协议固定发放的奖励费，即俗称的"挖矿"。

或许有人会问，能否通过恶意操作来破坏整个区块链系统或者获取非法利益，例如不承认别人的结果、拒绝别人的交易等。实际上，因为系统中存在大量的用户，而且用户默认都只承认其看到的最长的链。只要不超过一半（概率意义上越少肯定越难）的用户协商，最长的链就可能成为合法的链，而且随着时间增加，这个可能性越大。从技术角度讲，区块链涉及的领域比较繁杂，包括分布式、存储、密码学、心理学、经济学、博弈论、网络协议等。

10.1.2　区块链的特性

1．不可伪造

区块链的记录原理需要所有参与记录的节点，来共同验证交易记录的正确性。由于所有节点都在记录全网的每一笔交易，因此，一旦出现某节点记录的信息和其他节点不符，其他节点就不会承认该记录，该记录也不会被写入区块。

2．不可虚构

当发送者广播交易信息的时候，区块链中参与记录的节点需要做的是通过历史记录验证发送者是否有能力履行该交易，而不是验证广播的交易信息是否为真。通过历史数据的校验功能，区块链建立了信任的基础，也保证了信息的不可虚构。

3．不可篡改

改变某一个区块以及区块内的交易信息几乎不可能。如果该区块被改变，那么之后的每一个区块都将被改变。因此试图篡改数据的人必须同时入侵至少全球参与记录的 51%的节点来篡改数据。以上这些情况从技术角度上来讲，几乎是不可能的。

10.1.3　区块链分类

根据参与者的不同，区块链可以分为公开（Public）链、私有（Private）链和联盟（Consortium）链。

公开链，顾名思义，任何人都可以参与使用和维护，信息是完全公开的。如果引入许可机制，区块链则包括私有链和联盟链两种。

私有链由集中管理者进行限制，只有内部少数人可以使用，信息不公开。联盟链则介于公有链和私有链之间，由若干组织一起合作维护一条区块链，该区块链的使用必须是有权限的管理，相关信息会得到保护，典型如银联组织。

目前来看，公开链将会更多地吸引社区和媒体的眼球，但更多的商业价值应该在联盟链和私有链上。

10.2 区块链关键技术

10.2.1 P2P 网络技术

P2P 网络技术是区块链系统连接各对等节点的组网技术，学术界将其翻译为对等网络，在多数媒体上则被称为"点对点"或"端对端"网络，是构建在互联网上的一种连接网络。

不同于中心化网络模式，P2P 网络中各节点的计算机地位平等，每个节点有相同的网络权力，不存在中心化的服务器。所有节点通过特定的软件协议共享部分计算资源、软件或者信息内容。在比特币出现之前，P2P 网络计算技术已被广泛用于开发各种应用，如即时通信软件、文件共享和下载软件、网络视频播放软件、计算资源共享软件等。P2P 网络技术是构成区块链技术架构的核心技术之一。

10.2.2 非对称加密算法

非对称加密是指使用公私钥对数据存储和传输进行加密和解密。公钥可公开发布，用于发送方加密要发送的信息，私钥用于接收方解密接收到的加密内容。公私钥计算时间较长，主要用于加密较少的数据。常用的非对称加密算法有 RSA 和 ECC。

非对称加密技术在区块链的应用场景主要包括信息加密、数字签名和登录认证等，在区块链的价值传输中，要利用公钥和私钥来识别身份。

（1）信息加密：确保信息的安全性。由信息发送者 A 使用接收者 B 的公钥对信息加密后，再发送给 B，B 利用自己的私钥对信息解密。比特币交易的加密即属于此场景。

（2）数字签名：确保数字签名的归属性。由发送者 A 采用自己的私钥加密信息后发送给 B，B 使用 A 的公钥对信息解密，从而可确保信息是由 A 发送的。

（3）登录认证：是由客户端使用私钥加密登录信息后，发送给服务器，后者接收后采用该客户端的公钥解密并认证登录信息。

如在数字货币交易过程中，公钥和私钥、数字货币地址的生成也是由非对称加密算法来保证的。这种不对称的加密方式，增强了点对点式交易的安全性。对称加密双方使用相同的密钥，如果一方的密钥遭泄露，那么整个通信就会被破解。而非对称加密使用一对密钥，一个用来加密，另一个用来解密，而且公钥是公开的，私钥是自己保存的，在通信前不需要同步私钥，避免了在同步私钥过程中被攻击者盗取信息的风险。

10.2.3 分布式账本

分布式账本是一种数据库类型，可在分散网络的成员之间共享、复制和同步，记录网络参与者之间的交易，例如资产或数据交换。

网络的参与者对分布式账本中记录的更新进行管理并达成共识。不涉及中央机构或第三方调解人，例如金融机构或票据交换所。分布式账本中的每个记录都有一个时间戳和唯一的加密签名，从而使分布式账本中的所有交易都可以被审核，并不会被篡改。不同于传统数据库技术的数字化所有权记录（不需要中央管理员或中央数据存储），这种账本能在点对点网络的不同节点之间相互复制，且各项交易均由私钥签署。

1．分布式账本存储的内容

理论上，比特币可以记录一定量的二进制数据，至于是音频、文本还是视频，都没有区别，但是受制于区块大小和费用，很少有人会用比特币保存大量数据。

所谓大量是以字节量级来说的，想象中计算机级别的存储不太现实，起码目前不行。但是可以将大型数据的哈希值保存在链上，作为存证是足够的。

在这个账本里存储的资产可以是金融、法律定义上的实体，也可以是电子资产。账本里存储资产的安全性和准确性，通过公私钥以及签名的方式去控制账本的访问权，从而实现密码学基础上的维护。根据网络中达成共识的规则，账本中的记录可以由一个/一些/所有参与者共同进行更新。

2．记账人

每产生一笔交易，就需要有人进行记账。在现实生活中，是由会计做这件事情的，而在加密货币的世界中，是由矿工做这件事情的。作为激励，我们则需要支付一定的手续费给矿工，例如 0.00000001 个比特币。

3．传统记账的弊端

传统记账的方式依赖于流水账本，从一开始的人工记录到后来的计算机记录，与其相关的业务有财务、核算等。对于不同规模的公司来说，记账的重要性不言而喻，不能乱记，也不能乱改。在传统记账方式中，出现过漏账、假账等情况。一般情况下，公司财务部有会计和出纳两个岗位，这相当于是两个人在进行记账。虽然看上去相对安全，但是，如果两个人合谋对账本做手脚，是非常容易出现安全问题的。还有一些中小型企业采用的是第三方服务平台代账，也就是除了会计和出纳，还有第三方的审计平台作为监督，通过双方的合作来完成记账，相当于在财务系统上添加了一个防火墙。不过这种第三方的记账模式也存在一些弊端，例如服务费用的问题、记账"独立性"的问题，而这些问题直接导致的结果就是，第三方记账仍然存在行业漏洞，做假账也是有可能发生的。

4．使用分布式账本的原因

分布式记账与传统记账最大的区别就在于记账的人数不同，分布式记账人数可高达数倍的增长，整个系统中所有参与的用户都能看到这个记账过程，而用户与用户之间是毫无关系的，这样一来，从数据的安全性来说，分布式记账就安全得多。

我们经常听到"三人成虎"，在区块链系统中，这是无法做到的。这是由于分布式记账的过程完全公开透明化，没有造假的机会。这也说明"分布式账本"是不可篡改的。

其次，分布式记账是通过权益证明（Token）来激励用户参与系统记账的。举个简单的例子，用户 A 在区块链系统中参与记账，就能获得 Token 奖励，那么，该用户也就心甘情愿地参与到这件事情中来。这也可从本质上解决第三方记账带来的安全隐患问题。

最后，分布式记账是与整个系统生态紧密相关的，它并不是像传统记账领域中由单一的部门来完成这个工作，它的运作方式是协同所有参与者共同来记账，这样可以打造出一个完全公开透明化的社区生态，对于系统的发展，具有较好的促进作用。

10.2.4　共识机制

加密货币都是去中心化的，去中心化的基础就是 P2P 节点众多，那么如何吸引用户加入网络成为节点，有哪些激励机制？同时，开发的重点是让多个节点维护一个数据库，那么如何决定哪个节点写入？何时写入？一旦写入，又怎么保证不被其他的节点更改（不可逆）？这些问题的答案，就是共识机制。

共识机制是所有区块链和分布式账本应用的基础。所谓共识，是指多方参与的节点在预设规则下，通过多个节点交互对某些数据、行为或流程达成一致的过程。共识机制是指定义共识过程的算法、协议和规则。区块链的共识机制具备"少数服从多数"以及"人人平等"的特点，其中"少数服从多数"并不完全指节点个数，也可以是计算能力、股权数或者其他的计算机可以比较的特征量。"人人平等"是指当节点满足条件时，所有节点都有权优先提出共识结果、直接被其他节点认同并有可能成为最终共识结果。

常用的共识机制主要有 PoW、PoS、DPoS、DAG、PBFT、POA 等。

1．PoW 机制——多劳多得

PoW（Proof of Work，工作量证明）机制中根据矿工的工作量来进行分配和记账权的确定。算力竞争的胜者将获得相应区块记账权和奖励。因此，"矿机"芯片的算力越高，挖矿的时间越长，就可以获得越多的币。这种算法简单，容易实现，节点间无须交换额外的信息即可达成共识，破坏系统需要投入极大的成本。但是非常浪费能源；区块的确认时间难以缩短；矿机、矿池等专业计算机的出现使得区块链去中心化变弱。基于 PoW 共识机制的产品有比特币、莱特币、狗狗币等，但大都是第一代区块链产物。

2．PoS 机制——持有越多，获得越多

PoS（Proof of Stake，权益证明）机制采用类似股权证明与投票的机制，选出记账人，由他来创建区块。持有股权愈多则有较大的特权，且需承担更多的责任来产生区块，同时也拥有获得更多收益的权力。PoS 机制中一般用币龄来计算记账权，每个币持有一天算一个币龄，例如持有 100 个币，总共持有了 30 天，那么此时的币龄就为 3000。在 PoS 机制下，如果记账人发现一个 PoS 区块，他的币龄就会被清空为 0，每被清空 365 币龄，将会从区块中获得 0.05 个币的利息（可理解为年利率 5%）。PoS 在一定程度上缩短了共识达成的时间，不再需要大量消耗能源挖矿，但本质上没有解决商业应用的痛点，即所有的确认都只是一个概率上的表达，而不是一个确定性的事情，理论上有可能存在其他攻击影响。

第二代区块链以太坊前三阶段均采用 PoW 机制，从第四阶段开始以太坊采用 PoS 机制。

3．DPoS 机制

DPoS（Delegated Proof of Stake，股份授权证明）机制是在 PoS 基础之上发展起来的。与 PoS 的主要区别在于持币者投出一定数量的节点，代理他们进行验证和记账。其合规监管、性能、资源消耗和容错性与 PoS 相似。DPoS 的工作原理为：每个股东按其持股比例拥有影响力，51%股东投票的结果将是不可逆且有约束力的。其挑战是通过及时而高效的方法达到 51%批准。为达到这个目标，每个股东可以将其投票权授予一名代表。获票数最多的前 100 位代表按既定时间表轮流产生区块，每名代表分配到一个时间段来产生区块。所有的代表将收到等同于一个平均水平的区块所含交易费的 10%作为报酬。如果一个平均水平的区块含有 100 股作为交易费，一名代表将获得 1 股作为报酬。DPoS 的投票模式可以每 30 秒产生一个

新区块。DPoS 的支持者众多，影响力广泛，后来者居上。

4．DAG 机制——无区块概念

DAG（Directed Acyclic Graph，有向无环图）机制最初的出现就是为了解决区块链的效率问题。其通过改变区块的链式存储结构，通过 DAG 的拓扑结构来存储区块。在区块打包时间不变的情况下，网络中可以并行地打包 N 个区块，网络中的交易就可以容纳 N 倍。之后 DAG 发展成为脱离区块链，提出了无区块的概念。新交易发起时，只需要选择网络中已经存在的并且比较新的交易作为链接确认，这一做法解决了网络宽度问题，大大加快了交易速度。虽然这种共识机制交易速度快，无须挖矿，手续费较低，但是由于其网络规模不大，导致极易中心化，安全性低于其他共识机制，有违区块链的思想。

5．PBFT 机制——分布式一致性算法

PBFT（Practical Byzantine Fault Tolerance，实用拜占庭容错）机制在保证活性和安全性（Liveness & Safety）的前提下提供了 $(n-1)/3$ 的容错性。在分布式计算上，不同的计算机通过信息交换，尝试达成共识；但有时系统上协调计算机（Coordinator/Commander）或成员计算机（Member/Lieutanent）可能因系统错误交换错的信息，导致影响最终的系统一致性。拜占庭将军问题就根据错误计算机的数量，寻找可能的解决办法，这无法找到一个绝对的答案，但可以用来验证一个机制的有效程度。而拜占庭问题的可能解决方法为：在 $N \geqslant 3F+1$ 的情况下一致性是可能解决的。其中，N 为计算机总数，F 为有问题计算机总数。信息在计算机间互相交换后，各计算机列出所有得到的信息，以大多数的结果作为解决办法。PBFT 算法的优点是系统运转可以脱离币的存在，共识节点由业务的参与方或者监管方组成，安全性与稳定性由业务相关方保证；共识的时延在 2~5 秒，基本达到商用实时处理的要求；共识效率高，可满足高频交易量的需求。缺点是当有 1/3 或以上记账人停止工作后，系统将无法提供服务；当有 1/3 或以上记账人联合作恶，且其他的记账人被恰好分割为两个网络孤岛时，恶意记账人可以使系统出现分叉，但是会留下密码学证据；去中心化程度不如公有链上的共识机制，因此更适合多方参与的多中心商业模式。PBFT 主要应用于央行的数字货币。

6．PoA 机制

PoA（Proof of Authority，权威证明）机制能达到的 TPS（Transactions Per Second，事务数/秒）相较于目前任何其他共识机制都要高出很多。理论上这种共识机制能达到 10000TPS，10000TPS 完全满足正常商业活动的性能要求。PoA 与 PoS 类似，但是 PoS 是基于持币加时间的模式，所以同样会造成利益分配的不均衡和大节点的产生。在 PoA 中，验证者不需要在网络中持有股份，但是必须具有已知的和经过验证的身份，这意味着验证者不会有动机为自己的利益行事，由这些验证者来验证和治理投票。如此，可让 PoA 的网络变得更加安全和便宜。如果引入 PoW 机制进行混改，则可以实现记账权和监督权的分离，行使监督权的节点将不再消耗算力挖矿，节约能源成本，同时也可防止矿池中心化的现象。PoW+PoA 的机制在缩短交易确认时间的同时可以投票取消费用，大幅降低交易成本。Gongga 采用的就是这种混合共识机制，用户与矿工均可以参与到投票中，共同参与社区的重大决定。PoA 还为不合格的矿工提供了一个制衡机制。通过 PoW+PoA 公平的按持币数量与工作量分配投票权重，可以实现社区自治。通过 PoW，使得 Gongga 有挖矿的硬性成本作为币价的保证，又解决了单独 PoA 机制里数字货币过于集中的问题。PoA 让中小投资者着眼于项目的中长期发展，中小投资者更倾向于把币放在钱包里进行 PoA 而不是放在交易所随时准备交易，使得社区生态更加

健康，人们会将注意力更多地放在 Gongga 技术与落地应用上，而不是仅仅关注短期的价格波动。在安全性上，由于 PoW 必须通过 PoA 的验证才可生效，PoW 矿工不能自行决定并改变网络规则，这可有效地抵挡 51%攻击。

迄今为止，没有任何一种共识机制能完美地解决所有问题，每个共识机制都存在各自的短板。数字货币市场在不断扩大，毫无疑问共识机制也在不断地自我更新。从 PoW 到 PoS，从 PoS 到 DPoS，以及 DAG 的无区块概念，都是对效率和安全的不断追求。但是共识越集中（参与度越低），效率越高，也越容易出现安全和独裁腐败现象（与去中心化的初衷背道而驰）。只有做到各方面的平衡，通过之后的发展以及不断的更迭，数字货币以及区块链才未来可期。目前来看，这种权衡做得最为出色的就是 PoW+PoA 这种混合共识机制。

10.2.5　智能合约

1．简述

智能合约（Smartcontract）概念的首次提出，要追溯到 1994 年，几乎与互联网同时出现。计算机及密码科学家尼克·绍博（Nick Szabo）是智能合约概念的提出者，被业界誉为"智能合约之父"。他的定义如下："一个智能合约是一套以数字形式定义的承诺（Promises），包括合约参与方可以在上面执行这些承诺的协议。"但由于当时互联网还未大规模发展，并且缺少可信任的执行环境，智能合约如空中楼阁一般难有用武之地，直到遇见了区块链技术。因为区块链自带去中心化、无须第三方权威、依靠代码实现信任的技术特性，能够与智能合约做到完美的互补。

简单地说，区块链智能合约就是传统合约的数字化升级版本。它们是在区块链数据库上运行的计算机程序，当满足其源代码中写入的条件时可以自行执行。智能合约一旦编写好就可以被用户信赖，部署完毕就无法更改，即使是代码编写者也不行。智能合约就是计算机中的一段代码，这段代码定义了一个协议，就像现实世界中的合同。当满足一定条件时间后（例如合同到期，违约等），合约自动执行，中间无须第三方参与。举个例子可能比较好理解，饮料自动售卖机就是一个实体版的智能合约，根据不同输入，提供相应的输出。投入足额的钱币，掉落一罐饮料；钱币不够，不掉饮料；钱币多了，掉落饮料同时找零。

2．原理

基于区块链的智能合约包括事务处理和保存的机制，以及一个完备的状态机，用于接收和处理各种智能合约，并且事务的保存和状态处理都在区块链上完成。事务主要包含需要发送的数据，而事件则是对这些数据的描述信息。事务及事件信息传入智能合约后，合约资源集合中的资源状态会被更新，进而触发智能合约进行状态机判断。如果自动状态机中某个或某几个动作的触发条件得到满足，则由状态机根据预设信息选择合约动作自动执行。

智能合约系统根据事件描述信息中包含的触发条件，当触发条件满足时，从智能合约自动发出预设的数据资源，以及包括触发条件的事件。整个智能合约系统的核心就在于智能合约以事务和事件的方式经过智能合约模块的处理，出去还是一组事务和事件。智能合约只是一个由事务处理模块和状态机构成的系统，它不产生智能合约，也不会修改智能合约，它的存在只是为了让一组复杂的、带有触发条件的数字化承诺能够按照参与者的意志正确执行。

3．构建以及执行步骤

（1）多方用户共同参与制定一份智能合约。

（2）合约通过 P2P 网络扩散并存入区块链。

（3）区块链构建的智能合约自动执行。

4．风险

智能合约一旦部署，任何人都没有办法进行修改。这既有好处也有坏处，好的一面是智能合约部署完毕，那就只能按代码办事，所谓 Codeislaw（代码即法律），代码面前人人平等。但不好的一面是程序是人写的，人无完人，不可能考虑到所有意外情况，即使经过各种严格安全审计，程序依然可能有不易察觉的漏洞，其一旦被攻击者利用将损失巨大。据统计，因智能合约写得不够周全，导致被攻击，损失的金额已高达每年 12 亿美元。甚至区块链智能合约的缔造者以太坊曾在 2016 年因合约漏洞被攻击盗走 360 万个代币，这个沉重打击几乎要了这个 2015 年刚出道项目的命。后来社区一致同意进行硬分叉，回滚被偷走的代币。但分叉就会变成 2 条公链，破坏共识，但生死存亡之际已经没有其他更好的选择了。到如今，分叉之前的以太坊叫 ETC，目前市值排名逐步滑落到 30 名以外；而分叉新生之后的以太坊叫 ETH，其依然是业内领先的企业。

10.3　区块链典型应用

10.3.1　金融领域的应用案例

金融服务是区块链技术的第一个应用领域，不仅如此，由于该技术所拥有的高可靠性、简化流程、交易可追踪、节约成本、减少错误以及改善数据质量等特质，使得其具备重构金融业基础架构的潜力。

1．行业痛点

在支付领域，金融机构特别是跨境的金融机构间的对账、清算、结算的成本较高，也涉及很多的手动流程，这不仅导致用户端和金融机构中后台业务端等产生的支付业务费用高昂，也使得小额支付业务难以开展。在资产管理领域，股权、债券、票据、收益凭证、仓单等资产由不同的中介机构托管，提高了这类资产的交易成本，也容易带来凭证被伪造等问题。在证券领域，证券交易生命周期内的一系列流程耗时较长，增加了金融机构中后台的业务成本。在清算和结算领域，不同金融机构间的基础设施架构、业务流程各不相同，同时涉及很多人工处理的环节，极大地增加了业务成本，容易出现差错。在用户身份识别领域，不同金融机构间的用户数据难以实现高效的交互，使得重复认证成本较高，也间接带来了用户身份被某些中介机构泄露的风险。

2．基于区块链的解决思路

区块链技术具有数据不可篡改和可追溯特性，可以用来构建监管部门所需要的、包含众多手段的监管工具箱，以利于实施精准、及时和更多维度的监管。同时，基于区块链技术能实现点对点的价值转移，通过资产数字化和重构金融基础设施架构，可达成大幅度提升金融资产交易后清算、结算流程效率和降低成本的目标，并可在很大程度上解决支付所面临的现存问题。

3．应用场景

（1）应用场景 1：支付领域

在支付领域，区块链技术的应用有助于降低金融机构间的对账成本及争议解决的成本，从而显著提高支付业务的处理速度及效率，这一点在跨境支付领域的作用尤其明显。另外，区块链技术为支付领域带来的成本和效率优势，使得金融机构能够处理以往因成本因素而被视为不现实的小额跨境支付，有助于实现普惠金融。

（2）应用场景2：资产数字化

各类资产，如股权、债券、票据、收益凭证、仓单等均可被整合进区块链中，成为链上数字资产，使得资产所有者无须通过各种中介机构就能直接发起交易。上述功能可以借助行业基础设施类机构实现，让其扮演托管者的角色，确保资产的真实性与合规性，并在托管库和分布式账本之间搭建一座桥梁，让分布式账本平台能够安全地访问托管库中的可信任资产。此外，资产发行可根据需要灵活采用保密或公开的方式进行。

（3）应用场景3：智能证券

金融资产的交易是相关各方之间基于一定的规则达成的合约，区块链能用代码充分地表达这些业务逻辑，如固定收益证券、回购协议、各种掉期交易以及银团贷款等，进而实现合约的自动执行，并且保证相关合约只在交易双方之间可见，而对无关第三方保密。基于区块链的智能证券能通过相应机制确保其运行符合特定的法律和监管框架。

（4）应用场景4：清算和结算

区块链技术的核心特质是能以准实时的方式，在无须可信的第三方参与的情况下实现价值转移。金融资产的交易涉及两个重要方面：支付和证券。通过基于区块链技术的法定数字货币或者是某种"结算工具"的创设，与前文所述的链上数字资产对接，即可完成点对点的实时清算与结算，从而显著降低价值转移的成本，缩短清算、结算时间。在此过程中，交易各方均可获得良好的隐私保护。

（5）应用场景5：客户识别

全世界的金融机构都是受到严格监管的，其中很重要的一条就是金融机构在向客户提供服务时必须履行客户识别责任。在传统方式下，这是非常耗时的流程，缺少自动验证消费者身份的技术，因此无法高效地开展工作。在传统金融体系中，不同机构间的用户身份信息和交易记录无法实现一致、高效的跟踪，使得监管机构的工作难以落到实处。区块链技术可实现数字化身份信息的安全、可靠管理，在保证客户隐私的前提下提升客户识别的效率并降低成本。

10.3.2 物流领域的应用案例

供应链是由物流、信息流、资金流所共同组成的，并将行业内的供应商、制造商、分销商、零售商、用户串联在一起的复杂结构。而区块链技术作为一种大规模的协作工具，天然地适合运用于供应链管理。

1．行业痛点

供应链由众多参与主体构成，不同的主体之间必然存在大量的交互和协作，而整个供应链运行过程中产生的各类信息被离散地保存在各个环节各自的系统内，信息流缺乏透明度。这会带来两类严重的问题：一是因为信息不透明、不流畅导致链条上的各参与主体难以准确了解相关事项的状况及存在的问题，从而影响供应链的效率；二是当供应链各主体间出现纠纷时，举证和追责均耗时费力，甚至在有些情况下变得不可行。随着经济全球化的快速推进，企业必须在越来越大的范围内拓展市场，因此，供应链管理中的物流环节往往表现出多区域、长时间跨度的特征，使得假冒伪劣产品的难题很难彻底消除。

2．基于区块链的解决思路

首先，区块链技术能使得数据在交易各方之间公开透明，从而在整个供应链条上形成一个完整且流畅的信息流，这可确保参与各方及时发现供应链系统运行过程中存在的问题，并针对性地找到解决问题的方法，进而提升供应链管理的整体效率。其次，区块链所具有的数据不可篡改和时间戳的特性，能很好地运用于解决供应链体系内各参与主体之间的纠纷，实现轻松举证与追责。最后，数据不可篡改与交易可追溯两大特性相结合可根除供应链内产品流转过程中的假冒伪劣问题。

3．应用场景

（1）应用场景一：物流

在物流过程中，利用数字签名和公私钥加解密机制，可以充分保证信息安全，以及寄、收件人的隐私。例如，快递交接需要双方私钥签名，每个快递员或快递点都有自己的私钥，是否签收或交付只需要查一下区块链即可。最终用户没有收到快递就不会有签收记录，快递员无法伪造签名，因此可杜绝快递员通过伪造签名来逃避考核的行为，减少用户投诉，防止货物的冒领、误领。真正的收件人并不需要在快递单上直观展示实名制信息，由于安全隐私有保障，所以更多人愿意接受实名制，从而促进国家物流实名制的落实。另外，利用区块链技术，智能合约能够简化物流程序和大幅度提升物流的效率。

（2）应用场景二：溯源防伪

区块链的不可篡改、数据可完整追溯以及时间戳特性，可有效解决物品的溯源防伪问题。例如，可以用区块链技术进行钻石身份认证及流转过程记录——为每一颗钻石建立唯一的电子身份，用来记录每一颗钻石的属性并存放至区块链中。同时，无论是这颗钻石的来源出处、流转历史记录、归属还是所在地都会被完整地记录在链，只要有非法的交易活动或是欺诈造假的行为，就会被侦测出来。此外，区块链技术也可用于药品、艺术品、收藏品、奢侈品等的溯源防伪。

本章小结

区块链技术已在世界各地呈现方兴未艾的发展态势。本章主要介绍了区块链概念、关键技术以及应用案例，证明区块链作为一项基础技术，借助区块链的安全特性与信任机制，将成为发展数字经济的重要技术引擎，可以在诸多行业领域发挥作用，行业应用潜力巨大。

减少欺诈，降低成本，提高效率，这是区块链的突出优势。区块链的广泛应用，可能会加速"数字化信用社会"的到来，引发政府管理形态和社会公信力的变革。因此，政府应大力加强区块链的发展和监管，鼓励对区块链技术的深入研究和区块链应用的不断实践。

本章习题

1．区块链的基本概念是什么？
2．区块链的特性有哪些？
3．区块链的关键技术有哪些？
4．区块链有哪些应用场景？
5．常用的非对称加密有哪些？
6．比特币使用的是什么共识机制？

第 11 章

数字媒体与虚拟现实

学习目标

- 掌握媒体、数字媒体、虚拟现实和增强现实的概念。
- 理解虚拟现实的特征和关键技术。
- 理解增强现实的特征和关键技术。
- 熟悉虚拟现实和增强现实的应用。

本章重点

- 数字媒体的概念。
- 虚拟现实的特征。
- 虚拟现实的关键技术。
- 增强现实的工作原理。

数字媒体（Digital Media）是有别于传统媒体（报纸、杂志、广播、电影及电视等）的一种媒体形式，是可以通过计算机进行加工处理，以二进制数的形式记录、处理、传播、获取的信息载体。这些载体包括数字化的字符、图形、图像、音频、视频和动画等感觉媒体，表示这些感觉媒体的编码等（通称为逻辑媒体），以及存储、传输、显示逻辑媒体的实物媒体（硬盘、光盘、电子屏幕等）。数字媒体技术（Digital Media Technology）就是有关数字媒体的技术，也即采用数字方式对媒体进行特定目的的处理或进行综合处理的技术。

11.1　数字媒体

11.1.1　媒体

媒体（也称为媒介、媒质）是指信息的载体，如文字、声音、图形、图像、视频等；或者传输和控制信息的材料和工具，如磁带、光盘和各种存储卡等；有时候也指控制信息传播的媒体机构，如新闻、广播、电视运营机构等。例如，某地发生了一件大事，诸多媒体争相报道。这里提到的"媒体"既可能是某个新闻机构及其掌控的载体（如报纸、广播、电视等），也可能是某个网站及其网络传播渠道（如互联网或移动媒体平台）。

11.1.2　媒体的分类

按照信息载体出现的顺序来分类，媒体主要包括报纸、杂志、广播、电影、电视、互联网、移动网络 7 类。其中前 5 类通常被称为传统媒体（见图 11.1），而后 2 类则称为新媒体。

在互联网和信息技术的冲击下，一些曾经的大牌媒体纷纷倒下或者转型，迫使传统媒体拥抱新技术，衍生出了不同形式的新媒体。如传统报刊同步推出电子版，用户通过计算机、手机或者平板电脑就可以浏览报刊内容，提高了传统报刊的推广度。又如，广告媒体从传统的纸质传单发展成为安装在城市繁华地带的超大屏幕户外电视（城市电视）和安装在楼宇电梯或其他公共区域的楼宇电视等。除了传统媒

图 11.1　传统媒体

体广告外，各类户外灯箱广告看板、显示屏甚至各类商品包装袋、公交车身等具有一定流动性的载体也形成了另类新媒体——广告媒体。

根据 ITU 推出的 ITU-TI.374 的定义，媒体也可划分为如下 5 类。

① 感觉媒体：是指能够直接作用于人的感觉器官，使人产生直接感觉（视觉、听觉、嗅觉、味觉、触觉）的媒体，如语言、音乐、图像、图形、动画、文本等。

② 表示媒体：是指为了传输感觉媒体而人为研究出来的媒体，借助于此种媒体，能有效地存储感觉媒体或将感觉媒体从一个地方传送到另一个地方，如语言编码、电报码、条形码等。

③ 表现媒体：是指用于通信中使电信号和感觉媒体之间产生转换用的媒体，如输入输出设备，包括键盘、鼠标器、显示器、打印机等。

④ 存储媒体：是指用于存放表示媒体的媒体，如纸张、磁带、磁盘、光盘等。

⑤ 传输媒体：是指用于传输某种媒体的物理媒体，如双绞线、电缆、光纤等。

11.1.3　自媒体

2003 年，谢恩·鲍曼（Shayne Bowman）和克里斯·威利斯（Chris Willis）明确提出了"We Media"（自媒体）这一概念，并对其进行了非常严谨的定义："自媒体是普通大众经由数字科技强化、与全球知识体系相连之后，一种开始理解普通大众如何提供与分享他们自身的事实、新闻的途径。"简单来说，自媒体就是指普通大众通过网络等途径向外发布他们本身的事实和新闻的传播方式。

目前我国的自媒体平台包括抖音、博客、微博、微信、百度贴吧等网络社区。自媒体的"自"（We），代表人人都可以发声，都可以借助互联网平台发表自己的言论和观点，这些都是传统媒体时代不可想象的。因此，自媒体的优点是平民化、个性化、门槛低、运作简单、交互性强、传播迅速。

在互联网的推动下，自媒体容易产生"流量网红"。这一类型的网络红人是通过精心策划的，他们背后往往有一个团队，经过精心策划，一般选择在某个大众关注度很高的场合通过某些举动刻意彰显他们自身，给大众留下一个较深的印象，然后会组织大量的人力、物力来推动，在全国的各个人气平台上发起话题讨论，造成一个"很热"的现象，从而引起更多的网民关注。因此，自媒体存在良莠不齐、可信度低、相关法律不规范等不足。国家也在大力整治自媒体的乱象，处置了多个不良自媒体账号，约谈腾讯微信、新浪微博，集体约谈百度、腾讯等客户端自媒体平台。

11.1.4　媒体的特点

可以说，媒体是各种传播方式中最现代化的一种，它具有其他传播方式所不具备的特点与功能。以互联网媒体为例，它具有以下特点。

（1）内容丰富，形式多样。互联网媒体内容种类繁多，可以是文字、图形、图像、视频、音频等。例如以抖音、火山为代表的短视频平台，允许用户自行上传短视频，不需要通过任何专业设备，仅仅通过手机就可以拍摄视频、剪辑视频、添加特效、搭配音乐、上传视频等，并且可以让视频快速传播出去，如图 11.2 所示。

图 11.2　抖音短视频

（2）传播速度快。互联网媒体可以与电视媒体一样，做到同步直播。我们在传统电视上看到的直播节目是电视台的采编人员经过构思、策划、"头脑风暴"后的产物，节目单向面对观众，无法充分满足不同受众群对信息和感情诉求的多种需要。而网络直播提供给广大受众的是一个更加开放的平台，直播的形式和内容可以不固定，也没有那么多条条框框，可以即时进行双向互动。近年来火爆的直播带货就是一种直观的体现。

（3）传播范围广。现代社会，只要网络通畅，有接收设备（计算机、平台、手机等），广大受众可以根据自己的需要选择节目内容。目前，我国已经是互联网大国。一个热点消息，在微博上 24 小时的话题数超亿已经很常见。

（4）受众参与感强，互动性强。尤其是直播和弹幕（留言）的出现，聚集在屏幕前的亿万观众，他们同一时间能共享同一信息，并产生交流与互动，这是其他媒体所无法比拟的。

（5）信息保存长久和信息量大。报纸信息便于保存，但是容易丢失和损坏，而互联网传播的信息往往会留下痕迹。就算被专门"清理"过，总有截图和网页保留相关信息。所以，人们常说"互联网是有记忆的"。

（6）经济效益高。互联网的出现助推了商业信息的传播，更能刺激消费者的购买欲。每年的电商购物节就是很好的例子。据统计，2020 年 11 月 1 日至 11 日 00 点 30 分，天猫实时成交额突破 3723 亿元，京东累计下单金额突破 2000 亿元。根据国家邮政局监测数据显示，2020 年 11 月 1 日至 11 日，全国邮政、快递企业共处理快件 39.65 亿件，其中 11 月 11 日当天共处理快件 6.75 亿件，同比增长 26.16%。

（7）互联网媒体综合了各种相关学科。它不仅涉及美学、音乐、戏剧、舞蹈、美术等艺术学科，而且涉及电子、通信、声学、光学、电子计算机等技术学科。

11.1.5 数字媒体的概念和发展

数字媒体即以数字技术、网络技术、多媒体技术、计算机图像图形等技术为支撑，主要研究图、文、音、像等数字媒体的捕获、处理、存储、传播、运营、管理、再现等各个环节的相关技术，使抽象的信息或创意变成可感知、可管理和可交互的数字内容作品。

从本质上说，数字媒体就是以"数字"形式来表示的媒体，而该"数字"的最小单元是可由计算机进行各种形式处理的信息基本单元——位（bit），即"0"或"1"。

随着高新技术的迅猛发展和数字化信息时代的不断进步，数字媒体行业作为一个大的新兴前景行业已经给社会提出了新的要求。"文化为体，科技为媒"是数字媒体的精髓。由于数字媒体产业的发展在某种程度上体现了一个国家在信息服务、传统产业升级换代及前沿信息技术研究和集成创新方面的实力和产业水平，因此在世界各地得到了高度重视，各主要国家和地区纷纷制定了支持数字媒体发展的相关政策和发展规划。

越来越多的国家都开始把大力推进数字媒体产业的发展作为国家经济发展的重要战略。在我国，数字媒体产业的发展同样得到了各级领导部门的高度关注和支持，并成为目前市场投资和开发的热点方向。"十五"期间，国家率先支持了网络游戏引擎、协同式动画制作、三维运动捕捉、人机交互等关键技术研发以及动漫网游公共服务平台的建设，并分别在北京、上海、湖南长沙和四川成都建设了国家级数字媒体技术产业化基地，对数字媒体产业积聚效应的形成和数字媒体技术的发展起到了重要的示范和引领作用。

据报道，未来的五年将是我国数字媒体技术和产业发展的关键时期。在国家的指导下，国家"863 计划"软硬件技术主题专家组组织相关力量，深入研究了数字媒体技术和产业化发展的概念、内涵、体系架构，广泛调研了国内外数字媒体技术产业发展现状与趋势，仔细分析了我国数字媒体技术产业化发展的瓶颈问题，提出了我国数字媒体技术未来五年发展的战略、目标和方向。

11.2 虚拟现实

11.2.1 虚拟现实的概念

虚拟现实（VR），又称虚拟环境、灵境或人工环境，是指利用计算机生成一种可对参与者直接施加视觉、听觉和触觉感受，并允许其交互地观察和操作的虚拟世界的技术。

虚拟现实起源于 1965 年伊万·萨瑟兰（Ivan Sutherland）发表的题为《终极的显示》（The Ultimate Display）的论文。论文中提出，人们可以把显示屏当作"一个通过它观看虚拟世界的窗口"，以此开创了研究虚拟现实的先河。1968 年，萨瑟兰成功研制出头盔显示装置和头部及手部跟踪器。由于技术上的原因，20 世纪 80 年代以前，虚拟现实技术发展缓慢，直到 20 世纪 80 年代后期信息处理技术的飞速发展才促进了虚拟现实技术的进步。20 世纪 90 年代初，国际上出现了虚拟现实技术的热潮，虚拟现实技术开始成为独立研究开发的领域。

在我国，早在 20 世纪 90 年代初期就有一批科学家在研究虚拟现实。1990 年，"两弹"元勋钱学森已给"VR"起名为"灵境"，还写信解释说此译名"中国味特浓"，如图 11.3 所示。

虚拟现实系统的基本特征是 3 个"I"：沉浸（Immersion）、交互（Interaction）和想象（Imagination），强调人在虚拟现实系统中的主导作用，使信息处理系统满足人的需要，并与人的感官感觉相一致。在虚拟现实中，人不再只是被动地通过键盘、鼠标等设备简单地和虚拟环境做交互，而是能够主动地沉浸到虚拟环境中去，利用多维化的传感设备，以更自然的方式和更便捷的操作方式将行为和状态，甚至表情，反馈给计算机。计算机实时做出交互，从而使用户沉浸其中，使参与者有更"真实"的体验，如图 11.4 所示。

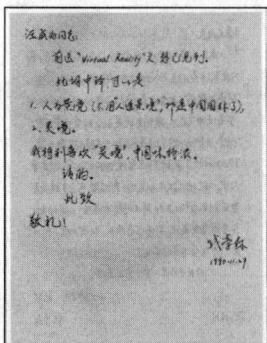

图 11.3　钱学森对"VR"的早期翻译

图 11.4　用户在体验虚拟现实设备

虚拟现实系统按其功能大体可分为 4 类。

1．桌面虚拟现实系统

桌面虚拟现实系统也称窗口中的 VR，成本较低，功能也简单，主要用于 CAD、CAM、建筑设计、桌面游戏等领域。

2．沉浸式虚拟现实系统

沉浸式虚拟现实系统常见的有各种用途的体验器，使人有身临其境的感觉，各种培训、演示以及高级游戏等均可采用这种系统。

3．分布式虚拟现实系统

它在互联网环境下，充分利用分布于各地的资源，协同开发各种虚拟现实应用。它通常是沉浸式虚拟现实系统的发展，也就是把分布于不同地方的沉浸式虚拟现实系统通过互联网连接起来，共同实现某种用途。

4．增强现实（又称混合现实）系统

它把真实环境和虚拟环境结合起来，既可减少构成复杂真实环境的开销（虚拟环境取代部分真实环境），又可对实际物体进行操作（真实环境取代部分虚拟环境），达到亦真亦幻

的境界，是今后发展的方向。

11.2.2　虚拟现实的特征

从本质上说，虚拟现实就是一种先进的计算机用户接口，它通过给用户提供视、听等直观而又自然的实时感知，最大限度地方便用户操作，从而减轻用户的负担，提高整个系统的工作效率。虚拟现实技术主要具有以下 4 个重要特征。

1．多感知性
多感知性指虚拟现实除了具有视觉感知外，还包括听觉感知等。

2．沉浸感
沉浸感是指用户作为主角存在于模拟环境中的真实程度。理想的模拟环境应该达到使用户难辨真假的程度。

3．交互性
交互性是指用户对虚拟环境内物体的可操作程度和从环境得到反馈的自然程度（包括实时性）。

4．自主性
自主性是指虚拟环境中物体依据物理定律进行运动的程度。

11.2.3　虚拟现实的关键技术

虚拟现实的关键技术主要包括以下几种。

1．动态环境建模技术
虚拟环境的建立是虚拟现实系统的核心内容，目的就是获取实际环境的三维数据，并根据应用的需要建立相应的虚拟环境模型。

2．实时三维图形生成技术
三维图形的生成技术已经较为成熟，其关键就是"实时"生成。为保证实时，至少保证图形的刷新频率不低于 15 帧/秒，最好高于 30 帧/秒。

3．立体显示技术和传感器技术
虚拟现实的交互能力依赖于立体显示技术和传感器技术的发展，现有的设备不能满足需要，力学和触觉传感装置的研究也有待进一步深入，虚拟现实设备的跟踪精度和跟踪范围也有待提高。

4．应用系统开发工具
虚拟现实应用的关键是寻找合适的场合和对象，选择适当的应用对象可以大幅度提高生产效率，降低劳动强度，提高产品质量。想要达到这一目的，则需要研究虚拟现实的开发工具。

5．系统集成技术
由于虚拟现实系统包括大量的感知信息和模型，因此系统集成技术起着至关重要的作用，集成技术包括信息的同步技术、模型的标定技术、数据转换技术、数据管理模型、识别与合成技术等。

11.2.4　虚拟现实的应用

由于能够再现真实的环境，并且人们可以介入其中参与交互，使得虚拟现实系统可以在许多方面得到广泛应用。随着各种技术的深度融合，相互促进，虚拟现实技术在教育、军事、工业、艺术与娱乐、医疗、城市规划、科学计算可视化等领域的应用都有极大的发展。

1. 教育领域

传统的教育方式是，学生通过书本上的图文与课堂上多媒体的展示内容来获取知识，这样学习容易疲惫，学习效果一般，而玩过游戏的同学都知道游戏为什么吸引人，本质就是回到场景，参与其过程。让学生学习重新回到场景，参与互动。

虚拟现实技术能将三维空间的事物清楚地表达出来，能使学习者直接、自然地与虚拟环境中的各种对象进行交互，并通过多种形式参与到事件的发展变化过程中去，从而获得最大的控制和操作整个环境的自由度。这种呈现多维信息的虚拟学习和培训环境，将为学习者掌握一门新知识、新技能提供最直观、最有效的方式，在很多教育与培训领域，诸如虚拟实验室、立体观念、生态教学、特殊教育、仿真实验、专业领域的训练等应用中具有明显的优势和特征。例如学生学习某种机械装置，如水轮发动机的组成、结构、工作原理时，传统教学方法都是利用图示或者放录像的方式向学生展示，但是这种方法难以使学生对该装置的运行过程、状态及内部原理有一个明确的了解。而虚拟现实技术可以充分显示其优势：它不仅可以直观地向学生展示水轮发电机的复杂结构、工作原理以及工作时各个零件的运行状态，而且可以模仿各部件在出现故障时的表现和原因，向学生提供对虚拟事物进行全面考察、操纵乃至维修的模拟训练机会，从而使教学和实验效果事半功倍。

2. 军事领域

虚拟现实的最新成果往往被率先应用于军事训练，利用虚拟现实技术可以模拟新式武器装备（如飞机）的操纵和训练，以取代危险的实际操作。利用虚拟现实仿真实际环境，可以在虚拟的或者仿真的环境中进行大规模的军事演习的模拟。虚拟现实的模拟场景如同真实战场，操作人员可以体验到真实的攻击和被攻击的感觉。这将有利于从虚拟武器及战场顺利地过渡到真实武器和战场环境，这对各种军事活动的影响将是极为深远和广泛的，虚拟现实将在军事中发挥越来越重要的作用。

3. 工业领域

虚拟现实已大量应用于工业领域。对汽车工业而言，虚拟现实技术既是一个最新的技术开发方法，更是一个复杂的仿真工具，它旨在建立一种人工环境，人们可以在这种环境中以一种自然的方式从事驾驶、操作和设计等实时活动。并且虚拟现实技术也可以广泛用于汽车设计、实验和培训等方面，例如，在产品设计中借助虚拟现实技术建立的三维汽车模型，可显示汽车的悬挂、底盘、内饰直至每个焊接点，设计者可确定每个部件的质量，了解各个部件的运行性能。这种三维模式准确性很高，汽车制造商可按得到的计算机数据直接进行大规模生产。虚拟现实在 CAD、技术教育和培训等领域也有大量应用。在建筑行业中，虚拟现实可以为制作精良的建筑效果图进行更进一步的拓展，它能形成可交互的三维建筑场景，人们可以在建筑物内自由行走，可以操作和控制建筑物内的设备和房间装饰。基于此，一方面，设计者可以从场景的感知中了解、发现设计上的不足；另一方面，用户可以在虚拟环境中感受到真实的建筑空间，从而做出自己的评判。

4. 艺术与娱乐领域

由于娱乐方面对虚拟现实的要求不是太高，近年来虚拟现实在该方面发展最为迅速。作为显示信息的载体，虚拟现实在未来艺术领域方面所具有的潜在应用能力也不可低估。虚拟现实所具有的临场参与感与交互能力可以将静态的艺术（例如油画、雕刻等）转化为动态的，可以使欣赏者更好地欣赏艺术。

5．医疗领域

在医学教育和培训方面，医生见习和实习复杂手术的机会是有限的，而在虚拟现实系统中却可以反复实践不同的操作。虚拟现实将能对危险的、不能失误的、较少或难以提供真实演练的操作反复地进行十分逼真的练习。目前，很多医院和医学院已开始用数字模型训练外科医生。其做法是将 X 射线扫描、超声波探测、核磁共振等手段获得的信息综合起来，建立起非常接近真实人体和器官的仿真模型。

6．城市规划领域

由于城市规划的关联性和前瞻性要求较高，城市规划一直是对全新的可视化技术需求较为迫切的领域之一；从总体规划到城市设计，在规划的各个阶段，通过对现状和未来的描绘（身临其境城市感受、实时景观分析、建筑高度控制、多方案城市空间比较等），为改善生活环境，以及形成各具特色的城市风格提供了强有力的支持。规划决策者、规划设计者、城市建设管理者以及公众，在城市规划中扮演着不同的角色，有效的合作是保证城市规划最终成功的前提。虚拟现实技术为这种合作提供了最理想的桥梁，运用虚拟现实技术能够使政府规划部门、项目开发商、工程人员及公众从任意角度实时看到互动真实的规划效果，更好地掌握城市的形态和理解规划师的设计意图，这样决策者的宏观决策将成为城市规划有机的组成部分，公众的参与也能真正得到实现。这是传统手段如平面图、效果图、沙盘乃至动画等所不能达到的。

7．科学计算可视化领域

在科学研究中人们总会遇到大量的随机数据，为了从中得到有价值的规律和结论，需要对这些数据进行分析，而科学可视化功能就是将大量字母、数字数据转化成比原始数据更容易理解的可视图像，并允许参与者借助可视虚拟设备检查这些"可见"的数据。它通常被用于建设分子结构、地震预测、地球环境的各组成成分的数字模型。

在虚拟现实技术支持下的科学计算可视化与传统的数据仿真存在着一定的差异，例如为了设计出阻力小的机翼，人们必须分析机翼的空气动力学特性。因此人们发明了风洞试验方法，通过使用烟雾气体，人们可以用肉眼直接观察到气体与机翼的作用情况，因而大大提高了对机翼动力学特性的了解。虚拟风洞可以帮助工程师分析多旋涡的复杂三维性质和效果、空气循环区域、旋涡被破坏时的乱流等，而这些分析利用通常的数据仿真是很难实现可视化的。

11.3　增强现实

11.3.1　增强现实的概念

增强现实（AR）是一种实时地计算摄影机影像的位置及角度并加上相应图像、视频、三维模型的技术。这种技术于 1990 年提出，其目标是在屏幕上把虚拟世界套在现实世界并进行互动，通过计算机系统提供的一些信息再加上用户对现实社会的感知，将虚拟的信息应用到真实的世界，并且将计算机设备生成的信息与现实真正的场景融合，从而实现对现实的增强。AR 通常是以透过式头盔显示系统和注册（AR 系统中用户观察点和计算机生成的虚拟物体的定位）系统结合的形式来实现的。用户除了看清楚自己的世界，还可以亲身体验别人的世界，这就是 AR 技术带来的冲击效果之一。随着随身电子产品 CPU 运算能力的提升，预期 AR 的用途将会越来越广。

通过 AR 等技术与视频图像算法、视频压缩及传输、云计算、大数据等科学技术的深度融合，视频监控系统作为关键性内容的输入端和图像、数据的处理端，立足 VR/AR 用户体验，可以有效针对虚拟现实场景，强化其内容拼接、色差消除、景深调整、数据处理、结构化数据提取和分析等技术处理效果，为用户提供浸入式的视频感知体验，助力 AR 产品实现良好的体感交互，为视频监控行业创造出崭新的行业应用和市场需求，推动视频监控系统在民用、商用等领域得到更为广泛的应用。

11.3.2　增强现实的特征

1．虚实结合

它可以将显示器屏幕扩展到真实环境，使计算机窗口与图标叠映于现实对象，由眼睛凝视或手势指点进行操作；让三维物体在用户的全景视野中根据当前任务或需要交互地改变其形状和外观；对于现实目标通过叠加虚拟景象产生类似于 X 射线透视的增强效果；将地图信息直接插入现实景观以引导驾驶员的行为；通过虚拟窗口调看室外景象，使墙壁仿佛变得透明。

2．实时交互

它使交互从精确的位置扩展到整个环境，从简单的人面对屏幕交流发展到将自己融合于周围的空间与对象中。用户可通过交互设备直接与虚拟物体或虚拟环境进行交互。

3．在三维尺度空间中增添定位虚拟物体

例如，视频式 AR 系统，一方面由摄像机拍摄所得的视频直接显示在显示器中，使用户看到真实场景；另一方面由虚拟摄像机拍摄到的虚拟视频被送到显示器，通过虚、实两个摄像机的全方位对准，使虚、实场景融于一体，可在三维空间中自由增添、定位虚拟物体。

11.3.3　增强现实的工作原理

早期 AR 是移动式增强现实系统，它将图像、听觉等感官增强功能实时添加到真实世界的环境中。这些系统只能看到一个视角的图像，全面图像却不能看见。未来的 AR 系统将会看到从不同的视角所看到的图像。AR 要努力实现的不仅是将图像实时添加到真实的环境中，而且要更改这些图像以适应用户的头部及眼睛的转动，以便图像在用户视角范围内观看。

AR 的三大技术要点是三维注册（跟踪注册技术）、虚拟现实融合显示、人机交互。

首先，通过摄像头和传感器对真实场景进行数据采集，并传入处理器对其进行分析和重构；然后，通过 AR 头戴式显示器（简称头显，见图 11.5）或智能移动设备上的摄像头、陀螺仪等传感器和配件实时更新用户在现实环境中的空间位置变化数据，从而得出虚拟场景和真实场景的相对位置，实现坐标系的对齐并进行虚拟场景与现实场景的融合计算；最后，将其合成影像呈现给用户。用户可通过 AR 头显或智能移动设备上的交互配件，如话筒、眼动追踪器、红外感应器、摄像头、传感器等设备采集控制信号，并进行相应的

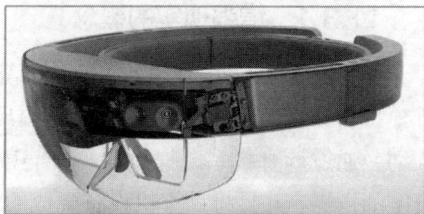

图 11.5　头戴式显示器

人机交互及信息更新，实现增强现实的交互操作。其中，三维注册是 AR 技术的核心，即以现实场景中二维或三维物体为标识物，将虚拟信息与现实场景信息进行对位匹配，即虚拟物体的位置、大小、运动路径等与现实环境必须完美匹配，达到虚实相生的地步。业界公认的三大 AR 头显表现最为突出：Hololens、Meta、Magic Leap。

AR 应用因自身技术的复杂性使其硬件发展受到许多限制，尽管其硬件目前的状况还不尽如人意，但随着电子和光学技术的进步和完善，AR 硬件也在快速迭代之中不断改进。

AR 头显佩戴使用时用户往往有诸多不适感，因此 AR 应用的主要载体为手持智能移动设备，如智能手机、平板电脑。其天然包含 AR 所需的各种元素：陀螺仪、摄像头、加速器、话筒等，以及强大的 CPU、GPU。目前，主要的 AR 开发平台有苹果公司针对 iOS 的 ARKit、谷歌公司针对安卓系统的 ARCore、亚马逊的 Amazon Sumerian 等。这些开发平台可为智能手机、平板电脑、头戴显示器、浏览器等快速创建 VR、AR 和 3D 应用内容。

外界对手持移动 AR 与头显 AR 设备孰优孰劣的比较一直没有停止过，其实二者本身定位不同。手持移动 AR 的优势为重量轻、成本小、使用方便，所以普及率高，但受硬件设备配置所限，在三维重建、游戏引擎、图形渲染等方面与头显有明显差距。智能头显设备释放双手，人机交互的渠道更加丰富，更适合进行沉浸式体验。

11.3.4　增强现实的典型应用

AR 技术不仅在与 VR 技术相类似的应用领域（诸如尖端武器、飞行器的研制与开发、数据模型的可视化、虚拟训练、娱乐与艺术等）具有广泛的应用，而且由于其具有能够对真实环境进行增强显示输出的特性，在医疗研究与解剖训练、精密仪器制造和维修、飞机导航、工程设计和远程机器人控制等领域，具有比 VR 技术更加明显的优势。

1．医疗领域

医生可以利用 AR 技术，轻易地进行手术部位的精确定位。

2．军事领域

部队可以利用 AR 技术进行方位的识别，实时获得所在地点的地理数据等重要军事数据。

3．古迹复原和数字化文化遗产保护

文化古迹的信息以 AR 的方式提供给参观者，用户不仅可以通过 HMD 看到古迹的文字解说，还可以看到遗址上残缺部分的虚拟重构。

4．工业维修领域

多种辅助信息通过头显显示给用户，包括虚拟仪表的面板、被维修设备的内部结构、被维修设备零件图等。

5．网络视频通信领域

在网络视频通信领域使用 AR 和人脸跟踪技术，在通话的同时在通话者的面部实时叠加一些如帽子、眼镜等虚拟物体，在很大程度上可提高视频对话的趣味性。

6．电视转播领域

通过 AR 技术可以在转播体育比赛的时候实时地将辅助信息叠加到画面中，从而使得观众可以得到更多的信息。

7．娱乐、游戏领域

AR 游戏可以让位于全球不同地点的玩家共同进入一个"真实"的自然场景，以虚拟替身的形式进行网络对战。

8．旅游、展览领域

人们在浏览、参观的同时，通过 AR 技术将接收到途经建筑的相关资料，观看展品的相关数据资料。

9．市政建设规划领域

采用 AR 技术将规划效果叠加到真实场景中以直接获得规划的效果。

10．水利水电勘察设计领域

在水利水电勘察设计领域，三维协同设计稳步发展，可能会在不远的将来取代传统的二维设计。AR 技术在设计领域的应用为水利水电三维模型的应用提供了更好的展示手段，使得三维模型与二维的设计、施工图纸能更加紧密地结合起来。AR 技术在勘察设计领域中可以有效地应用于实时方案比较、设计元素编辑、三维空间综合信息整合、辅助决策和设计方案多方参与等方面。

11．安防领域

AR 作为一个新型的人机接口和仿真工具，受到了安防行业热切的关注，得到了广泛的应用，显示出 AR 巨大的市场潜力；其充分发挥了人类的创造力，是人类智能的一种扩展；提供了各种各样的应用，对生产生活都产生了深远的影响。

随着技术的不断发展，特别是随着输入输出设备价格的不断下降，加之视频显示质量的提高，以及功能强大且易于使用的软件越来越实用化，AR 的应用必将日益增长。

本章小结

本章内容主要包括媒体和数字媒体概念，虚拟现实的概念、特征及关键技术，增强现实的概念、工作原理和应用等，能够加深读者对数字媒体及相关技术的理解及应用。

本章习题

1．媒体有哪些分类？
2．数字媒体是什么？
3．虚拟现实的特征有哪些？
4．虚拟现实的关键技术有哪些？
5．增强现实的工作原理是什么？
6．增强现实的应用领域有哪些？

第 12 章
量子信息技术

学习目标

- 了解量子理论发展概况及发展的基本路径。
- 了解量子信息的应用场景以及量子计算、量子保密通信的最新发展。
- 掌握量子、量子比特、量子纠缠、量子保密通信的基本概念。
- 熟悉量子计算的核心思想以及量子计算的物理实现途径。
- 熟悉量子保密通信的 3 个基础以及量子保密通信的实现路径。

本章重点

- 量子理论发展概况。
- 量子、量子纠缠、量子比特、量子密钥分发的基本概念。
- 量子计算的核心思想及物理实现途径。
- 量子密钥分发的基本流程和实现方式。
- 我国量子通信的主要成果。

在微观世界上，很多物理量都有一个不能再分的最小单元，这个最小单元就是"量子"，可以是单个粒子，也可以是粒子组合。不仅如此，光波、电磁波等也都是以最小的能量单元，离散地向外界辐射能量，这个最小的能量单元即量子。20 世纪人类三大发现就是相对论、量子论和信息论。量子论进一步发展，出现了两大领域：量子通信和量子计算。量子通信是量子论和信息论相结合的产物，是通信和信息领域研究的前沿；量子计算是量子论的重要分支，它利用量子的特性进行信息的存储和处理，实现真正意义上的并行计算。

12.1 量子理论的发展概况

12.1.1 量子理论发展的简要历程

19 世纪，经典物理学已趋于完善，许多物理学家宣布"物理大厦"已构建完毕，后世的物理学家所做的工作只是对这个物理大厦进行修修补补。这时，开尔文（L. Kelvin）发表了著名的"晴朗的天空飘着两朵乌云"论断。

这两朵乌云，第一朵就是迈克耳孙-莫雷实验，这个实验本来是为了证明以太的存在，结果发现光速不变，这在当时以伽利略变换为基础的经典物理学无法解释。后来爱因斯坦（A. Einstein）采用光速不变原理，用洛伦兹变换代替伽利略变换，诞生了狭义相对论。第二朵乌云就是黑体辐射瑞利-金斯公式的紫外发散。从经典物理学角度来解释黑体辐射，就会导出瑞利-金斯公式。这个公式在长波时和实验结果一致，但到达短波以上波段就不再符合，波长越短误差越大，这一现象用经典物理学无法解释。这一现象的发现，直接导致了普朗克量子理论的提出。

1900 年，普朗克（M. Planck）发表一篇论文提出"量子"的概念，普朗克认为电磁波不是连续波，而是一份份向外辐射，对于频率为 v 的电磁波，这一份份的能量为 hv（h 为普朗克常数），这一份最小的能量，普朗克称之为"量子"。随着频率不同，这个最小的能量也不同。

1905 年，爱因斯坦利用普朗克的量子假说，解释了光电效应。爱因斯坦看到普朗克的量子假说之后，更进一步地认为，电磁波本质上就是由一份一份的能量组成的，他称之为光量子，也就是光子，每个电子一个一个地吸收光子或辐射光子。如果频率 v 太小，原子中的一个电子吸引了能量为 $E=hv$ 的光子，但这个能量不足以让这个电子"跳出"原子，变成自由电子而形成电流。只有让电子吸收频率 v 比较大的光子，电子才会跳出来形成电流。这就完美地解释了光电效应，即光的频率只有高于某个阈值时，照射到某种材料上才会形成电流，而当频率低于这个阈值时，无论怎样增加光强度都不会产生电流。

1911 年，卢瑟福（E. Rutherford）团队发现原子的正电荷集中在非常小的中心区域，而电子围绕着它运动。如果从经典物理学来解释这个模型，就会发现原子不稳定，因为电子围绕着原子核运动，会不断辐射能量，从而最终掉到原子核上。1915 年，玻尔（N. Bohr）利用普朗克和爱因斯坦的理论解决了这个问题。如果电磁波是量子化的，那么电子只能在固定的轨道上运动，轨道之间有能量差，只有光子的能量满足这个能量差，电子才会吸收它，并从一个轨道跃迁到另一个轨道；如果光子的能量不能满足这个能量差，电子就不会吸收它，从而保持在自己的轨道上。

1923 年，德布罗意（L.V. de Broglie）提出"物质波"的概念。他从爱因斯坦发现的光具有波粒二象性得到启发，进一步认为电子也具有波粒二象性，也就是说，电子本身也是一种波，即物质波。1925 年，泡利（W. Pauli）提出了泡利不相容原理，即在一个电子轨道中，电子的 4 个量子数不能完全相同。这个原理说明了为什么原子里面一个轨道最多只能占据两个电子，并解释了原子的化学性质从何而来。

这些理论和假设都为量子力学的诞生奠定了坚实的基础，做好了前期准备。

1922 年，海森伯（W. Heisenberg）到德国哥廷根大学的玻恩（M. Born）教授那里做交换生，通过玻恩见到了玻尔，从此海森伯把玻尔原子模型多个不足之处的解决方法作为自己的努力方向。后来他与玻恩、约当合写了一篇论文，宣告了量子力学的第一种形式——矩阵力学的诞生。后来泡利很快利用矩阵力学计算了氢原子能谱，其符合所有光谱观测实验的预言，一下子"点燃"了整个物理学界，于是 1925 年量子力学正式诞生。

薛定谔（E. Schrödinger）觉得海森伯的矩阵力学里面用到太多线性代数，缺少直观性。受德布罗意物质波的启发，薛定谔尝试利用波动方程构建量子力学，经多次尝试，于 1926 年提出了著名的量子力学波动方程，创造性地提出了波函数的概念，认为所有的粒子都是以波函数的状态存在的。

1928 年，狄拉克（P. Dirac）通过引入一个 4×4 矩阵，写下了另一个相对论性的量子力学方程，即狄拉克方程。这个方程有两个惊人的结果；第一个就是可以把负能量的解理解为反物质，即相反的电荷会在方程中成对出现；第二个就是方程与电磁场耦合时，会自然地出现自旋 1/2。1932 年，美国物理学家安德森发现了正电子，这也是电子反物质粒子，这让狄拉克名声大振。

量子力学诞生后，现代物理学除了大尺度的天体物理和宇宙学建立在广义相对论之外，其他所有领域都需建立在量子力学的基础之上。从量子力学发展过程来看，正是因为出现了经典物理学不能解释的现象，才催生量子理论的诞生，所以发现问题是解决问题的前提，正视问题是科学研究的重要基础。

12.1.2　量子力学发展的基本路径

1927 年，海森伯提出了"不确定性原理"（测不准原理），如坐标和动量 $\Delta p \Delta x \geqslant h/2$，时间和能量也满足 $\Delta E \Delta t \geqslant h/2$，即不可能同时准确测得坐标和动量的精确值，也不能同时测得时间和能量的精确值。其后薛定谔严格推导了这个"不确定性原理"，成为量子的根本极限。

1928 年，狄拉克又做了一项重要的工作，他将电磁场进行量子化，将粒子数作为最基本的本征态，将波函数作为算符，史称二次量子化。这项工作把量子理论推广到相对论性多粒子体系，每一个粒子都是一个遍布空间的场的激发态。海森伯和泡利分别在 1929 年和 1930 年发表的文章中总结了狄拉克对电磁场的量子化以及约当和维格纳（E. Wigner）对电子场的量子化，把它推广到所有粒子，建立了量子场的基础。1933 年，约当和维格纳将狄拉克方程进行了二次量子化，描述相对论的情况下数量不再守恒的电子。至此，量子力学和狭义相对论完美结合的量子场论工作已确立。

量子力学随后的发展沿着"自上而下"的粒子物理和"自下而上"的凝聚态物理和量子光学两条路径展开。

1．"自上而下"的粒子物理

量子场论建立的同时，核物理实验也在快速发展，意大利物理学家费米带领团队利用慢中子束成功诱导了核反应，随后德国物理学家哈恩带领团队发现了核裂变，这就是后来的核武器的基础。第二次世界大战中，量子力学的创始人几乎都参与了核武器的研制。

20 世纪 50 年代，费恩曼（R. Feynman）、施温格尔（Schwinger）和朝永振一郎（T. Sinitiro）通过重整化方法，完善了描述电磁相互作用的量子场论-量子电动力学。杨振宁和李振道发现了弱相互作用的宇称不守恒。

20 世纪 60 年代，温伯格、萨拉姆和格拉肖等人在弱相互作用理论和希格斯机制的基础上统一了电磁相互作用和弱相互作用，即电弱统一理论。

电弱统一理论和量子色动力学合称粒子物理标准模型。这个模型所预言的粒子也不断被发现：1962 年发现中微子和 μ 微子；1968 年发现上夸克、下夸克和奇异夸克；1975 年发现粲夸克和底夸克；1979 年发现胶子；1983 年发现 W 和 Z 玻色子；1995 年发现顶夸克；2000 年发现 τ 中微子；2012 年发现希格斯玻色子。

2．"自下而上"的凝聚态物理和量子光学

海森伯的学生布洛赫在第一次求解周期势阱中的薛定谔方程时，得到的结果可以解释电子在晶格中的行为。随后量子力学开始大规模应用在固体物理的研究中，不但揭示了导体、绝缘体和半导体的本质，而且成功解释了 20 世纪初发现的低温超导现象。

在凝聚态物理实验方面，半导体材料的研制取得巨大成功，它是第三次科技革命也称为信息革命的核心材料。刻在半导体上的集成电路，也就是后来所说的芯片，彻底改变了世界。巨磁阻作为磁性材料的一种量子性质，它使得我们有大量的硬盘可用。超导体在很多方面也得到大规模应用，尤其是人类未来的两大技术梦想——"可控核聚变"和"量子计算"，都会依赖超导体。

量子光学是利用量子力学研究的量子性质以及光与原子相互作用的量子现象。激光可以说是 20 世纪仅次于半导体的伟大发明，激光是光的量子性质的一个典型表现。在信息革命中，半导体解决了计算问题，激光则解决了通信问题，激光和光纤的组合使得大容量数字通信迅速发展。

当今的信息技术的本质主要是来自量子力学，即来自量子力学"自下而上"产生的凝聚态物理和量子光学等方向。

12.2　量子信息技术

人类历史上迄今为止出现了 3 次科技革命。第一次科技革命称为工业革命，从 18 世纪中叶一直到 19 世纪中叶，以机械化和蒸汽机为代表。第一次科技革命的物理学基础为热力学、刚体力学和流体力学。第二次科技革命称为电力革命，也称第二次工业革命，从 19 世纪中叶持续到 20 世纪中叶，以电力大规模使用为代表。第二次工业革命的物理学基础为电动力学。由于麦克斯韦方程组与牛顿力学在原理上冲突，导致相对论的提出；同时，由于经典电磁波本身存在不可克服的辐射难题，直接导致光量子假说的提出。第三次科技革命也称为信息革命，从 20 世纪中叶一直持续到现代，以各类电子计算机的大规模应用为代表。第三次科技革命的物理基础为凝聚态物理学、量子光学和核物理。

量子力学研究电子和光子的性质以及电子和光子在材料中的运动规律，物理学家在 20 世纪 50~70 年代陆续发明了半导体晶体三极管、激光器、集成电路、磁盘、光纤等技术，以此为基础，20 世纪 80 年代以来陆续诞生了 PC、手机、互联网等，人类文明进入信息时代。但

这次信息革命是属于"经典信息"的革命。虽然必须用量子力学才能理解半导体和激光的本质和工作原理，但用它处理的还是经典的二进制信息，即信息的载体是物质呈现的经典状态，而不是量子状态。信息的传输和计算都是基于经典物理学描述的过程，而不是量子过程。当我们能够将物质呈现的量子状态用作信息载体，并且信息的传输和计算过程可以用量子学描述和操控的时候，才构成真正意义上的"量子信息学"。

12.2.1　量子比特

在经典信息学中，一个比特在特定的时刻只能有特定的状态，即 0 或 1。信息的传输和处理都是按比特进行的。

在量子信息学中，信息的最小单元叫作量子比特（Qbit），一个量子比特就是 0 和 1 的量子叠加态。直观来看，就是把 0 和 1 当作两个向量，一个量子比特可以是 0 和 1 这两个向量的所有可能组合。一个量子比特就是一个最简单的量子叠加态，即一个量子可以同时处于 0 和 1 两个状态，它既不是 0 也不是 1，但是通过测量量子比特的状态可以使其选择或"坍缩"到 0 或 1 的确定结果。更加有趣的是，如果以同样的方式制备同样长度的多个量子比特，对其进行测量后会发现完全不同的结果，实际上由 N 个量子比特组成的序列可同时表征 2^N 种不同的结果。这种特性使得量子计算机可以实现真正意义上的并行运算。以量子自旋为例，两个处于纠缠态的量子，一个向上自旋，另一个则向下自旋。"薛定谔的猫"就是猫的生态和死态的叠加，在观测之前猫是生还是死不确定，观测以后才能确定猫是生还是死。

12.2.2　量子纠缠

量子纠缠是多粒子的一种量子叠加态。在量子力学中，当多个粒子相互作用后，相互作用的粒子综合为整体的性质，无法单独描述各个粒子的性质，只能描述整体的性质，这种现象被称作量子纠缠。以双粒子为例，粒子 A 可以处于某个物理量的叠加态，可以用一个量子比特来表示，同时粒子 B 也可以处于叠加态。当两个粒子发生纠缠时，就会形成一个双粒子的叠加态，即纠缠态。当产生纠缠态时，无论两个粒子相隔多远，只要没有外界干扰，当粒子 A 处于 0 态时，粒子 B 一定处于 1 态；反之，当粒子 A 处于 1 态时，粒子 B 一定处于 0 态。用薛定谔的猫来比喻，如果 A 和 B 两只猫处于纠缠态，无论两只猫相距多远，当 A 猫是"死"的时候，B 猫必然是"生"；当 A 猫是"生"的时候，B 猫必然是"死"。

12.2.3　量子计算

2019 年，谷歌公司通过 53 个超导量子比特实现了"量子优越性"，又一次掀起了量子计算机的热潮。多家科研机构和大学也相继发布了有 20 个超导量子比特的计算机。

量子计算机的基本原理就是利用量子的叠加态。在经典物理学中，物质在确定的时刻仅有一个确定的状态。量子力学则不同，物质会同时处于不同的量子态上。一个简单的例子就是双缝干涉实验：经典粒子一次只能通过一个狭缝，但量子力学的粒子一次可以同时通过多个狭缝，从而产生干涉。

前面提到的量子比特就是 0 和 1 的叠加态，因为处于叠加态，一个量子比特可以同时代表 0 和 1，对量子比特做一次操作，等于同时对 0 和 1 都做了操作。扩展下去，如果一个 10 位的数，利用经典计算每次运算只能处理一个数，但是利用量子计算可以处理一个 10 量子比特的叠加态，这就意味着量子计算每一次运算最多可处理 2^{10}（1024）个数。以此类推，量子计算的速度与量子比特数呈 2 的比特次幂增长关系（而经典计算机的速度与比特数仅仅呈线性关系）。一个 64 位的量子计算机最高一次运算就可以同时处理 2^{64}（18446744073709551616）个数。如果未来一台 64 位量子计算机单次运算速度达到目前普通计算机 CPU 的级别（1GHz），那么这台量子计算机的数据处理速度理论上将是"神威·太湖之光"超级计算机（每秒 9.3 亿亿次）的 1500 亿倍。

有两个重要的指标决定着量子计算机的成功：一个是量子退相干时间，另一个是可扩展性。退相干时间是指量子相干态与环境作用演化到经典态的时间。由于量子计算必须在量子叠加态上进行，因此量子计算机的退相干时间越长越好；可扩展性是指系统可以增加更多的量子比特，具有可扩展性才能保证量子计算机实用化。

目前为止，量子计算机的物理实现方案主要有以下几种。

（1）离子阱方案。离子阱方案是量子计算机最早提出的方案，用"囚禁"的离子的能级和振动模式作为量子比特，该方案技术较为成熟，但可扩展性差。

（2）光量子方案。利用单光量子作为量子比特，通过复杂光路系统测量光量子偏振来获得比特信息。若光子不被吸收和散射，它的相干性就一直能保持，因此它的退相干时间可以很长，但是可扩展性受到光子线宽和集成光路等技术的限制。在这个方向上中国科学技术大学潘建伟团队一直处于世界的领先地位，这也是我们引以为傲的！

（3）核磁共振方案。该方案是用小分子的原子核作为量子比特，它有着出色的退相干时间，但是单个分子的大小完全限制了可扩展性，发展前途十分有限。

（4）超导电路方案。该方案利用超导体中的约瑟夫森结来产生量子比特，虽然退相干时间短，但是可扩展性很强。谷歌、阿里巴巴、中国科学技术大学上海研究团队都在这个方向上投入了巨大精力进行研究。

（5）金刚石方案。该方案利用金刚石中的色心缺陷作为量子比特，在退相干时间和可扩展性上受到样品本身的限制。

（6）超冷原子方案。这个方案与离子阱方案比较相似，可扩展性有限，目前更多地用来做凝聚态系统的量子模拟。

量子计算机从用途上来分，可以分为通用型和专用型。

通用型量子计算机指的是利用量子逻辑门控制量子比特来做量子计算，它可以看作数字化的量子计算机。未来实用化的量子计算机一般都指通用型量子计算机，它需要大量的量子比特和量子逻辑门，对物理系统的可扩展性要求很高，从目前的发展趋势来看，超导电路方案具有很大的优势。

专用型量子计算机是利用量子计算原理，针对某类特定的计算问题而研制的量子计算机。

量子计算机的发展大约可分为以下 3 个阶段。

第一阶段是"量子称霸"阶段：专用量子计算机针对特定问题的计算能力超越经典超级计算机，学术界将这一成就称为"量子称霸"。一般实现量子称霸大约需要 50 个量子比特的相干操纵。

第二阶段是实用化量子模拟机阶段：实现数百个量子比特相干操纵的专用量子计算系统，应用于具有实用价值的组合优化、量子化学、机器学习等方面，指导新材料设计、药物开发等。

第三阶段是通用可编程的量子计算机阶段：能够相干操纵数亿个量子比特，实现可容错的量子计算机，能在经典密码破译、大数据搜索、人工智能等方面发挥巨大作用。

完成这 3 个阶段，意味着人类实现了量子计算机的梦想，这将是人类实现第二次信息革命、全面进入量子信息时代的标志。

12.2.4　量子通信

美国物理学家本内特（C. Bennett）和加拿大密码学家布拉萨德（G. Brassard）在各自的研究中发现量子态的不可克隆性和测量坍缩性质可以用在密码学上，直接生成无法复制和截获的密码。于是两人合作，结合量子力学和密码学，于 1984 年发表了第一个量子密钥分发方案，称为 BB84 协议。1984 年被称为"量子通信元年"。

1．量子保密通信的基础

传统的密码学的安全保障是建立在数学算法的复杂度上的，而量子密码学的安全保障是建立在量子物理学的基本定理之上的。实现量子保密通信的关键点是量子密钥分发（Quantum Key Distribution，QKD），量子密钥分发是通过光量子的信息编码、传递、检测等操作来实现的，如 BB84 协议，主要利用光子的偏振态来传递信息。其基础是量子物理学的 3 个重要概念。

（1）海森伯不确定性原理。该原理表明，对一个未知的量子态进行测量就会改变其状态，这意味着，监听者进行测量时就会改变量子态的物理特性，从而使监听行为被检测出来。

（2）量子不可克隆原理。该原理指出无法以一个量子比特为基础精确地复制出一个完美的副本。复制量子态的过程必然会破坏其原有的量子比特信息，这意味着监听者无法复制量子比特承载的信息。

（3）量子纠缠特性。在量子力学里，当多个粒子彼此相互作用后，由各个粒子所拥有的特性已综合为整体的性质，无法单独描述各个粒子的性质，只能描述整体系统的性质，这种现象被称为量子纠缠。该特性使得发生量子纠缠的双方，其信息不可能泄露给第三方。

2．QKD 的工作机制

图 12.1 所示是一种典型的基于制备-测量机制的 QKD 系统原理示意图，当发送方和接收方都需要进行保密通信时，它们通过 QKD 来共享对称加密密钥。发送方和接收方都拥有建立量子信道所需的专用光学设备，并且都可以通过经典信道来保证两者之间的相互通信。

发送方使用光源一次发送一串光子，每个光子可以看作一量子比特信息。当光子传输时，发送方会随机选择两种不同类型的"基"之一来进行编码处理。在 BB84 协议中，"基"是编码或测量光子的偏振角度，每类基包含两个相互正交的基矢，而两类基之间则是非正交的，例如由[0°,90°]偏振组成的垂直正交基和由[45°,-45°]偏振组成的斜对角基。

接收方需要记录在量子信道接收的每个光子。为了得到每个光子所携带的信息，接收方必须像发送方一样随机选择两种可能基中的一种来测量每一个光子，并记录下其测量时所用到的测量基类型，测量基的选择必须是随机的，且与发送方制备光子时所用的基无关。接下来，发送方和接收方通过经典信道公开比对双方在制备和测量光子时所选用的基。发送方和接收方随机选择会导致收发双方存在使用部分相同的基和使用不同基的情况。当发送方和接收方使用相同的测量基时，测出的结果是两端相同的，发送方和接收方会保留这些比特作为密钥的一部分。当发送方和接收方使用不同的测量基测量光子时，收发双方测出的结果是完全随机的，则应将这部分测量结果丢掉，不在最后的密钥中使用。

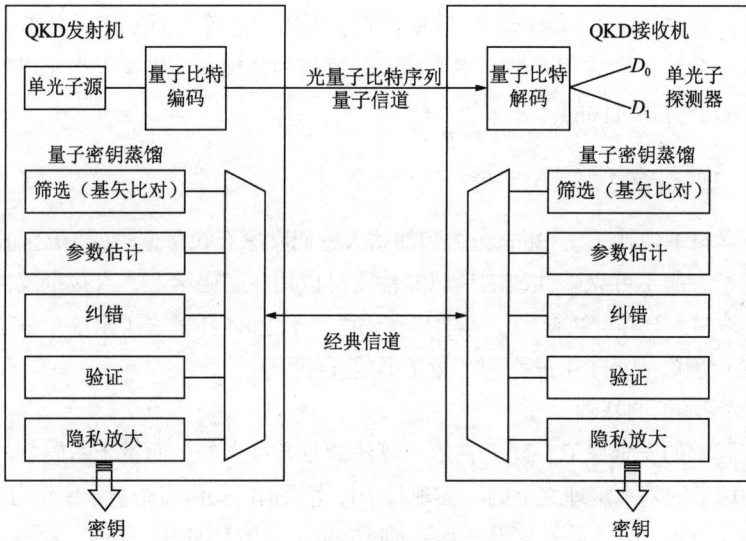

图 12.1 QKD 系统原理示意图

当发送的每一个量子比特都被接收方接收后，发送方和接收方通过公共信道交互每一个光子时所使用的测量基类型，这就可以为收发双方生成共享密钥提供足够的信息，但攻击者是无法利用这些公开的信息获取任何密钥信息的。

首先，攻击者无法在不改变光量子态的情况下直接对光子进行观测，如果改变了光量子态，带来的误码率变化就会被发送方和接收方检测到，从而将这些可能被窃听的光子丢弃。

其次，发送方和接收方通过经典信道进行协商时，没有透露每个量子态的最终测量结果，而只是透露用什么类型的基来测量。即使攻击者得知发送方和接收方的测量方法，对于攻击者来说，这时测量光子已经太迟了，因为光子已经被接收了。

在量子态的发送和检测步骤结束后，QKD 还需要通过参数估计过程，通过对误码率等参数的评估识别当前是否存在窃听。然后，还需通过密钥过程数据的纠错、校验、隐私放大等后处理过程，保证收发两端得到完全一致、安全的随机数，用于生成双方进行保密通信所需的对称密钥。另外，QKD 中还有一个重要的环节是身份认证，可通过经典信道进行。

QKD 协议主要有以下几类。

（1）基于离散变量（Discrete-Variable，DV）编码：DV QKD 类协议在发送端需要将代表 0 或 1 的密钥信息通过单光子的自旋（上或下）、偏振（水平或垂直）或不同路径等分立的量子态进行编码。接收端则需要通过单光子探测器检测信号。

（2）基于分布式相位参考（Distributed-Phase-Reference，DPR）编码：DPR QKD 类协议则是将密钥信息通过相邻两次发射的弱相干光脉冲的相对相位或光子到达时间来进行编码，接收端同样需要单光子探测器来进行检测。

（3）基于连续变量（Continuous-Variable，CV）编码：CV QKD 类协议中的密钥信息是编码在量化电磁场的正则分量，例如坐标和动量、振幅和相位等连续取值的连续变量。CV QKD 可使用信号较强的多光子光源，无须使用复杂的单光子探测器，采用经典光通信中常用的零差或外差相干检测技术即可。

根据协议的实现方式，特别是窃听检测方式不同，QKD 协议还可以分为基于制备–测量的 QKD 协议和基于纠缠的 QKD 协议。

（1）基于制备–测量的 QKD 协议：这类协议均采用发送端编码制备特定的光量子态，然后由接收端进行检测、解码。攻击者在进行窃听时，需要对传输线路上的量子态进行观测，再重新制备转发给合法的接收方。根据海森伯不确定性原理，这个过程必然会引入一定的错误率，从而被收发双方识别。

（2）基于纠缠的 QKD 协议：采用这类协议的通信双方均需从第三方接收处于纠缠态的一部分光子，然后分别进行相应的测量。根据量子纠缠特性，任何窃听者的截取或测量操作必然会改变纠缠的光量子系统，这很容易被通信双方检测到。

3. 量子隐形传态

由于量子纠缠是非定域的，即两个纠缠的粒子无论相距多远，测量一个粒子的状态必然能同时获得另一个粒子的状态，物理学家自然想到利用这一特性传输信息。

但是，仅仅用量子纠缠是无法完成信息传输的。假设两个量子形成纠缠态，第一个量子取 0 态，第二个量子必然取 1 态；第一个量子取 1 态，第二个量子必然取 0 态。如果事先将两个量子相互远离，把要传的信息给第一个量子编码，当让第一个量子取确定值 0 时，第二个量子马上就变成 1，反之亦然。第一个量子作为发送者，第二个量子作为接收者，这样就可以传输信息。但是，要想让第一个量子取确定值，你必须去测量它。对第一个量子来说，它还是 0 或 1 各有一半的概率，测量 N 次，每次只有 1/2 次的概率坍缩到想要的确定值。所以发送者每次测量要挑选测对的 $N/2$ 个来编码。但这样接收方对第二个量子就不明白了，因为测量结果是随机的，接收方无法知道你到底挑的是哪一半来编码的。

这个时候为了传递信息，只能通过发送者用经典信道通信让接收端知道该挑哪些。这个经典信道通信是没有办法超过光速的，它也限制了量子纠缠传递信息的速度不能超过光速。而且用了这个经典信道之后，本身就等于经典通信了，因此用量子纠缠加经典信道的方式传输经典的二进制比特意义不大。除了自带不可截获功能，从其他方面考虑不如直接用经典数字通信。

但是借助纠缠和经典信道，可以完成经典信道所不能做到的一件事，就是传输量子比特。这个利用量子纠缠传输量子比特的量子通信方式称为"量子隐形传态"（Quantum Teleportation）。所谓隐形传态，是指如果能够在量子通信的双方（A 和 B）之间建立最大的量子纠缠态，那么 A 和 B 之间可以通过经典通信来协同两地的操作，利用量子纠缠态，可以将 A 处待发送的量子态准确无误地传送给 B 处。作为代价，成功传送量子态的同时，量子纠缠态被毁。在这一量子通信过程中，承载 A 处量子态信息的物理量子系统并没有被发送出去，该量子仍然待在 A 处。但是原先蕴藏在该系统中的量子态信息已经借助量子纠缠态中奇妙的量子关联被传送到 B 处。这仿佛一个量子物体的"灵魂"被抽走，重新装载在遥远异地的另外一个物体上，所以被称为量子隐形传态。

量子隐形传态协议分为如下几步。

（1）制备两个粒子的量子纠缠，将其中一个粒子发送到 A 点，另一个粒子发送到 B 点。两个粒子之间的纠缠态为 4 个贝尔基之一。

（2）在 A 点另外一个粒子 C 携带想要传输的量子比特。假设 A 点和 B 点的 EPR（Einstein-Podolsky-Rosen，爱因斯坦–波多尔斯基–罗森）对处于纠缠态，则 EPR 对和粒子 C 形成总的纠缠态，由 4 个等概率幅值叠加而成。在 A 点的一方用某个贝尔基同时测量 EPR 粒子的粒子 C，得到测量结果为上述的 4 个态之一。这个测量使得 EPR 对的纠缠解除，而 A 点的 EPR 粒子和粒子 C 则纠缠到了一起。

（3）A 点的一方利用经典信道把自己的测量结果告诉 B 点的一方。

（4）B 点的一方收到 A 点的测量结果后，就知道了 B 点剩下的 EPR 粒子处于哪个态。如果 A 点的一方的测量结果是 4 态中的 1，则 B 点的一方不需要进行任何操作，A 点到 B 点隐形传态实现。如果测量结果是 2、3、4，则 B 点的一方需对 B 点的 EPR 粒子做不同的幺正变换，于是实现隐形传态。

12.3 量子信息技术典型应用

量子信息技术的应用分为两个方面：一是现有由量子力学支撑的信息技术或器件；二是量子信息技术本身的应用，这方面的应用主要集中在量子计算和量子保密通信上。

12.3.1 由量子力学支撑的信息技术

1．固体能带理论支撑的半导体技术

量子力学告诉我们原子通过化学键形成分子，化学键来自不同原子最外层的电子配对，把原子最外层的电子称为价电子。布洛赫求解了周期势阱中的薛定谔方程以解释晶体中的价电子的行为，从而得到布洛赫定理。该定理描述了电子的波函数具有和晶格周期一样的周期分布，并且能量分布已经不再是单个原子中形成的能级，而是变成了能带，这就是建立在量子力学上的固体能带理论。当周期性的原子吸引阵列对价电子的吸引较弱，即晶格的势能较浅的时候，可以对布洛赫定理做自由电子近似，得到的结果能够很好地描述导体中的价电子的行为。也就是说导体中的价电子能带很高，接近自由电子。当周期性的原子吸引阵列对价电子的吸引较强，即晶格的势能较深的时候，可以对布洛赫定理做束缚近似，即电子波函数变为一组局域化的万尼尔函数。这个函数能够描述绝缘体中价电子的行为。

半导体的价电子的能带正好处于半导体和绝缘体之间，它的价带与导带非常接近。当外界操作让它的价电子能量升高时，它从价带进入导带，那么它就变成导体。当它的价电子的能量降低时，它又回到价带，从而变成绝缘体。基于量子力学的能带理论揭示了半导体的物理性质，此后各种新的半导体材料都是依据量子力学研制出来的，如半导体晶体三极管。

2．量子光学支撑的激光技术

量子光学就是指用量子力学来研究光的性质，以及物质对光的吸收和辐射。激光就是受激辐射的结果，1963 年，美国物理学家格劳贝尔提出了相干理论，即大量粒子处于相干态时，它们的粒子数本身也处于量子叠加态。对于激光来说，光比较强时就处于大量光子相干态，和大量光子紧密地聚集在一起看起来很像，但是当光比较弱的时候，如只有几个光子，那么相干态的效果就不明显了。有了相干态理论，再结合固体掺杂原子对光的吸收和辐射，量子光学就完整地解释了激光的产生和传播。

光纤的出现为激光通信的大范围应用铺平了道路。在一根光纤中，可以有不同频率的激光同时传播，互相不影响，因此信道容量远大于电缆。华裔物理学家高琨是远距离、低损耗光纤的发明人，他因此获得了 2009 年的诺贝尔物理学奖。

3．量子力学支撑的磁盘技术

物体的磁性是由量子力学决定的。每个电子都具有 1/2 自旋，和电磁场相互作用时，就表现出一个磁矩，即电子的自旋轴方向会和外界磁场方向趋于一致。当原子电子没有填满电

子轨道时，表现为顺磁性；当电子轨道都被填满时，就表现为抗磁性；当电子轨道被填满一半时，这些电子会自发地让自旋方向一致，从而表现出宏观的磁性。顺着这一研究思路，科学家发现了巨磁阻效应，即一种材料的电阻对外界磁场方向极为敏感。巨磁材料由两层铁磁性材料中间夹一层非铁磁性材料构成。当这两层铁磁性材料的磁矩方向相同时，巨磁阻材料的电阻会非常小；当这两层铁磁性材料的磁矩方向相反时，巨磁阻材料的电阻就会变得非常大。因此用微小磁性颗粒的磁场方向存储信息，用巨磁阻材料作为磁头，对应磁头上无电流和电流最大的两个磁场方向编码 0 和 1，就可以将大量的比特数据存储在一张磁盘上，再用巨磁阻磁头读写，这就是计算机磁盘的原理。

4. 显示器和摄像头中的量子光学原理

日常生活中，从荧光粉到日光灯，一直到 LED（Light Emitting Diode，发光二极管）灯都属于自发辐射荧光现象。其中，LED 灯采用了半导体材料，导电的电子能级被"电子-空穴对"限制得比较窄，甚至接近原子能级的宽度，因此可以发出单色性非常好的自发辐射。LED 灯省电、发热量小，成本远低于激光，目前已成为人类生活中的主要光源。

计算机和手机使用的显示器是液晶显示器，但是液晶本身并不发光，只有选择让光通过比例的功能，每个液晶显示器的发光部分都是液晶屏背后的 LED 显示屏。

电荷耦合器件（Charge-Coupled Device，CCD）利用半导体的光电效应，光子打在每个像素点上并被电子吸收，电子变成自由电子形成电流，电流的大小正比于光子的数量。光电效应曾经是爱因斯坦提出的光子的量子现象，本质上可以利用量子光学中的光电离过程直接描述。CCD 中常用到的"量子效率"是指从一个像素点产生的自由电子数和照射在这个像素点上的光子数的比例。今天手机的照相机用的感光芯片已经从 CCD 替换为互补金属氧化物半导体（CMOS），CMOS 是一种制造大规模集成电路芯片用的技术。用 CMOS 技术制造出的半导体感光芯片同样采用光电效应，量子效率比 CCD 差一些，但是成本和功耗远低于 CCD 的，并且每个像素的电流变为电压并以二进制数字信号传给存储器，不像 CCD 的每个像素电流需要经过模数转换，因此图像处理速度更快。

5. 原子钟量子力学决定的频率标准

根据量子力学，$E = h\nu$，能级间隔越准确，电子跃迁发射出的光子能量也就越准确，那么光子的频率 ν 也就越准确。选取合适的原子，把它的电子在能级间跃迁辐射出的光子的准确频率测量出来，这就是原子钟的原理。今天全球时间标准是用铯原子钟定义的，即用铯-133 原子的最外层电子的基态能级和第一激发态之间的频率作为标准。1 秒定义为 9192631770 除以该频率，也就是以该频率振荡 9192631770 个周期所需要的时间。除了铯原子钟外，氢原子钟和铷原子钟也得到广泛应用。这些采用常温的原子钟的时间准确度已经达到 10^{-13} 量级，几万年只差 1 秒的水平。

12.3.2　量子信息技术的最新应用

1. 量子计算机

一台实用型的量子计算机不仅对量子比特的数量有要求，对量子比特的质量也有要求，如对一个 2000 位的数做 Shor 算法的因数分解，单个量子逻辑门的操控精度要求超过 99.9999%，目前的技术水平无法达到如此高的操作精度的要求。理论上，只要我们的量子逻辑门操控精度可以达到一个阈值，例如 99%，那么就可以通过增加比特数量进行冗余编码的方式来提高量子逻辑门的操控精度。通常因数分解一个 2000 位的数大约需要 1000 个逻辑量子比特，每个逻辑比特大约由 1000 个物理量子比特组成。

谷歌的两比特门操作精度约为 99.3%，读取保真度约为 99%，测控精度基本达到了量子纠错的阈值。于是谷歌在 2019 年实现了 53 比特的"量子优越性"。

量子计算机目前正处在快速发展阶段，还没有形成实际的应用。我国在光量子计算方面一直处在世界领先地位。2020 年 12 月 4 日，中国科学技术大学潘建伟团队成功构建 76 个光子的量子计算原型机"九章"。这一突破使我国成为全球第二个实现"量子优越性"的国家。

2. 量子保密通信

目前，实用化的量子保密通信主要体现在下面几个方面。

（1）诱骗态量子密钥分发协议

2003 年美国西北大学提出诱骗态量子密钥分发的最初想法，随后 2005 年，清华大学的王向斌教授、加拿大多伦多大学的罗开教授分别独立提出了诱骗态的量子密钥分发实验方案。诱骗态就是起到诱骗作用的量子态。由于光源的不完美，发送者有一定概率会发送粒子数为 2（或者 2 以上）的量子态给接收者，而窃听者就可以在其中做粒子数分离攻击。诱骗态的核心思想是与其让这些粒子数大于等于 2 的量子态被动地截获，不如干脆主动出击，自己制造这样的量子态，来诱导窃听者上当受骗。2006 年，中国科学技术大学潘建伟团队在世界上首次利用诱骗态方案实现了安全距离 100km 的光纤量子密钥分发实验。

（2）中国量子保密通信"京沪干线"

2008 年，中国科学技术大学潘建伟团队在合肥实现了国际上首个全通型量子通信网络。2009 年又在世界上率先采用诱骗态方案实现量子通信，距离突破至 200km。2012 年，潘建伟团队在合肥建成了世界上首个覆盖整个合肥城区的规模化量子通信网络，标志着大容量的城域量子通信网络技术已成熟。同年，该团队与新华社合作建设了"金融信息量子通信验证网"，在国际上首次将量子通信网络技术应用于金融信息的安全传输。2013 年，光纤量子通信骨干网工程"京沪干线"正式立项，这条干线连接北京、上海，贯穿济南、合肥，全长约 2000km，是世界上首条量子保密通信主干网。"京沪干线"于 2017 年建成，是实现高可靠、可扩展、军民融合的广域光纤量子通信网。

（3）"墨子号"量子科学实验卫星

潘建伟团队是我国开展卫星量子通信实验研究的团队。2005 年，该团队在国际上首次在相距 13km 的两个地面目标之间实现了自由空间中的纠缠分发和量子通信实验。2007 年，该团队在长城实现了 16km 水平高损耗大气信道的量子态隐形传输。2008 年，该团队在中国科学院上海天文台对高度为 400km 的低轨卫星进行了星-地量子信道传输特性试验，验证了星-地信道的传输特性，首次完成了星-地单光子发射和接收实验。

"墨子号"量子科学实验卫星是中国科学院空间科学战略性先导专项的首批科学卫星之一，其科学任务由潘建伟院士提出，通过在卫星与量子通信地面站之间建立量子信道，完成一系列国际领先水平的空间量子通信实验任务。"墨子号"卫星于 2011 年正式立项，2016 年 8 月成功发射。卫星由量子纠缠源、量子纠缠发射机、量子密钥通信机、量子实验控制与处理机、卫星平台等组成。地面站由河北兴隆地面站、乌鲁木齐南山地面站、青海德令哈地面站、云南丽江地面站，以及西藏阿里地面站等配合工作。"墨子号"卫星在以下几个方面实现了人类第一：星-地双向量子纠缠分发实验、星-地高速量子密钥分发、地-星量子隐形传输、基于纠缠的星–地量子密钥分发、引力诱导量子退相干实验检验。

（4）国际量子通信应用计划

2016 年，美国启动了为期 5 年的多站点、多节点的量子网络建设工作。美国还成立了一家专门从事量子通信网络建设的公司，计划利用成熟的量子密钥分发方法和专有的可信节点技术，在美国开展量子通信网络建设，并为政府机构和企业提供量子安全加密解决方案。

英国正在建设英国国家量子通信测试网络，目前已经建成连接多个机构和大学的干线网络，并于 2018 年扩展到英国国家物理实验室和英国电信公司。该网络由英国 2015 年启动的国家量子技术专项予以支持，由加拿大约克大学牵头建设。

意大利启动了总长约 1700km 的连接弗雷瑞斯和马泰拉的量子通信骨干网建设计划，2017 年已建成连接弗雷瑞斯、都灵、佛罗伦萨的量子通信骨干线路。

俄罗斯于 2016 年宣布正式启动首条多节点量子互联网络试点，该量子网络连接了 4 个节点，每个节点之间的距离为 30~40km。俄罗斯设立了专项资金用于支持俄罗斯量子中心开展量子通信研究，并借鉴京沪干线经验，在俄罗斯建设量子保密通信网络基础设施，先期将建设莫斯科到圣彼得堡的线路。俄罗斯量子中心为俄罗斯储蓄银行建成了专用于传递真实金融数据的实用量子通信线路。

2016 年，欧盟发布了量子宣言，启动了总投资 10 亿欧元的量子技术旗舰计划，主要目标之一就是计划 10 年左右建成量子互联网。

本章小结

本章主要介绍了量子理论的发展历程，以及量子力学发展的"自上而下"的粒子物理、"自下而上"的凝聚态物理和量子光学两条路径。阐述了量子比特、量子纠缠、量子计算、量子保密通信的基本概念，量子计算的基本原理和实现路径，量子密钥分发系统的组成和工作流程。最后介绍了量子技术的典型应用和应用系统的最新发展。

本章习题

1. 量子力学的基本发展路径是什么？它对现代科技革命带来哪些革命性影响？
2. 试简述什么是量子，什么是量子比特，什么是量子纠缠。
3. 量子计算的理论基础是什么？
4. 量子计算的基本原理是什么？
5. 量子计算的实现方案有哪些？基本趋势是什么？
6. 什么是通用型量子计算机？什么是专用型量子计算机？
7. 量子通信主要是基于哪几个重要的量子物理概念？
8. 简述量子密钥分发的基本过程。
9. 量子密钥分发的主要协议有哪些？主要机理是什么？
10. 量子保密通信是否可以实现超光速传输？为什么？
11. 我国的量子通信处于什么水平？是通过哪些成果来体现的？
12. 量子计算和量子通信有哪些关键技术？

第 13 章

信息安全与职业素养

学习目标

- 了解影响信息安全的因素。
- 掌握信息安全的概念、信息安全的基本属性。
- 了解信息安全的威胁以及信息安全的发展历程。
- 掌握计算机病毒的概念、分类以及防范方法。
- 掌握网络攻击的概念以及防范方法。
- 掌握使用计算机应遵循的原则。
- 了解信息安全相关的法律法规。

本章重点

- 信息安全的概念和基本属性。
- 计算机病毒的概念、分类以及防范方法。
- 网络攻击的概念以及防范方法。
- 使用计算机应遵循的原则。

当今世界，网络无处不在。移动通信技术、网络技术、信息技术的持续快速发展和普及，深刻地改变了人们的工作、学习和生活方式（如网上购物、社交网络等的兴起），整个社会对信息网络的需求和依赖程度不断提高。信息网络通过错综复杂的方式实现互联互通并互相依存，本身即存在着复杂的安全问题，面临着巨大的安全威胁。互联网、移动互联网、社交网络等信息传播形式多元化，网络边界扁平化、分散化、虚拟化、动态化、隐蔽化，导致网络边界保护与管理优势不断丧失，网络攻击事件频繁发生，由此带来的危害和损失持续增加，网络信息安全问题日益严重。当前，网络空间安全问题已成为全世界关注的热点，并已经成为影响国家安全的重要因素。

13.1　信息安全概述

当前，我国网民数量居世界第一，我国已成为网络大国，正在进入网络强国的行列。网络强国战略思想已成为我国发展互联网事业方向性、全局性、根本性、战略性的纲领性指导思想。

13.1.1　信息安全简介

1．信息安全的概念

信息无论是在计算机上存储、处理和应用，还是在通信网络上传输，都面临着信息安全威胁。例如，信息可能被非授权访问而导致泄密，被篡改而导致不完整，被阻塞拦截而导致不可用，还有可能被冒充替换而导致否认。信息安全是一个广泛而抽象的概念，不同领域对其概念的阐述也会有所不同，下面列出一些法规、标准和机构从不同的角度给出的不同定义。

《中华人民共和国计算机信息系统安全保护条例》中提到，计算机信息系统的安全保护，应当保障计算机及其相关的配套的设备、设施（含网络）的安全，运行环境的安全，保障信息的安全，保障计算机功能的正常发挥，以维护计算机信息系统的安全运行。

《美国联邦信息安全管理法案》对信息安全的定义：保护信息与信息系统，防止未授权的访问、使用、泄露、中断、修改或破坏，以保护完整性（即防止对信息的不当修改或破坏，包括确保信息的不可否认性和真实性）、机密性（即对信息的访问和泄露施加授权的约束，包括保护个人隐私和专属信息的手段）和可用性（即确保能及时、可靠地访问并使用信息）。

《国际信息安全管理标准体系》（BS7799）对信息安全的定义：信息安全是使信息避免一系列威胁；保障商务的连续性，最大限度地减少商务的损失，最大限度地获取投资和商务的回报，涉及的是机密性、完整性、可用性。

《信息安全管理体系》（ISO/IEC 27001：2005）中将信息安全定义为：保护信息的保密性、完整性、可用性及其他属性，如真实性、可审查性、可控性、可靠性、不可否认性。

国际标准化委员会对信息安全的定义：为数据处理系统而采取的技术的和管理的安全保护，保护计算机硬件、软件及相关数据，使之不因偶然或恶意侵犯而遭受破坏、更改、泄露，保证信息系统能够连续、可靠、正常地运行。

总之，信息安全就是指在信息产生、存储、传输与处理的整个过程中，信息网络能够稳定、可靠地运行，受控、合法地使用，从而保证信息的机密性、完整性、可用性、可控性及不可否认性等安全属性。

2.信息安全的基本属性

机密性、完整性、可用性、可控性及不可否认性是信息安全的基本属性，其中，机密性、完整性和可用性通常被称为信息安全 CIA 三要素。

（1）机密性（Confidentiality）是指维护信息的机密性，即确保信息没有泄露给非授权的使用者。信息对于未被授权的使用者来说，是不可获得或者获得后也无法理解的。

（2）完整性（Integrity）是指维护信息的一致性，即保证信息的完整和准确，防止信息被未经授权（非法）篡改。

（3）可用性（Availability）是指保证服务的连续性，即确保基础信息网络与重要信息系统的正常运行，包括保障信息的正常传递、保证信息系统正常提供服务等，被授权的用户根据需要能够从系统中获得所需的信息资源服务，它是信息资源功能和性能可靠性的度量。

（4）可控性（Controllability）是指对信息和信息系统实施安全监控管理，保证掌握和控制信息与信息系统的基本情况，可对信息和信息系统的使用实施可靠的授权、审计、责任认定、传播源追踪和监管等控制。互联网上针对特定信息和信息流的主动监测、过滤、限制、阻断等控制能力，反映了信息及信息系统的可控性的基本属性。

（5）不可否认性（Non-repudiation）是指信息系统在交互运行中确保并确认信息的来源以及信息发布者的真实可信及不可否认的特性。

总之，凡是涉及信息机密性、完整性、可用性、可控性、不可否认性以及真实性、可靠性保护等方面的理论与技术，都是信息安全研究的范畴，也是信息安全所要实现的目标。信息安全不仅是一个不容忽视的国家安全战略问题，也是任何一个组织机构和个人都必须重视的问题。但是，对于不同的部门和行业来说，其对信息安全的要求和重点是有区别的。从国家的角度来讲，信息安全关系到国家安全；对组织机构来说，信息安全关系到组织机构正常运营和持续发展；就个人而言，信息安全是保护个人隐私和财产的必然要求。

3.信息安全的发展历程

一般认为，现代信息安全的发展可以划分为通信保密、计算机安全、信息安全、信息保障 4 个阶段。但随着网络空间安全概念的提出，信息安全的发展步入了第 5 个阶段：网络空间安全阶段。

（1）通信保密阶段

在 20 世纪 60 年代以前，信息安全强调的是通信传输中的机密性。1949 年香农发表的《保密系统的信息理论》将密码学的研究纳入了科学的轨道，标志着通信保密阶段的开始。这个阶段所面临的主要安全威胁是搭线窃听和密码学分析，主要的防护措施是数据加密，对安全理论与技术的研究主要侧重于密码学领域。

（2）计算机安全阶段

20 世纪 70 年代，进入微型计算机时代，计算机的出现深刻改变了人类处理和使用信息的方法，也使信息安全包括了计算机和信息系统的安全。计算机安全主要面临着计算机被非授权者使用、存储信息被非法读写、被写入恶意代码等威胁，主要的保障措施是安全操作系统。在这个阶段，核心思想是预防和检测威胁以减少计算机系统（包括软件和硬件）用户执行的未授权活动所造成的后果。信息安全的目标除了机密性，还包括可控性、可用性。这一阶段的标志是 1977 年美国国家标准局公布的国家数据加密标准和 1985 年美国公布的《可信计算机系统评估准则》。

（3）信息安全阶段

20世纪80年代中期至20世纪90年代中期，互联网技术飞速发展，网络得到普遍应用，这个时期也可以称为网络安全发展时期。信息安全除关注机密性、可控性、可用性，还要防止信息被非法篡改以及确定网络信息来源真实、可靠，提出了完整性、不可否认性要求，形成了信息安全的5个安全属性，即机密性、完整性、可控性、可用性和不可否认性。信息安全阶段的信息安全不仅指对信息的保护，也包括对信息系统的保护和防御，主要保障措施有安全操作系统、防火墙、防病毒软件、漏洞扫描、入侵检测、公钥基础设施、VPN和安全管理等。

（4）信息保障阶段

20世纪90年代后期，随着信息安全越来越受到各国的重视，以及信息技术本身的发展，人们更加关注信息安全的整体发展及在新型应用下的安全问题。1995年，美国提出了信息保障（Information Assurance，IA）概念，确保信息和系统的机密性、完整性、可认证性、可用性和不可否认性的保护和防范活动，通过综合保护、检测和反应来提高信息系统的恢复能力。这个阶段的安全措施包括技术安全保障体系、安全管理体系、人员意识/培训/教育、认证等。美国1998年发布的《信息保障技术框架》是进入信息保障阶段的标志。

（5）网络空间安全阶段

2009年在美国的带动下，世界信息安全政策、技术和实践等发生重大变革。网络安全问题上升到关乎国家安全的重要地位。从传统防御的被动信息保障，发展到主动威慑为主的防御、攻击和情报三位一体的网络空间/信息保障（Cyber Security/Information Assurance，CSIA）的网络空间安全，包括网络防御、网络攻击、网络利用等环节。

当前，全球已经步入信息化社会，信息安全关系到一个国家的经济、社会、政治以及国防安全，成为影响国家安全的基本因素。信息安全的战略地位已成为世界各国的共识，美国、俄罗斯、英国、德国、日本等国纷纷针对国家信息安全战略问题进行专门的研究，以不断地完善本国的信息安全保障体系。

4. 安全威胁

安全威胁是指对安全的潜在危害。信息安全威胁是指对信息资源的机密性、完整性、可用性、可控性及不可否认性等方面所造成的危险。

安全威胁可能来自各个方面，影响和危害信息系统安全的因素可分为自然和人为两类。自然因素包括各种自然灾害，如水、火、雷、电、风暴、烟尘、虫害、鼠害、海啸和地震等；系统的环境和场地条件，如温度、湿度、电源、地线和其他防护设施不良所造成的威胁，电磁辐射和电磁干扰的威胁；硬件设施自然老化、可靠性下降的威胁等。人为因素又分为无意和故意。无意破坏包括由于操作失误、意外损失、编程缺陷、意外丢失、管理不善等行为造成的破坏；故意破坏包括敌对势力的攻击和各种计算机犯罪等造成的破坏。

在网络信息系统中，通常包括信息泄露、完整性破坏、业务拒绝以及非授权使用这4种基本安全威胁。

（1）信息泄露，是指未经授权的实体（用户或程序）获取了传递中或存储的信息，造成了信息泄露，破坏信息的机密性。这种威胁主要来自窃听、搭线等信息探测攻击。

（2）完整性破坏，是指通过非授权的增加、修改或破坏而使信息的完整性遭到损坏。

（3）业务拒绝，是指阻止合法的网络用户对信息资源的正常使用，妨碍合法用户获取服务或信息传递等。

（4）非授权使用，是指资源被非授权的人使用，或者资源被合法用户以非授权的方式使用。

安全威胁之所以存在，有网络自身安全缺陷的因素，也有人员、技术、管理方面的原因。总结起来，主要包括以下几个方面。

（1）网络本身存在安全缺陷。Internet 从建立开始就缺乏安全的总体构想和设计；TCP/IP 协议簇是在可信环境下为网络互联专门设计的，缺乏安全方面的考虑。

（2）各种操作系统都存在安全问题。操作系统是一切软件运行的基础，操作系统自身的不安全性、系统开发设计的不周而留下的漏洞，都会给网络安全留下隐患。

（3）网络的开放性。所有信息和资源通过网络共享，远程访问也为各种攻击提供了更方便的途径。此外，主机上的用户之间彼此信任的基础是建立在网络连接之上的，容易被假冒。

（4）用户（恶意的或无恶意的）和软件的非法入侵。入侵网络的用户也称为攻击者，攻击者可能是某个无恶意的人，其目的仅仅是破译和进入计算机系统，既不破坏计算机系统，也不窃取系统资源；或者是某个心怀不满的雇员，其目的是对计算机系统实施破坏；也可能是一个犯罪分子，其目的是非法窃取系统资源，对数据进行未授权的修改或破坏计算机系统。

13.1.2　影响信息安全的因素

1．传统互联网自身的安全问题

互联网自 1968 年诞生至今，其开放和广泛互联、互通的本质特点促进了以互联网为代表的信息技术日新月异的螺旋式发展。互联网是一个公共的平台，敏感信息、隐私信息以及需要付费才能分发的信息，在解决信源与完整性认证以及传输安全的前提下，借助互联网广泛互联、互通的信道，就可以实现安全可控的信息传播。合理有效地使用互联网，可以大幅度减少专网建设，但是互联网的开放性不可避免地存在安全隐患。现有的互联网治理技术和规则不能完全地抑制网络犯罪、黄色信息传播、个人隐私泄露和信息假冒等。此外，借助互联网的监听、攻击和恐怖主义活动等也已成为全球公害。

2．大数据时代面临的安全问题

通常，大数据（Big Data）指数量级在 PB、EB、ZB 的海量数据。据统计，2020 年全球数据总量约为 40ZB。大数据是互联网及其延伸所带来的无处不在的信息技术应用与信息技术的不断廉价化所产生的结果。通过对海量数据的获取/存储、筛选/清洗/标记、集成/综合/描述、分析/建模、推理等环节，即可实现潜在价值的挖掘利用。大数据正日益成为国家基础性战略资源，广泛应用于众多领域和行业。

大数据具有 4V 的显著特征，被广泛应用于社交网络和民生服务中。大数据技术的战略意义不在于掌握庞大的数据信息，而在于对数据进行专业化加工处理，将其转化为更有价值的信息，从而实现数据的增值。事实上，通过大数据的关联挖掘分析，即可整合原来那些独立的数据，呈现出更有价值的信息。

当我们在用大数据分析和数据挖掘获取商业价值的时候，也面临许多安全问题。例如，人们在互联网上的一言一行都掌握在互联网商家手中，包括购物习惯、好友联络情况、阅读习惯、检索习惯等。多项实际案例说明，即使无害的数据被大量收集后，也可能导致个人隐私泄露。大数据的主要特征将带来规模、性能、安全和能耗等方面的挑战。另外，大数据还面临大量冗余与局部缺失并存，决策更加困难；海量数据关联分析威胁用户隐私；数据并发量大，海量用户随机交叉请求等问题。

3．云计算带来的信息安全威胁

云计算是分布式处理、并行处理、网格计算、网络存储及大型数据中心的进一步发展和商业实现。它将数据计算分布在互联网的大规模服务器集群上，用户根据需求访问计算机和存储系统，对信息服务进行统一建设和管理，用户按需使用、按量付费。

云计算以服务为基础，利用资源聚合和虚拟化、应用服务和专业化、按需供给和灵活使用的业务模式，并通过 IaaS、PaaS、SaaS 等服务模式完善泛在网络环境下的信息传播方式，使得通过网络访问系统的信息化发展目标更容易实现。以云计算为代表的信息技术深刻地改变了人们的生产、工作、学习和生活方式。目前，云计算被广泛应用于如电子政务、网上购物、社交网络等领域。

云计算使得信息资源高度集中，由此带来信息安全的风险效应被空前放大。云平台的安全性问题越来越严峻，云服务日益成为网络攻击的重点目标；云计算使得信息所有权和控制权出现分离，云平台的可信性一直是薄弱点，云平台的数据安全保护问题尚未引起足够的重视；云服务商对用户信息的侵犯成为被忽略的角落；云平台的可控性往往是安全管理的死角，云平台的安全审核和管理机制不够健全。

4．移动互联网带来的安全问题

移动互联网以互联网技术为基础，以智能终端为收发信息的端点设备，解决了互联网随机/随地接入的"最后一千米/一米"问题。并且，随着以智能手机为代表的智能移动终端因其价格低、功能全、服务广等特征而广泛普及，将移动通信技术与互联网技术充分融合，形成了移动社交、移动支付、移动医疗等多种新的业务模式。

在移动通信技术发展过程中，2G 技术实现了机卡分离和数字通信；支持 3G 技术的智能手机预装操作系统，可以实现个性化定制服务，移动互联网初步成型；4G 技术集 3G 技术与 WLAN 于一体，带宽大幅提高，移动互联网新服务模型和业务不断涌现；5G 技术以超过 10Gbit/s 的网络传输速度为用户提供更加优质的服务，可满足超高清视频通信、多媒体交互、移动工业自动化、车辆互联等各种应用需求，已成为公认的解决移动网络支撑的最佳解决方案，同时也是全球移动通信领域的研究热点和技术竞争焦点。

然而，终端直通（Device-to-Device，D2D）等信息传播方式的广泛应用使得合法技侦、监测、管控等更加困难。同时，在面临技术方案彻底革新的更新换代压力，以及用户的海量并发请求、高速流量和实时性等要求的严峻挑战下，现有安全防护系统将因性能低而不可用。并且，随着移动互联网的发展，移动终端因其能够随时随地提供获取访问信息的便利性也得到了快速发展并被广泛使用。移动终端越来越智能化，功能越来越强大，在给用户带来便利的同时，也带来功能不可控的安全问题，如未经用户允许违规收集智能终端本地的通讯录、短信、照片、音频、视频及 App 上的用户信息，擅自调用终端通信功能造成流量耗费、通信费用损失、信息泄露等，严重损害了用户的合法权益。移动终端作为移动互联网时代最主要的载体，也面临着严峻的安全挑战。

5．物联网技术的应用带来的安全问题

相对于互联网和移动互联网用于实现人与人之间的信息交互和共享，物联网则旨在实现更大维度的人和物、物和物之间的信息交互和共享。物联网通过端节点实现信息感知以及安

全控制，将大量传感器整合为自治的网络，其自治网络也可以借助互联网架构以及云计算等信息服务基础设施实现广泛的信息传播，从而实现对物理世界的动态协同感知。物联网将广泛应用于工业控制、智慧城市、医疗康复、老人看护等各个方面。

云计算的应用正在使人们的信息暴露得越来越多，而物联网则进一步增加了数据量和数据收集点的数量，每个节点都可能造成敏感信息泄露。在末端设备或 RFID 持卡人不知情的情况下，信息可能被读取。由于物联网连接和处理的对象主要是设备或物品的相关数据，其所有权特性导致物联网信息安全要求比以处理文本为主的互联网更高，对隐私权保护的要求也更高。

6．自媒体等信息传播新形式的发展带来的安全问题

随着互联网技术的进步，博客、微博、微信等自媒体的出现颠覆性地改变了传统的信息传播方式。自媒体传播的多元化、复杂化，自媒体舆情的自由化、无序化，使得信息可以快速传播，并带来舆情难以监控的安全问题。自媒体中潜在的网络风险是世界性的难题，甚至能够冲击现有的政治秩序和危害社会稳定。

13.2　计算机病毒与网络攻击

13.2.1　计算机病毒及其防范

从单机操作开始，计算机病毒的危害性已被大多数人所共知。在计算机网络广泛使用的今天，计算机病毒几乎遍及每一台计算机，只是所造成的危害不同而已。就像每一个人会不同程度地存在一些不健康因素一样，每一台计算机都面临着病毒的侵害。

1．计算机病毒的概念

计算机病毒（Virus）的传统定义是指人为编制或在计算机程序中插入的破坏计算机功能或毁坏数据、影响计算机使用并能自我复制的一组计算机指令或程序代码。现在计算机病毒的定义已远远超出了上述定义，其中破坏的对象不仅仅是计算机，同时还包括交换机、路由器等网络设备；影响的不仅仅是计算机的使用，同时还包括网络的运行性能。就像许多生物病毒具有传染性一样，绝大多数计算机病毒具有独特的复制能力和感染良性程序的特性。借助计算机网络，计算机病毒可以快速蔓延，一旦某一病毒发作，将很难进行控制和根除。计算机病毒将其自身附着在各种类型的文件上，如可执行文件、图片文件、电子邮件等。当附有计算机病毒的文件被复制或从一台主机传送到另一台主机时，它们就随文件一起蔓延开来。目前，计算机病毒已成为网络安全的主要威胁之一。

种类繁多的计算机病毒将导致计算机或网络系统瘫痪，程序和数据严重破坏；使网络产生阻塞，运行效率大大降低；使计算机或网络系统的一些功能无法正常使用；使电子银行、电子政务等网上信息交换存在欺骗性等诸多影响。层出不穷的计算机病毒活跃在网络的每个角落，如冲击波（Blaster）、震荡波（Shockwave）、灰鸽子、QQ 尾巴、网游盗号木马、熊猫烧香病毒等，给用户的正常工作造成了严重威胁。

2．计算机病毒的特征

计算机或网络病毒本身也是一个或一段计算机程序，只是该程序是用来破坏计算机系统或影响计算机系统正常运行的"恶性"程序。从计算机病毒的本质来看，它具有以下几个明显特征。

（1）非授权可执行性

通常用户在调用并执行一个程序时，系统会将控制权交给这个程序，并分配给该程序相应的系统资源（如内存等），从而使之能够运行，满足用户的需求。因此，程序执行的过程对用户是透明的。而计算机病毒是非法程序，不过正常用户不知道该程序是病毒程序，从而像调用正常的程序一样调用并执行它。但由于计算机病毒具有正常程序的可存储性及可执行性，计算机病毒隐藏在合法的程序或数据中，用户运行正常程序时，病毒便会伺机窃取到系统的控制权，并抢先运行。然而，此时用户还认为在执行正常程序。

（2）隐蔽性

计算机病毒是一种由编程人员编写的短小精悍的可执行程序。它通常附着在正常程序或磁盘的引导扇区中，同时也会存储在表面上看似损坏的磁盘扇区中，因此计算机病毒具有隐蔽性。计算机病毒无论是在存储还是传播途径上都会想方设法地隐藏自己，以尽量避开用户或查病毒软件。

（3）传染性

传染性是计算机病毒最重要的特征，也是各类病毒查杀软件判断一段程序代码是否为计算机病毒的一个重要依据。病毒程序一旦侵入计算机系统，就开始搜索可以传染的程序或磁介质，然后通过自我复制迅速进行传播。由于目前计算机网络的应用非常广泛，这就使计算机病毒可以在极短的时间内传播到其他的计算机上。尤其是 Internet 的应用，更为计算机病毒的传播提供了全球性的高速通道。

（4）潜伏性

计算机病毒具有依附于其他程序的能力，所以计算机病毒具有寄生能力。将用于寄生计算机病毒的程序（良性程序）称为计算机病毒的宿主。依靠病毒的寄生能力，计算机病毒在传染良性程序后，有时不会马上发作，而是隐藏一段时间后在一定的条件（如时间）下开始发作。这样，病毒潜伏得越隐蔽，它在系统中存在的时间也就越长，病毒传染的范围越广，其危害性也就越大。

（5）破坏性

无论是何种病毒程序，一旦侵入计算机系统，都会对操作系统的运行造成不同程度的影响。即使不直接产生破坏作用的病毒程序也要占用系统的资源（如内存空间、磁盘存储空间等）。而绝大多数病毒程序在运行时要显示一些文字或图像，会影响系统的正常运行。还有一些病毒程序会删除系统中的文件，或加密磁盘中的数据，甚至摧毁整个系统，使系统无法恢复，造成无法挽回的损失。因此，病毒程序轻则降低系统的运行效率，重则导致系统崩溃或数据丢失。计算机病毒的破坏性体现了绝大多数计算机病毒设计者的真正意图。

（6）可触发性

计算机病毒一般有一个或几个触发条件，当满足触发条件后计算机病毒便会开始发作。触发的实质是一种条件的控制，病毒程序可以依据设计者的要求，在一定条件下实施攻击，这个条件可以是输入的特定字符、特定文件、特定日期或特定时刻，也可以利用病毒内置的计数器实现触发。

3．计算机病毒的分类

有些病毒被设计为通过损坏程序、删除文件或重新格式化硬盘损坏计算机；有些病毒不损坏计算机，而只是复制自身，并通过显示文本、视频和音频消息表明它们的存在。即使是良性病毒也会给计算机用户带来影响。通常它们会占用合法程序使用的计算机内存，使正常的程序运行产生异常，甚至导致系统崩溃。另外，许多病毒包含大量错误，这些错误可能导致系统崩溃和数据丢失。目前可识别的计算机病毒可以分为以下5类。

（1）文件传染源病毒

文件传染源病毒感染程序文件。这些病毒通常感染可执行文件，如.com和.exe文件等，当受感染的程序在软盘、U盘或硬盘上运行时，可以感染其他文件。这些病毒中有许多是内存驻留型病毒。内存受到感染之后，运行的任何未感染的可执行文件都会受到感染。已知的文件传染源病毒有Jerusalem、Cascade等。

（2）引导扇区病毒

引导扇区病毒感染磁盘的系统区域，即U盘和硬盘的引导记录。所有U盘和硬盘（包括仅包含数据的磁盘）的引导记录中都包含一个小程序，该程序在计算机启动时运行。引导扇区病毒将自身附加到磁盘的这一部分，并在用户试图从受感染的磁盘启动时激活。这些病毒本质上通常都是内存驻留型病毒。大部分引导扇区病毒是针对DOS操作系统编写的，但所有计算机（无论使用什么操作系统）都是此类病毒的潜在目标，只要试图用受感染的U盘启动计算机就会被感染。此后，由于病毒存在于内存中，因此访问U盘时，所有未写保护的U盘都会受到感染。引导扇区病毒有Form、Diss Killer、Michelangelo、Stoned等。

（3）主引导记录病毒

主引导记录病毒是内存驻留型病毒，它感染磁盘的方式与引导扇区病毒类似。这两种病毒的区别在于病毒代码的位置。主引导记录感染源通常将主引导记录的合法副本保存在另一个位置，受到引导扇区病毒或主引导扇区病毒感染的Windows NT/2000/2003计算机将不能启动，这是由于Windows NT/2000/2003操作系统访问其引导信息的方式与Windows 9x不同。早期，如果Windows NT使用FAT分区格式化，通常可以通过启动DOS系统，并使用防病毒软件清除病毒。如果引导分区是NTFS，则必须使用3张Windows NT安装盘才能恢复系统。不过，现在的DOS启动可以同时支持FAT和NTFS两种方式。主引导记录病毒有NYB、AntiExe、Unashamed等。

（4）复合型病毒

复合型病毒同时感染引导记录和程序文件，并且被感染的记录和程序较难修复。如果清除了引导区，但未清除文件，则引导区将再次被感染。同样，只清除受感染的文件也不能完全清除该病毒。如果未清除引导区的病毒，则清除过的文件将被再次感染。复合型病毒有One_Half、Emperor、Anthrax、Tequilla等。

（5）宏病毒

宏病毒是目前最常见的病毒类型，它主要感染数据文件。随着Microsoft Office 97的Tisual Basic的出现，编写的宏病毒不仅可以感染数据文件，还可以感染其他文件。宏病毒可以感染Microsoft Office Word、Excel、PowerPoint和Access文件。目前，这类新威胁也出现在其他程序中。这类病毒都使用其他程序的内部程序设计语言，能够在该程序内部自动执行某些任务。这些病毒很容易创建，现在传播着的有几千种，曾经广泛流行的宏病毒主要有W97M.Melissa、Macro.Melissa、WM.NiceDay、W97M.Groov等。

4．计算机病毒的防范

（1）更新系统补丁

更新系统补丁的目的之一是堵住系统的漏洞。很多病毒都是利用系统存在的不同漏洞来入侵并发作的，所以及时更新补丁对于防范病毒是非常重要的。

针对 Windows 操作系统的漏洞，各种杀毒软件一般都提供了漏洞扫描功能，同时也有一些专门的漏洞扫描软件。但是，最有效和方便的方法是利用 Windows 操作系统自带的 Windows Update 补丁管理工具来为系统安装补丁程序。对于企业用户，可以部署补丁更新服务器，对局域网内部的计算机统一更新系统补丁。

Windows Update 分为在线更新和自动更新两种方法。对于单位的网络管理人员来说，由于管理的机器较多，可能忘记给每一台机器及时地安装补丁程序，这时就可以使用自动更新功能。系统会在用户指定的时间自动到 Windows Update 网站下载并安装最新的补丁程序。

（2）加强对系统账户名称及密码的管理

现在的一些病毒已经具备了攻击者程序的一些功能，有些病毒会通过暴力破解的方法来获得系统管理员的账户名称和密码，从而以系统管理员身份入侵系统，并对其进行破坏。为此，我们必须加强对系统管理员账户及密码的管理。

Windows 2000/XP 及以上版本的操作系统，默认的系统管理员账户名称为 Administrator，为了防止蠕虫轻而易举地获得该账户名称，建议用户将 Administrator 进行更名（如 Admin-jsnj）。

为了加强系统的安全性，Windows Server 2003 及以上版本的服务器操作系统对账户密码设置进行了严格要求，但 Windows 个人桌面操作系统并没有提供此功能。为此，对于 Windows 个人计算机来说，必须加强对账户密码的管理。对于密码的设置，建议使用"四维空间"规则，"四维空间"分别为小写字母、大写字母、数字和特殊字符（如&、/等）4 类符号，即每个账户的密码中应同时包括这 4 类符号，同时密码的长度应在 8 位以上。

据相关统计数据，一个密码前 6 位的安全性是非常重要的。为此，建议用户在设置密码尤其是系统管理员账户的密码时，其前 6 位要使用"四维空间"规则。另外，如果没有特殊要求，建议不要在系统中创建太多的账户，尤其是与 Administrator 具有相同权限的管理员账户。对于 Guest 账户，在不需要的时候可将其停用或直接删除。但是，有些时候 Guest 账户是不能停用的，如设置了文件共享时，就需要用户 Guest 账户，否则其他用户将无法访问该共享文件。

（3）取消对"隐藏已知文件类型的扩展名"的选取

在局域网中传播的许多脚本病毒会将自己伪装成脚本文件，例如病毒文件 love.jpg 文件在传播之前为了避开杀毒软件的扫描，便将其修改为双扩展名的文件 love.jpg.vbs，而脚本文件*.vbs 系统默认是隐藏起来的，这样脚本病毒也就"骗过"了用户的检查。为此，在手动清除这类双扩展名的脚本病毒文件时，首先要取消系统默认的隐藏扩展名的设置。具体操作方法为：在打开的文件夹中，选择"工具→文件夹选项→查看"，在对话框中，取消对"隐藏已知文件类型的扩展名"的选取，然后单击"确定"按钮即可。

13.2.2　网络攻击及其防范

1．网络攻击的概念

网络攻击是一个广义上的概念，它是指任何威胁和破坏计算机或网络系统资源的行为，例如非授权访问或越权访问系统资源、搭线窃听网络信息等。具有入侵行为的人或主机称为入侵者。一个完整的入侵攻击包括入侵准备、攻击、侵入实施等过程。而攻击是入侵者进行入侵所采取的技术手段和方法，入侵的整个过程都伴随着攻击，有时也把入侵者称为攻击者。

其实，在整个网络行为中，入侵和攻击仅仅是在形式和概念描述上有所不同，其实质基本上是相同的。对计算机和网络系统而言，入侵与攻击没有本质的区别，入侵伴随着攻击，攻击的结果就是入侵。例如，在入侵者没有侵入目标网络之前，会采取一些方法或手段对目标网络进行攻击。当攻击者侵入目标网络之后，入侵者利用各种手段窃取和破坏别人的资源。

从网络安全角度看，入侵和攻击的结果都是一样的。一般情况下，入侵者或攻击者可能是攻击者、破坏者、间谍、内部人员、被雇用者、计算机犯罪者等。攻击时，其所使用的工具（或方法）可能是电磁泄漏、搭线窃听、程序或脚本、软件工具包、自治主体（能独立工作的小软件）、分布式工具、用户命令或特殊操作等。

2．网络攻击的手段

入侵者（或攻击者）所采用的攻击手段主要有以下 8 种特定类型。

（1）冒充。将自己伪装成合法用户（如系统管理员），并以合法的形式攻击系统。

（2）重发。攻击者首先复制合法用户所发出的数据（或部分数据），然后进行重发，以欺骗接收者，进而达到非授权入侵的目的。

（3）篡改。通过采取秘密方式篡改合法用户所传送数据的内容，实现非授权入侵的目的。

（4）拒绝服务。中止或干扰服务器为合法用户提供服务或抑制所有流向某一特定目标的数据。

（5）内部攻击。利用其所拥有的权限对系统进行破坏活动。这是最危险的类型，据有关资料统计，80%以上的网络攻击及破坏与内部攻击有关。

（6）外部攻击。通过搭线窃听、截获辐射信号、冒充系统管理人员或授权用户、设置旁路躲避鉴别和访问控制机制等各种手段入侵系统。

（7）陷阱门。首先通过某种方式侵入系统，然后安装陷阱门（如植入木马程序），并通过更改系统功能属性和相关参数，使入侵者在非授权情况下能对系统进行各种非法操作。

（8）特洛伊木马。这是一种具有双重功能的客户/服务体系结构。特洛伊木马系统不但拥有授权功能，而且拥有非授权功能，一旦建立这样的体系，整个系统便被占领。

3．网络攻击的防范

（1）正确配置防火墙

确保防火墙处于活动状态，配置正确。此外，确保对用户的 IoT 设备进行细分，并将它们放在用户的网络上，以免它们感染个人或商业设备。安装防病毒软件，保持软件更新，更新包含重要更改，以提高计算机上运行的应用程序的性能、稳定性和安全性。

（2）增强密码的设置

由于密码不太可能很快消失，因此个人应该采取一些措施来强化密码。例如，密码短语已经被证明更容易跟踪并且更难以破解。密码管理器（如 LastPass、KeePass、1password 和其他服务）也可用于跟踪密码并确保密码安全。

（3）确保用户在安全的网站上

输入个人信息以完成金融交易时，留意地址栏中的"https://"，其中的"s"代表"安全"，表示浏览器和网站之间的通信是加密的。当网站得到适当保护时，大多数浏览器都会显示锁定图标或绿色地址栏。如果使用的是不安全的网站，最好避免输入任何敏感信息。

采用安全的浏览器。现在的主流网络浏览器（如 Chrome、Firefox）都包含一些合理的安全功能和有用的工具，但还有其他方法可以使浏览更加安全。例如经常清除缓存，避免在网站上存储密码，不要安装可疑的第三方浏览器扩展，定期更新浏览器以修补已知漏洞，并尽可能限制对个人信息的访问。

（4）加密敏感数据

无论是商业记录还是个人纳税申报表，都应该将这类敏感的数据加密。加密可确保没有密码的人不能访问文件。

（5）避免将未加密的个人或机密数据上传到在线文件共享服务

谷歌云端硬盘和其他文件共享服务非常方便，但它们代表威胁的另一个潜在攻击面。将数据上载到这些文件共享服务器时，需在上载数据之前加密数据。很多云服务提供商都提供了安全措施，但威胁参与者可能不需要入侵用户的云存储以造成伤害。威胁参与者可能会通过弱密码、糟糕的访问管理、不安全的移动设备或其他方式访问用户的文件。

（6）注意访问权限

了解谁可以访问哪些信息非常重要。例如，不在企业财务部门工作的员工不应该访问财务信息，对于人力资源部门以外的人事数据也是如此。强烈建议不要使用通用密码进行账户共享，并且系统和服务的访问权限应仅限于需要它们的用户，尤其是管理员级别的访问权限。例如，应该注意不要将公司计算机借给公司外的任何人。如果没有适当的访问控制，公司的信息很容易受到威胁。

（7）了解 WiFi 的漏洞

不安全的 WiFi 网络本身就很脆弱，要确保家庭和办公室网络受密码保护并使用最佳可用协议进行加密。此外，要更改默认密码。最好不要使用公共或不安全的 WiFi 网络来开展任何金融业务。如果计算机上有敏感材料，最好不要连接 WiFi。使用公共 WiFi 时，最好使用 VPN 客户端。将物联网设备风险添加到家庭环境时，要注意这些风险。建议在自己的网络上进行细分。

（8）了解电子邮件的漏洞

小心通过电子邮件分享个人或财务信息，这包括信用卡号码（或 CVV 号码）及其他机密或个人信息。注意电子邮件诈骗，常见的策略包括拼写错误、创建虚假的电子邮件、模仿公司高管等。这些电子邮件通常在仔细检查之前有效。除非能够验证来源的有效性，否则永远不要相信要求汇款或从事其他异常行为的电子邮件。如果要求他人进行购物、汇款或通过电子邮件付款需要提供密码时，强烈建议使用电话或文本确认。

13.2.3　信息安全防护典型案例

2013 年 6 月，美国中央情报局前雇员斯诺登曝光了美国不顾个人隐私权，以保护国家安全为由对全球多国公民个人数据进行监控，严重侵害公民隐私权的行为。美国国家安全局自 2007 年起就开始实施一项名为"棱镜计划"的绝密电子监听计划，其中包括两个秘密监视项目，一是监视、监听民众电话的通话记录，二是监视民众的网络活动。美国情报机构直接利用微软、雅虎、谷歌、Facebook、PalTalk、AOL、Skype、YouTube、苹果等大型互联网公司的中央服务器进行数据挖掘工作，从音频、视频、图片、邮件、文档，以及连接信息中分析个人的联系方式与行动。监控的信息包括电子邮件、即时消息、视频、照片、存储数据、语音聊天、文件传输、视频会议、登录时间以及社交网络资料等内容。"棱镜门"事件暴露了美国情报机关正在利用大数据技术，对全球通信系统和互联网实行全面的实时监控，进行大数据采集、挖掘、分析、关联，凸显了当今网络空间战的激烈，同时也引发了世界信息安全危机。

针对计算机网络信息安全受到多方面威胁的现实情况，为保障网络信息安全，需要使用多种安防技术、安防设备，具体包括企业部署 IPv6 网络、使用 WAF（Web Application Firewall，网站应用级入侵防御系统）防火墙和入侵检测系统、安装防病毒软件系统。

1. 部署 IPv6 网络

IPv6 网络协议设计之初就把安全性考虑在内，IPSec 是 IPv6 网络安全协议，可以在网络层有效保护 IP 数据包的安全。IPSec 分别使用加密块链接模式和哈希函数鉴别技术进行数据包的加密和身份验证，可以有效解决 IPv4 网络中存在的安全问题。企业用户可以根据运营商提供的网络类型确定其组网方式，对于 IPv4、IPv6 网络，可以选择多种方式互通，包括使用隧道技术、协议转换技术等。对于与 IPv6 网络互访，可以选择直接互通、IPv6 over IPv4 隧道技术，与 IPv4 网络互访，可以选择协议转换器、NAT 技术，具体组网模式如图 13.1 所示。

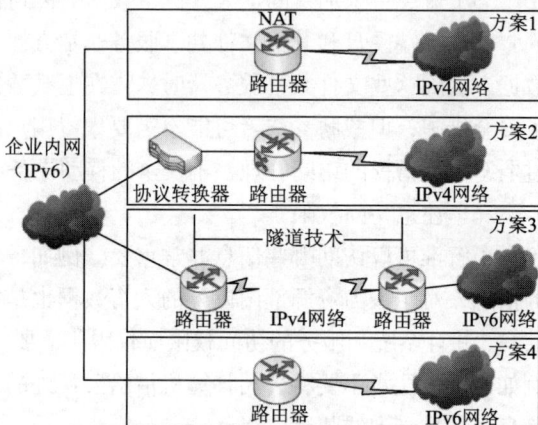

图 13.1　组网模式

2. 部署防火墙与入侵检测系统

传统的防火墙只能探测到网络层面的攻击，无法感知应用层面攻击。Web 防火墙是一种应用层防火墙，除了具备网络防火墙的所有功能，还能够对流经数据内容进行过滤，有效阻断对终端的恶意访问与非法操作。此外其还能防止病毒以及恶意的 Java Applet 代码，在应用层确保服务器不受攻击，确保信息安全。除此之外，防火墙配合入侵检测系统，可以动态拦截入侵内网行为。入侵检测系统以旁路接入的方式实时监控和检测网络中的数据，并根据内置规则判断数据是否合法。如果检测到非法攻击数据，则入侵检测系统会将信息加密后发至防火墙，防火墙根据入侵检测系统发来的信息建立阻断规则，阻止攻击者的非法入侵，确保网络信息安全。

13.3　相关法律法规与职业道德

13.3.1　计算机使用安全原则

（1）不要随便尝试不明的或不熟悉的计算机操作步骤。遇到计算机发生异常而自己无法解决时，应立即通知网络管理员，请专业人员解决。

（2）不要随便运行或删除计算机上的文件或程序。不要随意修改计算机参数等。

（3）不要随便安装或使用不明来源的软件或程序。不要随意开启来历不明的电子邮件或电子邮件附件。

（4）定期更换密码（每一个月为一个更改周期），如发现密码已泄露，就尽快更换。预设的密码及由别人提供的密码应不予采用。

（5）定期使用杀毒程序扫描计算机系统。对于新的软件、档案或电子邮件，应先使用杀毒软件扫描，检查是否带有病毒、有害的程序代码，进行适当的处理后才可开启使用。

（6）先以加密技术保护敏感的数据文件，然后通过互联网进行传送。在适当的情况下，利用数字证书为信息及数据加密或加上数字签名。

（7）关闭电子邮件所带的自动处理电子邮件附件功能，关闭电子邮件应用系统或其他应用软件中可自动处理的功能，以防计算机病毒入侵。

13.3.2　与信息安全相关的法律法规

1. 国外信息安全法律法规

自从 1973 年瑞典率先在世界上制定第一部含有计算机犯罪处罚内容的法律《瑞典国家数据保护法》，迄今已有数十个国家相继制定、修改或补充了惩治计算机犯罪的法律，其中既包括已经迈入信息社会的发达国家，也包括正在迈向信息社会的发展中国家。根据归纳，各国对计算机犯罪的立法主要采取了两种方案：一种是制定计算机犯罪的专项立法，如美国、英国等，美国的计算机犯罪立法最初是从州开始的。1978 年，佛罗里达州率先制定了计算机犯罪法，随后其他各州纷纷起而效之。另一种是通过修订法典，增加规定有关计算机犯罪的内容，如法国、俄罗斯等。目前，世界多数国家均颁布了有关信息安全的法律法规。

2. 我国信息安全法律法规

我国信息安全法律法规体系建设是从 20 世纪 80 年代开始的。1994 年 2 月颁布的《中华人民共和国计算机信息系统安全保护条例》赋予公安机关行使对计算机信息系统的安全保护工作的监督管理职权。1995 年 2 月颁布的《中华人民共和国人民警察法》明确了公安机关具有监督管理计算机信息系统安全的职责。我国有关信息安全的立法原则是重点保护、预防为主、责任明确、严格管理和促进社会发展。

我国的信息安全立法工作发展较快，我国现行法律法规中，与信息安全有关的已有近百部，它们涉及网络与信息系统安全、信息内容安全、信息安全系统与产品、保密及密码管理、计算机病毒与危害性程序防治、金融等特定领域的信息安全、信息安全犯罪制裁等多个领域，初步形成了我国信息安全的法律法规体系。

目前，我国信息安全法律法规体系主要由 6 个部分组成，分别是法律、行政法规、部门规章和规范性文件、地方性法规、地方政府规章和司法解释。这些法律由不同的立法机构制定，因此，它们的法律效力层次是不同的，根据立法层次不同，也可以将我国网络安全立法体系框架分为 4 个层面：法律、行政法规、地方性法规和规章。

（1）法律层面

我国现行网络安全相关法律主要有《中华人民共和国治安管理处罚法》《中华人民共和国刑事诉讼法》《中华人民共和国国家安全法》《中华人民共和国保守国家秘密法》《中华人民共和国行政处罚法》《中华人民共和国行政诉讼法》《中华人民共和国电子签名法》等。

1997 年，《中华人民共和国刑法》除了分则规定的大多数犯罪罪种（包括危害国家安全罪，危害公共安全罪，破坏社会主义市场经济秩序罪，侵犯公民人身权利、民主权利罪，侵犯财产罪，妨害社会管理秩序罪等）适用于利用计算机网络实施的犯罪以外，还专门在第二百八十五条和第二百八十六条分别规定了非法侵入计算机信息系统罪及破坏计算机信息系统罪，共两条四款。

（2）行政法规层面

我国与网络安全相关的行政法规主要有《中华人民共和国计算机信息系统安全保护条例》《中华人民共和国计算机信息网络国际联网管理暂行规定》《商用密码管理条例》《中华人民共和国电信条例》《互联网信息服务管理办法》《计算机软件保护条例》等。其中，《计算机信息系统安全保护条例》是我国第一部涉及计算机信息系统安全的行政法规，赋予"公安部主管全国计算机信息系统安全保护工作"的职能。主管权体现在：①监督、检查、指导权；②计算机违法犯罪案件查处权；③其他监督职权。该条例还规定了计算机信息系统安全保护的基本制度：①计算机信息系统建设和使用制度；②安全等级保护制度；③计算机机房及其环境管理制度；④国际联网备案制度；⑤计算机信息系统使用单位的安全管理制度；⑥信息媒体进出境申报制度；⑦案件强制报告制度；⑧计算机病毒防治专管制度；⑨对计算机信息系统安全专用产品的销售实行许可证制度。

（3）地方性法规层面

省、自治区、直辖市的人民代表大会及其常务委员会根据本行政区域的具体情况和实际，在不与上述法律、行政法规相抵触的前提下，可以制定与网络安全相关的地方性法规，例如，《广东省计算机信息系统安全保护管理规定》《广东省计算机信息系统安全保护管理规定实施细则》《四川省计算机信息系统安全保护管理办法》等。

（4）规章层面

国务院各部委、中国人民银行、审计署和具有行政管理职能的直属机构，可以根据国家法律和国务院的行政法规、决定、命令，在本部门的权限范围内制定与网络安全相关的规章。我国网络安全相关的主要现行规章包括《计算机信息系统保密管理暂行规定》《计算机信息系统国际联网保密管理规定》《涉及国家秘密的通信、办公自动化和计算机系统审批暂行办法》《涉密计算机信息系统建设资质审查和管理暂行办法》《关于加强政府上网信息保密管理的通知》《信息安全等级保护管理办法》《计算机信息系统安全专用产品检测和销售许可证管理办法》《计算机病毒防治管理办法》《计算机信息网络国防联网安全保护管理办法》《互联网电子公告服务管理规定》《计算机信息系统集成资质管理办法》《国际通信出入口局管理办法》《国际通信设施建设管理规定》《中国互联网络域名管理办法》《电信网间互联管理暂行规定》等。此外，还有中国人民银行和公安部共同制定的《金融机构计算机信息系统安全保护工作暂行规定》，教育部制定的《中国教育和科研计算机网暂行管理办法》和《教育网站和网校暂行管理办法》等，以上规章均与网络安全相关。

我国信息安全法律法规体系的建立，有效地促进了信息安全工作的有序开展。然而，信息安全是一个多层面、极其复杂的问题，不仅涉及技术领域，也深入到社会的各个层面，安全技术、安全管理、法律法规以及伦理道德等均与信息安全息息相关。只有信息安全的各个领域、层面不断丰富、完善、发展，才能最大限度地满足人们对信息安全的需求。

13.3.3　信息安全职业道德

职业道德是指同人们的职业活动紧密联系的、具有自身职业特征的道德原则和行为规范。它是社会道德体系的重要组成部分，也是社会主义精神文明建设的重要内容之一，体现了不同行业对社会所承担的道德责任和义务，是社会道德原则和规范在职业生活中的具体体现。职业道德主要表现在职业活动同各方面发生的联系（如职业人员与服务对象的关系、各种职业之间的关系、职业与社会之间的关系等）中，其目的是协调和处理这些关系中彼此之间存在的利益矛盾，如集体利益和国家、社会上的各种利益等，以保证职业活动以及整个社会生活能够正常进行，对人们树立正确的劳动态度、形成良好的职业品质，促进社会主义精神文明的发展，进而促进社会主义现代化建设都具有重要的作用。社会信息化程度越来越高，信息交流的范围不断扩大。计算机应用日益普及，计算机使用的环境也越来越复杂，信息安全问题也就日益突出起来，因此信息安全从业人员都应该遵循有关的道德规范。

（1）首先工作单位应该有安全意识，为职业人员创造信息化的环境，强化信息意识和信息安全道德的职业教育，加强对信息能力方面的培训，把信息素养纳入人才选拔和考核的基本条件；其次，职业人员自身要注意学习，自我提升，掌握计算机软件使用技巧，主动学习信息技术和信息常识，提高对网络信息的敏感度和注意力，提升对信息知识的鉴别、利用能力。

（2）要尊重知识产权，未经允许不要随便复制和散播任何软件和资料。发表信息应该真实，不要欺骗别人，不能捏造虚假新闻，不传播对社会和他人有害的信息，不成为信息垃圾的制造者和传播者。不要肆意攻击他人网站，篡改他人的资料。

（3）在使用信息资源的过程中有自主抵御有毒信息的意识。有毒信息往往混杂在浩瀚的信息资源中，利用信息时代信息传播的便捷"横行霸道"，有的问题会让成千上万的计算机瘫痪，如计算机病毒，有的问题会带来极恶劣的社会影响，如网络暴力。在信息搜集、整理、分析判断、加工处理、表达应用中，应尊重知识产权，注重保护个人隐私、商业机密、国家秘密，维护信息安全。

本章小结

本章简单介绍了信息安全的影响因素、发展历程、基本概念，同时介绍了信息安全素养的培养。学习这些内容可使读者与时俱进，适应社会发展的要求，进一步提升自身的职业道德。

本章重点介绍了信息安全的基本属性、经典的信息安全防护案例、计算机病毒的特点与分类，以及针对网络攻击的防范。通过相关法律法规的讲解，促使从业人员遵守职业若干原则，促进社会发展。

本章习题

1. 什么是信息安全？什么是信息安全的基本属性？
2. 信息安全的发展经历了哪几个阶段？每个发展阶段信息安全的主要特点表现在哪些方面？
3. 什么是防火墙？它的作用是什么？
4. 计算机病毒有哪些种类？针对病毒和网络攻击的防范特点是什么？
5. 信息安全可以应用在哪些领域？它对今天的社会发展和人们的生活方式有什么影响？

第 14 章

信息检索

学习目标

- 掌握信息检索技术及过程。
- 了解常见的中外文数据库检索。
- 掌握图书馆资源使用和 OPAC 检索的方法。
- 了解个人文献管理工具。
- 掌握论文撰写的过程。

本章重点

- 布尔逻辑检索。
- 量资源鉴别与分析。
- 文献传递途径。
- 个人文献管理工具。
- 论文选题及撰写。

信息社会时代，互联网的发展为人们获取信息带来了极大的方便，但也带来了困惑。除人们的主动搜索外，个性推送、他人分享、广告投放等途径都让人们每天被海量资源所包围，但这些信息的准确性、实效性以及来源的合法性等都无法得到保证，这种现象也被称为"信息过载"和"资源迷向"。因此，信息检索就显得尤为重要。如何在这些信息中获取有用的信息，就要求我们掌握科学的信息检索知识和使用技巧，通过信息检索的学习过程，可以有效地提升信息素养所必备的需求分析能力、信息获取能力、信息整理能力、信息分析能力、信息加工能力和信息利用能力，从而为以后的学习、科研和职业发展奠定良好的基础。

14.1　信息检索概述

14.1.1　信息检索的概念

信息检索（Information Retrieval）是指将信息按一定的方式组织和存储起来，并根据特定需要，运用检索工具和检索技术手段找出相关信息的过程。信息检索有广义和狭义两层含义。广义的信息检索又叫"信息存储与检索"（Information Storage and Retrieval），包括信息存储和检索两方面，信息存储指对大量信息进行组织、加工并存储在某种载体上，从而形成信息集合，构成检索的基础；检索是指利用一定的检索工具和检索手段，从信息集合中查找特定的信息，而狭义的信息检索通常是指后一半过程，即从信息集合中找出所需信息的过程。

信息检索根据划分标准可以分为不同的检索类型。

（1）根据检索手段的不同，信息检索可以分为手工检索与计算机检索。手工检索是通过卡片目录、各种工具书等纸质载体为依托的检索方式。计算机检索是指通过数据库、软件技术、网络及通信系统进行的信息检索，又可分为单机检索、联机检索、光盘检索和网络检索等。

（2）根据检索内容的不同，信息检索可以分为数据信息检索、事实数据库检索、书目数据库检索及文献信息检索等。

（3）根据信息的组织方式不同，信息检索可以分为全文检索、超文本检索和超媒体检索等。其中全文检索是计算机信息检索的主要发展方向，它将文献所含的全部信息作为检索内容。

14.1.2　信息检索技术

信息检索技术较多，常用的有布尔逻辑检索、截词检索和位置逻辑检索 3 种，此外还有字段限制检索、自然语言检索等。

1．布尔逻辑检索

布尔逻辑检索（Bool Logical Search）是目前计算机检索中运用最广泛的传统检索技术，它利用布尔逻辑运算符连接不同检索词，计算机根据逻辑表达式进行相应的集合运算和数据匹配，以筛选出所需的文献信息，具有运算简单、描述准确、查准率和查全率高的优点。

常用的布尔逻辑运算符有 3 种，分别是逻辑"或"（OR）、逻辑"与"（AND）、逻辑"非"（NOT）。

布尔逻辑运算优先级：有括号时，括号内先执行；无括号时，NOT > AND > OR。

（1）逻辑"或"：OR 或 +

逻辑"或"是一种具有并列关系概念的组配形式，其组配符号用"OR"或"+"表示，其检索式为"A OR B"或"A+B"，表示它所连接的两个检索词中任意一个出现在记录中就满足检索条件，即包含检索词 A 或检索词 B 或同时包含检索词 A 和 B。

利用逻辑"或"可以扩大检索范围，防止漏检，提高查全率。

（2）逻辑"与"：AND 或*

逻辑"与"是一种具有概念交叉关系的组配形式，其组配符号用"AND"或"*"表示，其检索式为"A AND B"或"A*B"，表示它所连接的两个检索词必须同时出现在记录中才满足检索条件，即包含检索词 A 且包含检索词 B。

利用逻辑"与"可以增加限制条件，缩小检索范围，提高查准率。

（3）逻辑"非"：NOT 或-

逻辑"非"是一种具有排除关系概念的组配形式，表示不包含关系。其组配符号用"NOT"或"-"表示，其检索式为"A NOT B"或"A-B"，表示要查找含有检索词 A 而不含检索词 B 的文献。

利用逻辑"非"可以缩小检索范围，排除无关文献，提高查准率。

布尔逻辑检索的 3 种逻辑关系如图 14.1 所示，阴影和深色部分为检索命中结果。

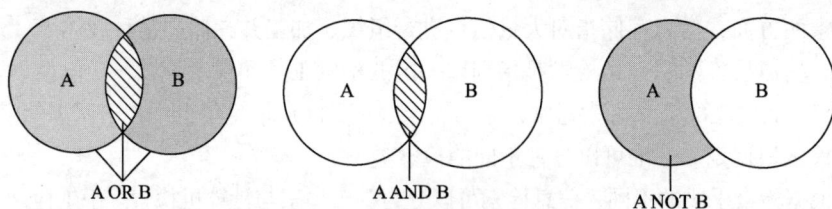

图 14.1 布尔逻辑检索的 3 种逻辑关系

布尔逻辑检索运算用法如表 14.1 所示。

表 14.1 布尔逻辑检索运算用法

布尔逻辑	运算符	检索式	命中结果
逻辑"或"	OR / +	A OR B 或 A+B	A 或 B 其中一个命中或 A 和 B 同时命中的记录
逻辑"与"	AND / *	A AND B 或 A*B	A 和 B 同时命中的记录
逻辑"非"	NOT/ -	A NOT B 或 A-B	只命中 A 且不包含 B 的记录

2．截词检索

截词检索（Truncation Search）又称词干检索，是模糊检索的一种常见形式。是用截断词的一个局部进行检索，计算机会将所有含有相同部分的记录全部检索出来，这样可以简化检索程序，扩大检索范围，防止漏检，提高查全率。截词检索具有逻辑"或"运算功能，常用的截词符有"？""*""$"等。

截词检索的方式有多种，按截断的位置可分为右截断、左截断、中间截断、复合截断等，下面以右截断举例说明。

右截断（后截断）：截去某个词的尾部，使检索结果与这个词的前方保持一致。如输入"com?"，就可以将 computer、company、competition 等以"com"开头的词的所有记录检索出来。

3．位置逻辑检索

位置逻辑检索（Proximity Search）是运用位置运算符进行检索的一种检索方式，它可以规定检索词在结果中的相对位置，常用的位置运算符有"（W）""（nW）""（N）""（F）""（S）"等。

（W）要求在其前后的两个检索词必须紧密相连，除空格、标点符号外中间不能有其他字母或词语，且前后顺序不能颠倒。

（nW）表示两个检索词在结果中可以插入最多 n（n 为阿拉伯数字）个词，但前后顺序不能颠倒。

（N）表示两个检索词必须紧密相连，但前后顺序可以颠倒。

（F）表示两个检索词必须同时出现在检索记录的同一字段，如篇名、文摘。

（S）表示两个检索词必须同时出现在检索记录的同一句中。

14.1.3　信息检索过程

对不同的检索系统、检索内容和用户而言，信息检索过程都会有所不同。信息检索过程主要包括分析需求、选择检索工具、制定检索策略、获取原始文献、管理与分析检索结果等步骤。

1．分析需求

在检索开始前，应分析检索目的、检索主题、资源类型、时间区间、载体形式、文献语种等具体要求，这是信息检索顺利开展的前提。只有明确课题所需文献信息，才能确定检索词，从而明确检索范围，需求越具体，检索所能获取的信息才会越精准、有效。

2．选择检索工具

根据需求分析，从学科属性、文献语种、文献类型等方面综合考虑，选择合适的检索工具，选择正确的数据库是保证检索成功的基础。

3．制定检索策略

为实现检索目标，根据需求拟定检索方式，选择检索字段，确定检索词，运用合适的检索技术构造检索式，并根据实际在检索过程中适时调整，从而保证检索的顺利开展。

4．获取原始文献

对检索结果所呈现的文献，可以通过直接下载、文献传递等多途径获取。

5．管理与分析检索结果

经过上述环节，检索用户可以获得一定数量的检索结果，然后根据文献的时效性、相关性、先进性等，去除部分不适用文献，最后将检索结果进行系统分类整理，也可借助相关的辅助分析功能对文献进行分析提炼，以便进一步阅读和吸收。

应注意的是，在实际检索过程中，很难做到一次性检索成功，往往会在整理和分析过程中发现遗漏或新的检索点，这就需要不断去检索，在分析前期检索的基础上，不断调整、优化检索手段，直到获取足够的文献信息。

14.1.4 信息资源鉴别与分析

信息资源的种类较多，如图书、期刊、报纸、会议论文、学位论文、专利、标准等，而且互联网所提供的信息资源更是杂乱繁多。因此，在信息检索的基础上，有针对性地鉴别、选择合适的信息资源也非常重要。

1. 信息资源的鉴别

（1）信息来源：通过正式渠道进行文献信息收集工作，尽量使用专业的文献数据库或正规出版的纸质资料，而对网络上的资源须持谨慎态度，如确要引用，需追溯信息的源头。

（2）信息完整性：在文献引用过程中必须保证引用文献的完整性，通过网络搜索的信息资源经常出现断章取义的情况，因此在引用时须注意再次查证信息文献的完整性，避免使用错误信息。

（3）著者鉴别：对搜索文献信息的著者应做必要的考证，例如查询该著者（发布者）是否为本专业的学者，以及该著者所在的机构是否正规。

（4）数据性信息的鉴别：经济数据、实验数据、调查数据等数据性信息必须保证数值精确和来源权威，尽量采用第一手文献，对无备注数据来源或查询不到的信息资源应予以剔除，以避免影响研究结论。

2. 信息资源的分析方法

对获取的信息资源在经过整理、鉴别后，根据特定的需求，对剩余的信息资源进行定向选择和科学抽象的分析，从繁多的原始文献中提取方向性、特征性的有效文献，为论文撰写、课题研究或决策提供参考依据。

信息资源分析的方法很多，但最常用的主要是定性分析法，即运用分析与综合、相关与比较、归纳与演绎等手段进行文献信息研究。

（1）综合法

综合法又称综合归类法，指把与研究对象有关的情况、数据、素材进行归纳与综合，把事物的各个部分、各个方面联系起来，形成系统、完整的信息集合，从中找出规律，从而获得新的认识。

（2）对比法

对比法可分为纵向和横向对比法。

纵向对比法，又叫动态对比法，是对事物在不同时期的质量、性能、参数、效益等状况特征进行对比，从而分析其发展趋势。

横向对比法，又叫静态对比法，是对不同国家、地区、部门的同类事物进行对比，找出它们之间的差距，判明优劣。

（3）相关分析法

事物之间、事物内部各个组成部分之间经常存在某种关系，如现象与本质、原因与结果、目标与途径、事物与条件等关系，可以统称相关关系。通过分析这些关系，可以从一种或几种已知的事物特定的相关关系，顺次地、逐步地预测或推知未知事物，或获得新的结论，这就是相关分析法。

14.2　中外文数据库信息检索

电子文献数据库繁多，不同的数据库在内容、界面、检索、功能等方面都存在较大差异，但数据库之间也存在通用的运行规律。国内比较常用的数据库主要有中国知网、万方数据库、维普数据库、超星数据库、中国高等教育文献保障系统、国家科技图书文献中心等，国外知名的数据库主要有 Web of Science、EBSCO 等。除此之外，还有部分特种文献数据库，以及高校、科研机构等建立的学术资源平台。

14.2.1　常见中文数据库检索

1．中国知网

（1）数据库简介

中国知网是指中国知识基础设施工程（China National Knowledge Infrastructure，CNKI），创始于 1995 年，发祥于清华大学，致力于打通知识生产、传播、扩散与利用全过程，服务全国各行业知识创新与学习。中国知网目前已建成世界上全文信息量规模最大的"CNKI 数字图书馆"，囊括国内外 75 个国家和地区的重要全文文献 2.8 亿篇，摘要 3 亿多篇，知识元 82 亿条，打造了覆盖数字化、网络化、大数据与人工智能各领域的知识管理与知识服务产品体系，其主页面如图 14.2 所示。

图 14.2　中国知网主页面

（2）数据库资源

中国知网产品有 300 多种，按文献类型包括学术期刊、学位论文、会议、报纸、年鉴、专利、标准、成果、图书、法律法规等内容；按专业范围来分类主要分为基础科学、工程科技Ⅰ、工程科技Ⅱ、农业科技、医药卫生科技、信息科技、哲学与人文科学、社会科学Ⅰ、社会科学Ⅱ、经济与管理科学等 10 个专辑，含 160 多个专题。

（3）数据库检索

中国知网检索不同于网络搜索引擎，它利用知识管理理念，实现了知识汇聚和知识发现，简洁准确，对检索结果实现排序、分组、导出和分析功能。中国知网的检索方式很多，常用的主要有一框式检索、高级检索、专业检索、作者发文检索、句子检索、知识元检索、引文检索等。

万方数据库、维普数据库、超星数据库等的检索方式与中国知网大致相同，下文不再一一进行阐述。

① 一框式检索。

一框式检索是最常用的检索方式之一，只需输入检索词、单击"检索"按钮即可，使用便捷，可以迅速获取大量资源，但所获取的资源构成复杂，需要后期整理，如图 14.3 所示。

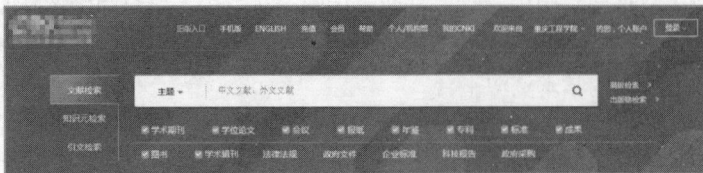

图 14.3　中国知网一框式检索

② 高级检索。

高级检索包含多项双词逻辑组合检索和双词频控等功能，支持使用运算符*、+、-、"、""、()等进行同一检索项内多个检索词的组合运算，检索结果相对精确，如图 14.4 所示。

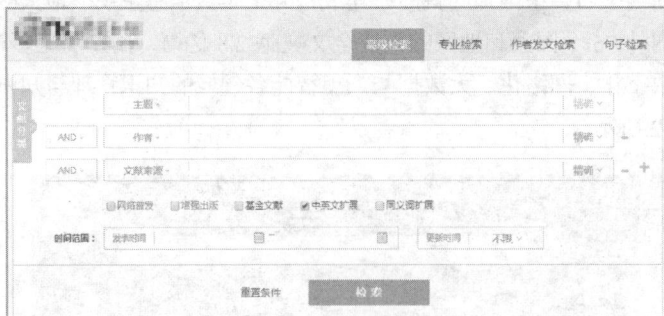

图 14.4　中国知网高级检索

③ 专业检索。

专业检索可提供按照需求构造逻辑检索表达式的功能入口，检索功能更加强大，一般适用于专业人员查新、信息分析等工作，如图 14.5 所示。常用的逻辑运算符为 AND（与）、OR（或）、NOT（非），可检索字段包括 SU%=主题、TKA=篇关摘、KY=关键词、TI=篇名、FT=全文、AU=作者、FU=基金等，如"TI='生态' AND KY='生态文明' AND (AU % '陈'+'王')"可以检索到篇名包括"生态"、关键词包括"生态文明"并且作者为"陈"姓和"王"姓的所有文章。

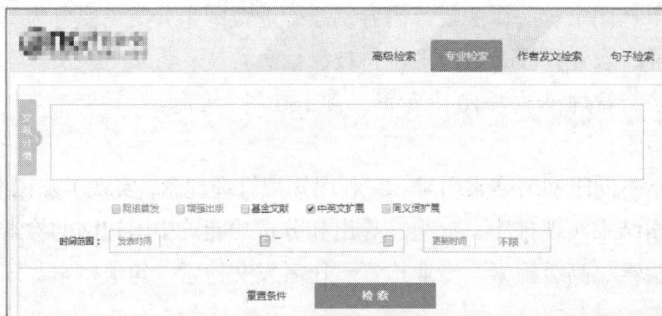

图 14.5　中国知网专业检索

2．万方数据库

万方数据股份有限公司是国内较早以信息服务为核心的企业，成立于 1993 年，是在互联网领域集信息资源产品、信息增值服务和信息处理方案于一体的综合信息服务商。

万方数据库整合数亿条全球优质知识资源，集成期刊、学位、会议、科技报告、专利、标准、科技成果、法规、地方志、视频等十余种知识资源类型，覆盖自然科学、工程技术、医药卫生、农业科学、哲学政法、社会科学、科教文艺等全学科领域，实现海量学术文献统一发现及分析，支持多维度组合检索，适合不同用户群研究，如图 14.6 所示。

图 14.6　万方数据库主页面

3．维普数据库

重庆维普信息有限公司（简称维普信息）成立于 1995 年，前身为中国科技情报研究所重庆分所数据库研究中心，是我国第一家进行中文期刊数据库研究的专业机构，是我国学术数据库产品的开拓者，如图 14.7 所示。

图 14.7　维普期刊主页面

目前，维普信息的产品主要包括中文期刊服务平台、考试服务平台、论文检测系统、机构知识库、智慧门户等产品。其中中文期刊服务平台是其核心产品，累计收录期刊 15000 余种，现刊 9000 余种，文献总量 7000 余万篇，是我国数字图书馆建设的核心资源之一，是高校图书馆文献保障系统的重要组成部分，也是科研工作者进行科技查证和科技查新的必备数据库。

维普考试服务平台是我国较早的考试学习资源系统之一，按照教育学科分类含哲学、经济学、法学、教育学、文学、历史学、理学、工学、农学、医学、管理学、艺术学等 12 个大类，按职业资格模块分公务员、工程、语言、金融会计、计算机、医学、研究生、专业技术资格、职业技能资格、学历、党建思政等 11 个大类，试卷总量 37 万余套，涵盖近两千个考试科目，基本能够满足全行业、各领域用户的考试服务需要。

4．超星数据库

超星数据库主要产品包括超星数字图书馆、超星期刊、超星学术视频、资源平台和手机App 等，覆盖中外文电子图书、期刊、报纸、音视频、课程、试题、相似性检测等形式，元数据总量超过 11 亿条，如图 14.8 所示。

图 14.8　超星主页面

（1）超星数字图书馆：目前包含图书资源约 200 万种，涵盖中图法 22 个大类，包括文学、历史、经济、科学、工程、建筑、计算机等。首次使用可安装超星阅览器，或单击"PDF 阅读"，使用网页浏览器阅览。

（2）超星期刊：目前涵盖中外文期刊 88000 余种，全文收录中文期刊 7400 余种，内容涉及理学、工学、农学、社科、文化、教育、哲学、医学、经管等各学科领域，如图 14.9 所示。超星期刊不仅提供传统 PDF 文件的下载，更创新性地实现了流式媒体的全文直接阅读。

图 14.9　超星期刊主页面

（3）超星发现：以数十亿海量元数据为基础，较好地解决了复杂异构数据库群的集成集合，可实现高效、精准、统一的学术资源搜索。

（4）移动图书馆：超星移动图书馆是以移动无线通信网络为支撑，以图书馆集成管理系统平台和基于元数据的信息资源整合为基础，以适应移动终端一站式信息搜索应用为核心，以云共享服务为保障，通过手机、平板电脑等手持移动终端设备，以无线接入点和应用 App 为展现形式，为图书馆用户提供搜索和阅读数字信息资源，帮助用户建立随时随地获得全面信息服务的现代图书馆移动服务平台。

5．中国高等教育文献保障系统

中国高等教育文献保障系统（China Academic Library & Information System，CALIS），是教育部投资建设的面向所有高校图书馆的公共服务基础设施。其通过构建基于互联网的"共建共享"云服务平台——中国高等教育数字图书馆，制定图书馆协同工作的相关技术标准和协作工作流程、培训图书馆专业馆员、为各成员馆提供各类应用系统等，支撑着高校成员馆间的"文献、数据、设备、软件、知识、人员"等多层次共享，如图 14.10 所示。

CALIS 于 1998 年 11 月正式启动建设，由设在北京大学的 CALIS 管理中心负责运行管理。

目前已建成 CALIS 联机编目体系、CALIS 文献发现与获取体系、CALIS 协同服务体系和
CALIS 应用软件云服务平台等为主干，各省级共建共享数字图书馆平台、各高校数字图书馆
系统为分支和叶节点的分布式"中国高等教育数字图书馆"。目前注册成员馆逾 1800 家，成
为全球最大的高校图书馆联盟。

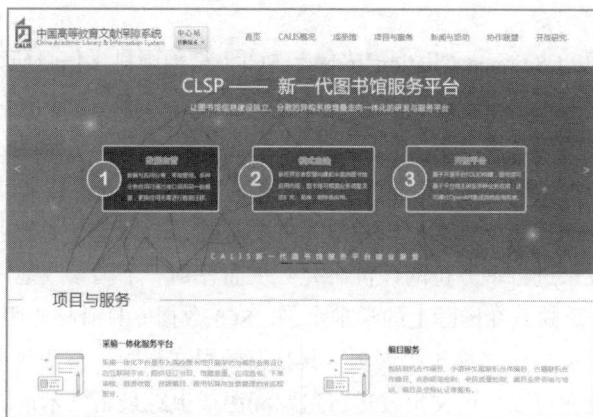

图 14.10　CALIS 主页面

6. 国家科技图书文献中心

国家科技图书文献中心（National Science and Technology Library，NSTL）是科技部联合
财政部等 6 部门，于 2000 年 6 月成立的一个基于网络环境的科技文献信息资源服务机构，由
中国科学院文献情报中心等 9 个文献信息机构组成。

NSTL 以构建数字时代的国家科技文献资源战略保障服务体系为宗旨，按照"统一采购、
规范加工、联合上网、资源共享"的机制，采集、收藏和开发理、工、农、医各学科领域的
科技文献资源，面向全国提供公益的、普惠的科技文献信息服务。

经过多年建设和发展，NSTL 已初步建成了面向全国的国家科技文献保障基地。其拥有
图书 7 万余种，学位论文 535 万余种，期刊 2.4 万余种，会议论文 5.3 万余种，标准 15 万余
种，专利数据超过 1 亿条，学科范围覆盖自然科学、工程技术、农业科技和医药卫生等四大
领域的 100 多个学科和专业，如图 14.11 所示。

图 14.11　NSTL 主页面

14.2.2　常见外文数据库检索

如何获取国外文献信息资源，有效利用国外高质量的学术资源已成为科研工作者必须面对的一个问题。国外文献资源种类和数量繁多，通过一般途径很难获取高质量的信息资源，下面主要介绍几个国外著名的高质量数据平台。

1. SCI

《科学引文索引》（Science Citation Index，SCI）是美国科学信息研究所于 1957 年在美国费城创办的引文数据库，所收录期刊的内容主要涉及数、理、化、农、林、医、生物等基础科学研究领域，选用刊物来源于 40 多个国家、50 多种文字，是国际公认的进行科学统计与科学评价的主要检索工具，与 EI、ISTP/CPCI 并称为世界三大科技文献检索系统。

SCI 以文献离散律理论、引文分析理论为主要基础，通过论文的被引用频次等的统计，对学术期刊和科研成果进行多方位的评价研究，从而评判一个国家或地区、科研单位、个人的科研产出绩效，来反映其在国际上的学术水平。SCI 数据库具有核心版和扩展版两个版本，其中网络版（Web of Science）属于扩展版，其独特的引文索引，整条收录并索引论文中所引用的参考文献，研究者可以从论文出发进行追踪溯源或追踪最新学术进展，从而快速分析相关联的文献，概览研究趋势。

SCI 检索方式主要有简易检索（Easy Search）、全面检索（Full Search）、跨库检索（Cross Search）等，其中又可以分主题、人名、地址等检索词。

2. EI

《工程索引》（The Engineering Index，EI）于 1884 年创办，由 IEEE 编辑出版，是供查阅工程技术领域文献的综合性情报检索刊物，是世界上最大的工程信息提供者之一，收录科技期刊、会议论文、学位论文、图书、科技报告等，内容涉及电气工程、化学工程、土木工程、材料科学、机械工程等，每年摘录世界工程技术期刊 3000 余种，主要特点是摘录质量较高，文摘直接按字序排列，索引简便、实用。

EI 检索方式较简单，主要有简易检索（Easy Search）、快速检索（Quick Search）和专家检索（Expert Search）3 种。

3. ISTP/CPCI

《科学技术会议录索引》（Index to Scientific & Technical Proceedings，ISTP）于 2008 年更名为 CPCI（Conference Proceedings Citation Index，会议论文引文索引），但现在各大科研单位大部分依旧称之为 ISTP。其提供 1990 年以来以专著、丛书、预印本、期刊、报告等形式出版的国际会议论文文摘及参考文献索引信息，涉及生命科学、物理与化学科学、农业、生物和环境科学、工程技术和应用科学等学科。

ISTP/CPCI 是一种综合性的科技会议文献检索系统，收录的学科覆盖范围广，收录会议文献齐全，而且检索途径多，出版速度快，已成为检索全世界正式出版的会议文献的主要的和权威的工具。

在 SCI、EI、ISTP/CPCI 这三大检索系统中，SCI 最能反映基础学科研究水平和论文质量，该检索系统收录的科技期刊比较全面，可以说它集中了各个学科高质优秀论文的精粹，该检索系统历来成为世界科技界密切注视的中心和焦点。ISTP/CPCI、EI 这两个检索系统在评定科技论文和科技期刊的质量标准方面相比之下较为宽松。

4. EBSCO 全文数据库

EBSCO（E. B. Stephens Company）是提供期刊、文献定购及出版服务的专业公司，从 1986 年开始出版电子出版物，共收录了 1 万余种索引、文摘型期刊（其中 6000 余种有全文内容）。EBSCO 平台包括 8 个数据库，收录范围涵盖自然科学、社会科学、人文和艺术、教育学、医学等各学科领域。

5. SpringerLink

SpringerLink 是全球最大的 STM（科学 Science、技术 Technology、医学 Medicine） 图书出版商和第二大 STM 期刊出版商，每年出版 8000 余种科技图书和 2000 余种科技期刊，平台收录文献超过 800 万篇，拥有 20 余万本图书，以来自世界顶尖学者的研究为特色，涵盖数学、化学和材料科学、计算机科学、地球和环境科学、能源、工程学、物理和天文学、医学、生物医学和生命科学、行为科学、商业和经济、人文、社科和法律等学科。

SpringerLink 数据库平台提供按照内容、特色数据库、学科等浏览方式，检索方式主要是基本检索和高级检索两种，可使用布尔逻辑检索、截词检索等检索技术，使用方便。

14.2.3　特种文献检索

特种文献是指图书、期刊论文之外的文献种类，例如会议论文、学位论文、专利文献、标准文献、科技报告、产品样本等。这些文献一般都代表当前最高技术水准，是学科专业最先进、最前沿的文献资源。

1. 会议论文

会议论文中的会议，一般指各种学会、协会、研究机构、学术组织等主持举办的各种研讨会、讨论会等相关的学术会议。学术会议数量众多，形式多样，据美国科学信息研究所统计，全世界每年召开的学术会议约 1 万个，正式发行的各种专业会议文献有 5000 多种，因此学术会议也是传递和获取科技信息的重要渠道，学科专业中的新发现、新进展、新成就以及所提出的新研究课题和新设想，都是以会议论文正式向公众首次发布的。

会议论文数据库的种类较多，下面介绍几种常用数据库。

（1）中国学术会议文献数据库

中国学术会议文献数据库（China Conference Proceedings Database，CCPD）中的会议资源包括中文会议和外文会议，中文会议收录始于 1982 年，年收集约 3000 个重要学术会议，年增约 20 万篇论文，每月更新。外文会议主要来源于 NSTL 外文文献数据库，收录了 1985 年以来世界各主要学协会、出版机构出版的学术会议论文共计 760 多万篇全文（部分文献有少量回溯），每年增加论文约 20 万篇，每月更新。

（2）中国重要会议论文全文数据库

中国重要会议论文全文数据库面向高等院校、科研院所、政府、企业等对会议论文文献的需求，集成整合我国一级学会、二级学会、各行业学会、协会、高校与科研院所、政府部门召开的国际国内重要会议的论文，内容覆盖各学科专业和各行业领域，是我国第一个以电子期刊形式正式出版的会议论文全文数据库。

中国重要会议论文全文数据库重点收录 1999 年以来的会议论文，部分重点会议文献回溯至 1953 年。其中，国际会议文献占全部文献的 20%以上，全国性会议文献超过总量的 70%。

（3）国家科技图书文献中心中外文会议

国家科技图书文献中心中外文会议是 NSTL 的重要组成部分，主要收录了 1985 年以来我国国家级和省部级学会、协会、研究会等组织召开的全国性学术会议论文，收藏重点为自然科学学科领域；此外还收录了 1985 年以来世界各国主要学会、协会、出版机构出版的学术会议论文，学科范围主要是自然科学各专业领域。

2．学位论文

学位论文指的是完成某种学位必须撰写的论文，格式等方面有严格要求，学位论文是学术论文的一种形式，是重要的文献情报源之一。按照所申请的学位不同，可分为学士论文、硕士论文、博士论文 3 种，其中尤以博士论文质量最高。

按照研究方法不同，学位论文可分理论型、实验型、描述型 3 类；按照研究领域不同，学位论文又可分人文科学学术论文、自然科学学术论文与工程技术学术论文 3 类。

常用的学位论文数据库主要有以下几种。

（1）CALIS 学位论文中心服务系统

CALIS 学位论文中心服务系统面向全国高校师生提供中外文学位论文检索和获取服务。目前，博硕士学位论文数据近 400 万条，其中包括中文数据 170 多万条，外文数据 210 多万条，数据还在持续增长中。CALIS 学位论文中心服务系统以合作建设、资源共享为目的，建立为高校师生提供学位论文的查询、文摘索引的浏览、全文提供（传递）等配套服务。

（2）中国知网学位论文数据库

中国知网学位论文数据库包括"中国博士学位论文全文数据库"和"中国优秀硕士学位论文全文数据库"，是目前国内资源完备、质量上乘、连续动态更新的中国博硕士学位论文全文数据库。该库收录 500 余家博士培养单位的博士学位论文 40 余万篇，780 余家硕士培养单位的硕士学位论文 460 余万篇，最早回溯至 1984 年，覆盖基础科学、工程技术、农业、医学、哲学、人文、社会科学等各个领域。

（3）万方数据中国学位论文全文数据库

万方数据中国学位论文全文数据库始建于 1980 年，年增 30 余万篇。数据库收录了我国自然科学和社会科学各领域的硕士、博士及博士后研究生论文的文摘信息，涵盖基础科学、理学、工业技术、人文科学、社会科学、医药卫生、农业科学、交通运输、航空航天和环境科学等各学科领域。

（4）PQDD

ProQuest 博硕士论文数据库（ProQuest Digital Dissertations，PQDD）是世界知名的学位论文数据库，收录起始于 1861 年，收录欧美 1000 余所大学文、理、工、农、医等领域的约 160 万博士、硕士论文的摘要及索引，是学术研究中十分重要的参考信息源，每年约增加 4.5 万篇论文摘要。

3．专利文献

专利文献是记载专利申请、审查、批准过程中所产生的各种有关的文件资料。广义的专利文献包括专利申请书、专利说明书、专利公报、专利检索工具以及与专利有关的一切资料；狭义的专利文献仅指各国（地区）专利局出版的专利说明书或发明说明书。根据其法律性，专利文献可分为专利申请公开说明书和专利授权公告说明书两大类。专利文献的检索可依如下途径进行：专利性检索、避免侵权的检索、专利状况检索、技术预测检索、具体技术方案检索。

（1）中国国家知识产权局专利检索数据库

中国知识产权网是由国家知识产权局知识产权出版社创建的，该网站提供中国专利基本信息的免费检索，通过该专利检索系统可查询中国自有专利以来（1985 年至今）的全部中国发明专利、实用新型专利及外观设计专利等，尤其可以查询最新的中国专利信息。

（2）智慧芽全球专利检索数据库

智慧芽（PatSnap）全球专利检索数据库深度整合了从 1790 年至今的全球 158 个国家和地区的 1.7 亿多条专利数据，每周更新；提供全球专利中文翻译、引用数据、同族信息，用户可轻松获悉国内外技术及全球布局情况；支持全球专利按价值进行排序、优先浏览重点专利、帮助高校快速发掘高价值专利等功能。

（3）万方中外专利数据库

万方中外专利数据库收录始于 1985 年，目前共收录中国专利 3300 万余项，国外专利近 1 亿项，年增约 300 万项。

（4）中国知网专利数据库

中国知网专利数据库包括中国专利和海外专利。中国专利收录了 1985 年以来在我国申请的发明专利、外观设计专利、实用新型专利，共 3600 余万项，每年新增专利约 250 万项；海外专利包含美国、日本等十国、两组织、两地区的专利，共计收录从 1970 年至今专利 1 亿余项，每年新增专利约 200 万项。

（5）大为 innojoy 专利检索分析系统

大为 innojoy 专利检索分析系统是一款集全球专利检索、分析、管理、转化、自主建库等功能于一体的专利情报综合应用平台。目前收录 100 多个国家和地区的数据，内容包括 1.5 亿多条专利数据、5000 多万件专利说明书、60 多个国家和地区的法律状态等。

14.3　信息检索综合利用

14.3.1　图书馆资源和 OPAC 检索

图书馆是搜集、整理、收藏图书资料以供人阅览、参考的机构，高等学校图书馆同时也承担着为高等学校教学和科学研究提供信息服务的功能，以及为在校学生读者提供信息文献、学习和阅览场所的功能。要想充分地利用图书馆的资源，就要了解图书馆的资源、服务以及使用方法，从而更有效地获取图书馆的资源信息。下面以重庆工程学院图书馆为例，通过图书馆门户网站来介绍如何利用图书馆资源和服务。

1．登录图书馆

图书馆网站一般在学校门户网站的明显位置，读者可以直接单击链接或单独输入图书馆网址进行访问。

校内读者可以利用校园网直接登录图书馆网站，查询纸质和电子资源，也可以通过个人账号密码进入图书馆网站个人页面；在校外，读者需要通过 VPN、账号密码等形式登入访问图书馆资源。

2．功能介绍

各高校图书馆门户网站设计都有所不同，重庆工程学院图书馆通过广泛调研国内高校图书馆门户网站，设计了自己的门户网站。该网站主要由 4 个功能模块构成：公告模块、检索模块、核心功能导航模块及个性化服务模块，如图 14.12 所示。

图 14.12　重庆工程学院图书馆主页

公告模块：包括图书馆信息介绍、新闻通知、资源动态、讲座培训动态等。

检索模块：包括各类纸质资源、电子资源检索，以及纸电一站式检索。

核心功能导航模块：包括科技查新、查收查引、阅读推广、院系分馆、课程文献中心等。

个性化服务模块：包括资源荐购、空间服务、文献传递、我的图书馆等。

3. 资源检索系统

图书馆的馆藏比较庞大，一般按照《中国图书馆分类法》（简称《中图法》）进行排架和分类，并提供图书馆联机公共检索目录（Online Public Access Catalogue，OPAC）系统供读者查询，此外还可以实现读者借阅信息查询、新书通报、读者荐书、图书续借、读者证挂失等功能。

以重庆工程学院图书馆 OPAC 系统为例，读者登录图书馆门户网站，在检索框输入所需要的检索词就可实现资源检索。OPAC 提供简单检索和高级检索两种检索方式，以满足不同读者对资源的不同需求。

（1）简单检索：确定检索对象，输入检索词，单击"检索"按钮，即可查找图书馆馆藏纸质、电子文献信息，如图 14.13 所示。如以"Information"为例，检索结果会显示与"Information"有关的纸质图书、纸质期刊和相关的电子资源。

图 14.13　OPAC 简单检索界面

（2）高级检索：高级检索可以选择题名、责任者、书号、机构、出版社、分类号、索书号等信息，进行组合检索，以得到更精确的检索结果。

4．我的图书馆

"我的图书馆"是图书馆为读者打造的个性化信息服务平台，读者可以通过图书馆门户网站，登录"我的图书馆"界面，检索馆藏信息，查看本人的借阅信息，并进行图书续借、图书预约、图书荐购等操作，并可订阅本专业或感兴趣的信息资源。

14.3.2　网络信息资源检索

面对读者的个性化诉求，虽然每个高校图书馆的资源都很庞大，但都会无法满足读者的全部需求。而互联网拥有更加丰富的信息资源库，能够免费或有偿提供更多信息资源。下面将简单介绍搜索引擎、OA（Open Access，开放存取）资源和文献传递等 3 种网络信息资源获取途径。

1．搜索引擎

搜索引擎是指根据特定策略、运用特定的计算机程序从互联网上采集信息，并对信息进行组织和处理，从而为用户提供检索服务。它能够提高人们获取搜集信息的速度，提供更多样化和广泛性的信息资源。

（1）谷歌

谷歌搜索引擎是由两名美国斯坦福大学的博士拉里·佩奇（Larry Page）和谢尔盖·布林（Sergey Brin）在 1998 年创立的，谷歌搜索引擎以它简单、干净的页面设计和最有关的搜寻结果赢得了 Internet 使用者的认同。

（2）百度

百度搜索引擎于 2000 年由李彦宏、徐勇创立于北京中关村。百度前期是以谷歌为蓝本开发的，后来百度以自身的核心技术"超链分析"为基础，提供的搜索服务体验赢得了广大用户的喜爱，成为全球最大的中文搜索引擎。

（3）Microsoft Bing

Microsoft Bing（微软必应），原名 Bing（必应），是微软公司于 2009 年 5 月推出的搜索引擎服务，为符合中国用户使用习惯，Bing 中文品牌名为"必应"。2020 年 10 月，微软官方宣布 Bing 改名为 Microsoft Bing。必应集成了多个独特功能，可提供网页、图片、视频、词典、地图等全球信息搜索服务。

2．OA 资源

OA 是在网络环境下，国际学术界、出版界、图书情报界为了推动科研成果，利用互联网自由传播而采取的全新机制，其核心特征是在尊重作者权益的前提下，利用互联网为用户免费提供学术信息和研究成果的全文服务，从而促进科学信息的广泛传播，提高科学研究的效率。

OA 资源包括期刊、图书、仓储、预印本、会议论文、专利、标准、课件等，用户均可免费使用 OA 平台中的所有资源，是图书馆资源的有力补充。

（1）DOAJ

DOAJ（Directory of Open Access Journal，开放存取期刊目录）OA 期刊检索平台由瑞典的隆德大学图书馆设立于 2003 年，现已包含 130 多个国家 13000 余种开放存取期刊，涵盖科学、技术、医学、社会科学和人文科学的绝大多数领域。

（2）Socolar

Socolar 开放存取一站式检索服务平台，由中国教育图书进出口公司管理，是 OA 资源检索和全文链接服务的公共服务平台。Socolar 平台收录了 10000 余种 OA 期刊、1000 余种仓储等学术资源信息，文章总量超过 1500 万篇，涵盖医药卫生、人文社科、工业技术、生命科学、经济等学科。此外，Socolar 还提供约 5700 万篇中外文付费期刊文章，极大地方便了读者利用网络资源。

（3）Open J-Gate

Open J-Gate 于 2006 年由 Informatics 公司成立，提供基于 OA 期刊的免费检索和全文链接，已索引 6000 余种学术、研究和工业期刊，其中 3800 余种是同行评审期刊。除了提供文献，它还提供全球众多出版社、期刊等的各类信息。

（4）PloS

美国科学公共图书馆（Public Library of Science，PloS）是由众多诺贝尔奖得主和慈善机构支持的非营利性学术组织，旨在推广世界各地的科学和医学领域的最新研究成果，为科技人员和医学人员服务，并致力于使全球范围科技和医学领域文献成为免费获取的公共资源。

（5）cnpLINKer

中图链接服务平台（cnpLINKer）是由中国图书进出口（集团）总公司开发并提供的国外期刊网络检索平台，现已收录 50 多个国家和地区的 5000 多家期刊出版公司出版的 46000 多种期刊信息，累计超过 3200 万篇文献。

3．文献传递

文献传递是将用户所需的文献复制品以有效的方式和合理的费用，直接或间接传递给用户的文献提供服务，它具有快速、高效、简便的特点。文献传递服务旨在通过各种渠道帮助用户获取通过一般途径无法得到的文献资料，这些资料可以是纸质文献，也可以是电子文献。

（1）CALIS 文献传递服务

CALIS 文献传递服务由中国高等教育文献保障系统提供，文献类型包括论文、科技报告、标准、专利等，文献传递范围广泛，读者可获取全国 1500 多所高校和国家图书馆、上海图书馆、NSTL 等馆藏文献，并可获得国外文献代查代检服务。从 CALIS 成员馆获取文献，执行 CALIS 的收费标准；从高校体系外文献提供机构（如国家图书馆、NSTL、上海图书馆等）获取文献，执行提供机构的收费标准。

（2）CASHL

中国高校人文社会科学文献中心（China Academic Social Sciences and Humanities Library，CASHL）又名"开世览文"，是为高校哲学社会科学教学和研究建设的文献保障服务体系，是全国性的唯一的人文社会科学文献收藏和服务中心。CASHL 收录了 7500 多种人文社会科学领域的重要期刊、900 多种电子期刊、20 余万种电子图书。北京大学、清华大学等 17 所大学图书馆联合提供服务。注册用户在查询"高校人文社科外文期刊目次数据库"找到所需文献后，即可轻松申请 CASHL 原文传递服务，并在 3 ~ 5 个工作日内获得所需文献。CASHL 文献传递服务实行 100%补贴，限各中心馆有馆藏的文献。

（3）中文发现文献传递服务

中文发现文献传递服务是由超星公司提供的知识平台，以近 10 亿海量元数据为基础完成高效、精准、统一的学术资源搜索。如图书馆已购买资源可以直接下载，图书馆没有采购的资源可以通过邮箱申请文献传递，在学校网络地址内或注册用户申请文献传递是完全免费的。

14.3.3 个人文献管理工具

个人文献管理工具，也称电子文献目录管理工具，或个人参考文献管理工具，是一种帮助个人管理文献资料的软件，打通文献信息检索、文献管理分析和论文写作的流程，指导个人用户收集、整理、管理和引用参考文献。随着互联网资源获取的便捷性，对庞杂的文献资料进行管理就越来越重要，下面介绍两种常用的个人文献管理工具。

1．NoteExpress

NoteExpress 是国内使用最广泛、最专业的文献检索和管理工具之一。NoteExpress 可通过各种途径检索、下载、管理文献资料，可嵌入 Word 中使用，使用方法便捷，可实现建立维护个人题录数据库、自动生成论文参考文献格式化索引、与题录相链接的笔记、个人知识管理等功能，涵盖"知识采集、管理、应用、挖掘"的知识管理的所有环节，是学术研究、知识管理的必备工具和发表论文的好帮手。

NoteExpress 在其官方网站、各大软件平台或图书馆网站中均有下载链接。

2．知网研学

知网研学（原 E-Study）平台是在提供传统文献服务的基础上，以云服务的模式，提供集文献检索、阅读学习、笔记、摘录、笔记汇编、论文写作、投稿、个人知识管理等功能为一体的个人学习平台。平台提供网页端、桌面端、移动端（iOS 和 Android）、微信小程序，多端数据云同步，满足学习者在不同场景下的学习需求。

常用的个人文献管理工具还有 EndNote、Mendeley、Zotero、JabRef、ReadCube 等。

14.3.4 科技查新及应用

科技查新（简称"查新"）是指具有科技查新资质的机构为委托方在科研立项、科技成果评价、新产品开发、高新企业认定等提供鉴证的一种情报咨询服务。查新工作按照《科技查新规范》操作，以文献为基础，以文献检索和情报调研为手段，以检出结果为依据，通过综合分析，对查新项目的新颖性进行情报学审查，提供有依据、有分析、有对比的总结报告。

查新机构的资质审核比较严格，必须由科技部或教育部认定授权，并根据查新机构的实际情况和综合能力，规定该查新机构所能受理的专业范围。

科技部先后审核授权中国科学技术信息研究所等 30 多家国家一级资质科技查新单位。

教育部授权北京大学等 100 多所高校信息咨询机构，均设置在图书馆，以充分发挥高校图书情报职能和科技信息咨询服务优势。

查新有严格的工作规范和查新程序，查新主要有 3 种类型，分别是科研立项查新、科技成果查新和专利申报查新。针对不同的需求，客户需要到指定的查新单位下载并按要求填写"查新课题委托单"，据实填写课题的主要技术特征、发明点、创新点、参数和主要技术指标等完整信息，以及课题的检索词、检索式等信息内容及相关参考资料文献，供查新人员参考。当委托单填写完成并经过双方确认后，需要签字盖章并支付相应费用，查新受理机构根据客户委托单所提交的申请出具查新报告。查新报告主要包括课题的技术要点、检索过程与检索结果、查新结果 3 项内容，其作用主要有：为科研立项提供客观依据；为科技成果的鉴定、评估、验收、转化、奖励等提供客观依据；为科技人员进行研究开发提供可靠而丰富的信息。

14.3.5 论文撰写及投稿

教学、科研和学习过程中，最后、最关键的一个环节即研究成果的撰写，以对前期工作做全面的总结，揭示研究和学习的要点和创新。通常的研究成果主要有学术论文、科技论文（报告）、学位论文等形式。这里简要介绍学术论文的撰写。

学术论文、科技论文（报告）、学位论文不完全相同，在国家标准《科学技术报告、学位论文和学术论文的编写格式》（GB/T 7713—1987）中有界定和区分。学术论文被定义为"某一学术课题在实验性、理论性或观测性上具有新的科学研究成果或创新见解和知识的科学记录或是某种已知原理应用于实际中取得新进展的科学总结，用以提供学术会议上宣读、交流或讨论，或在学术刊物上发表，或作其他用途的书面文件"。学术论文应提供新的科技信息，其内容应有所发现、有所发明、有所创造、有所前进，而不是重复、模仿、抄袭前人的工作。

1．学术论文的选题

选题是撰写学术论文至关重要而又艰难的第一步，是论文写作成功的基础与前提，选题决定了其内容是否具有理论及实用价值，是否具有创新意义。论文选题应当从以下几方面考虑。

（1）可实施性：选题的方向要结合自身的知识储备和专业水平等实际情况，扬长避短，选择自己熟悉的专业，以利于进行问题的研究。

（2）实用性：选题宜小不宜大，可以是专业领域的某一点或某一方向，可从社会关注的热点选取，可从不同学科的交叉结合选题，也可针对已有的学术观点和科研成果选题，但均需注意避免泛泛而谈、面面俱到而又言之无物。

（3）科学性：选题应通过资料检索选择科学前沿课题，关注新理论、新技术、新方法的应用，争取有创造性突破或研究创新点。

2．资料搜集与整理

充足的文献资料是论文写作的基础和支撑，在查找文献资料的过程中，除图书馆的纸质图书、期刊资料外，还应充分利用现代信息检索手段，通过互联网、数据库等途径，最大限度地熟悉和掌握有关资料。然后充分利用个人文献管理工具对所检索到的资料进行分析整理和归纳，挑选适合论文创作的资料进行加工备用。

3．论文撰写

（1）格式与结构

学术论文一般包括题名、摘要、关键词、正文、注释或参考文献等几部分。

（2）写作程序

① 拟定写作大纲，架构论文层次。

② 根据提纲撰写论文初稿，做好参考文献列示工作。

③ 对论文观点、论据等进行修正工作，确保论文资料准确。

④ 论文修改稿确定后，对参考文献标注、语言文字、标点符号、署名等信息进行确认，形成最终定稿。

（3）注意事项

① 注重论文观点的确立和修改，保证其准确性、新颖性和深刻性，以及论文总观点和分观点的一致性。

② 注重论据的准确性，对重要的数据资料要查找第一手资料，保证论据准确无误，否则

整个论文都将失去意义。

③ 注意论文的条例层次是否清晰，结构布局是否完整得当，论证手段是否科学严密。

④ 注意参考文献的引用方式、编辑格式和引用比例是否合理，确保规范化引用，避免产生学术不端行为。

4. 论文投稿发表、收录和引用

学术论文在期刊、学术会议上公开发表，是科研成果的主要方式之一，也是研究成果好坏以及学术水平的体现。至于论文能否发表、发表期刊的好坏取决于论文本身的质量（决定性因素）、撰写人的机构和职称、投稿技巧等因素。下面介绍学术论文投稿的基本知识。

（1）投稿须知

① 选择正式的出版物，即选择同时具有 ISSN（International Standard Serial Number，国际标准连续出版物号）与 CN（国内统一连续出版物号）的出版物。如果无法确认，则可通过国家新闻出版署网站查询该刊物的合法性。如《图书馆杂志》 ISSN：1000-4254；CN：31-1108/G2。

② 选择刊物的专业性，尽量选择对口的期刊。每种刊物的收录范围都是大致固定的，因此应从期刊的"征稿启事"和刊物所设置的版块了解其收录范围。

③ 选择期刊的级别，每种期刊在封面和版权页都会注明其是核心期刊或普通期刊，根据实际情况决定是否适合投稿。

④ 确定投稿对象后，则要根据刊物所要求的论文格式对论文进行修改，格式要求在投稿须知或投稿指南中都会有详细的说明。

⑤ 不能一稿多投或重复发表。在投稿时要遵循学术道德规范，不能一稿多投。一般刊物编辑部在 15 个工作日会给予正式答复，作者也可通过电话、邮件、系统主动询问。

⑥ 注意论文重复率。学术文献不端是学术不端的主要行为之一，文本复制（抄袭）是其重要特征。在论文正式投稿前，应当主动将论文进行检测，一般都在图书馆进行相关检测工作。目前国内广泛使用且得到认可的论文检测系统主要有中国知网论文检测系统、万方论文检测系统和维普论文检测系统，此外还有超星大雅相似性检测系统等。

近几年国家不断加强学术不端行为治理力度，陆续出台《高等学校预防与处理学术不端行为办法》《关于进一步加强科研诚信建设的若干意见》等政策文件，对论文查重率要求越来越严格，各个高校和研究机构根据教育部和科技部的要求调整重复率的标准。目前，学术论文的重复率要求不高于 20%，本科学位论文重复率要求不高于 30%，博硕学位论文重复率要求不高于 10%，具体标准以所在省份或单位的文件要求为准。

（2）收录和引用

收录是指论文被某期刊、会议等正式采用并公开发表，而该期刊或会议又被某数据库所选用，如 SCI 收录论文、EI 收录论文等。

引用指正式发表的论文中某些文字、观点、数据等内容，被其他公开发表的论文采用。引用又分为自引和他引。

查收查引全称为论文收录和被引用查询检索，指根据用户提出的需求和资料，检索其论文被收录、引用及期刊分区等情况，并根据检索结果出具带有公章的检索证明。主要检索范围包括 SCI、SSCI、A&HCI、EI、CPCI-S、CSSCI、CSCD 等国内外权威数据库，以及中国知网、万方数据库、维普数据库、超星数据库、人大复印报刊资料等知识服务平台。

查收查引报告一般包含论文名称、作者单位、作者姓名、期刊名称（会议名称）、期刊卷期、收录情况（是否核心、核心级别）、引用情况等内容。

本章小结

本章简单介绍了信息检索的内容，包括信息检索概念、信息检索技术和过程、信息资源鉴别与分析；同时介绍了中外文数据库信息检索和特种文献检索；最后介绍了信息检索综合利用，包括图书馆资源和 OPAC 检索、网络信息资源检索、个人文献管理工具、科技查新及应用、论文撰写及投稿。

本章习题

1. 信息检索中常用的检索技术有哪些？

2. 利用中国知网、万方数据和维普期刊网，查找"智慧图书馆"相关文献，通过简表列出分别收录期刊论文、会议论文、学位论文的数量。

序号	文献类型	中国知网	万方数据	维普期刊网
1	期刊论文			
2	会议论文			
3	学位论文			

3. 访问图书馆门户网站，利用一框式检索"信息素养"，统计检索结果，结果包括但不限于图书、期刊、报纸、会议论文、学位论文、专利、音视频、报告等内容；在图书馆查找《大数据时代大学生信息素养与科研创新》（北京理工大学出版社出版），并拍摄其封面和版权页。

4. 在超星期刊下载论文《"互联网+"时代教师信息素养评价研究》（作者吴砥），并通过文献传递获取 Information Literacy and Consciousness（Journal of Documentation 2020 Vol.76 No.6 P1377-1391 0022-0418）。

5. 结合自己的专业，拟定一篇学术论文的题目，利用图书馆纸质资源和电子数据库资源、网络搜索引擎、文献传递查找相关资料，并通过知网研学进行资料整理，组织撰写一篇论文，并虚拟完成论文投稿过程。